地球の善い一部になる。

環境共生経済への移行学

Transitioning to an ecological economy
as a positive part of thriving planet

小林 光

アサヒビール株式会社発行■清水弘文堂書房編集発売

地球の善い一部になる。

目次

環境共生経済への移行学

Transitioning to an ecological economy as a positive part of thriving planet

Hikaru Kobayashi

S T A F F

PRODUCER 礒貝日月（清水弘文堂書房）
CHIEF IN EDITOR & ART DIRECTOR 二葉幾久
EDITOR 相澤洋美
PROOF READER 上村祐子
DTP EDITORIAL STAFF 中里修作
COVER DESIGNERS 深浦一将　黄木啓光・森本恵理子（裏面ロゴ）
SPECIAL THANKS 石川祥次郎

□

アサヒビール株式会社「アサヒ・エコ・ブックス」総括担当者 佐藤郁夫（経営企画本部 本部長）
アサヒビール株式会社「アサヒ・エコ・ブックス」担当責任者 鈴木敦子（社会環境部 部長）
アサヒビール株式会社「アサヒ・エコ・ブックス」担当者 原田卓也（社会環境部）

はじめに――この本を通じて願ったこと　8

序章　どこにでもあるはずのエコビジネス　15

第一節　環境対策への抵抗にはどのようなものがあるか　16

第二節　環境対策はビジネス創生のチャンス　20

第三節　公害対策が新需要・ビジネスを生む　25

第一章　環境に本気になれない理由　31

第一節　消えるリサイクル　32

第二節　環境ビジネスの遅れを招く「水と空気はタダ」幻想　38

第三節　低燃費自動車と太陽光発電パネル　44

第四節　エコは高くてあたりまえの社会へ　48

第二章　環境取り組みに本気を出させる仕掛けとは　53

第一節　環境価値と他価値の組み合わせで需要強化を　54

第二節　日本版ＣＣＲＣの推進が経済サイクル好転のカギ　59

第三節　多様性あるＣＳＶビジネスへの挑戦　65

第四節　環境経営道場から生まれた三つの知慧　70
第五節　世界を本気にさせるほどの大きな仕掛けづくりが鍵　79
第六節　生態系は皆が本気になる仕掛けの宝庫　84

第三章　環境に本気を出させる政策とは——93

第一節　環境政策の歴史的動向　94
第二節　第三世代の環境政策の要件　110
第三節　これまでの政策に見る、本気を出させる仕掛けづくり　116
第四節　物質（有用な化学物質）の生産等を規制する事例　121
第五節　エネルギーの利用を規制する事例　131
第六節　都市における諸活動を規制する事例　145
第七節　都市づくりへ環境保全を組み込む事例　152
第八節　基本理念を転換する事例　157
第九節　環境政策と他分野の政策との関係を再構築する事例　164
第十節　環境経済政策の事例　168
第十一節　多数主体の協働取り組みを奨励する事例　175
第十二節　新政策設計アプローチの意義と有効性——過去の政策導入事例に照らして　182

第四章　グリーン経済に向けた戦略的課題 —— 191
第一節　エコの目利きになろう 192
第二節　真剣勝負となった世界省エネ競争にこそ環境の目利きを 196
第三節　省エネグッズ、省エネビジネス 199
第四節　環境取り組みを成功させるためには視野をもっと広く 204
第五節　多主体の協力関係が共進化する仕組みづくり 210

第五章　環境共生は地域から —— 223
第一節　環境共生の地域づくりを各地に訪ねて 224
第二節　水俣病地域のエコ再生 243

第六章　グリーンな経済に向けた海外の動きとそこから学ぶこと —— 289
第一節　大きく変わるアメリカ 290
第二節　経済をグリーンにする英国の動き 299
第三節　COP21議長国の意欲 303
第四節　途上国の都市づくりに応える 317
第五節　アジアに学び、アジアの取り組みの支援策を考える 321

あとがきに代えて——グリーン経済の実現に向けた日本の役割とは—— 332
参考文献等一覧 346

地球の善い一部になる。

環境共生経済への移行学

小林光

アサヒビール株式会社発行　清水弘文堂書房発売

はじめに——この本を通じて願ったこと

この本の編集中に、ラグビーのワールドカップで、日本チームが強豪・南アフリカに逆転勝ちをして大きく報道されました。サッカーでは日本もよいところまでいくのですが、ラグビーでは歴史的というべき快挙だそうです。この結果には、皆がそれぞれの感想を持ったと思います。私の場合は、スポーツが種目毎のルールを発展させ、それに応じて多様なものに分化し、多くの人々がプレイやゲームの機微に一喜一憂しながら、結果的に世の中のGDPを増やし、また、人々の幸せも増やしているのだなあ、と感じました。もしルールがなければ、スポーツは分化できず、団体競技であればおそらく、広い場所での集団の取っ組み合いのようなものしか生まれていなかったでしょう。煎じ詰めていえば、違いがあることが価値を産むのです。たとえば、金は高価な金属ですが、鉄の働きはできません。また、鉄も金もその他の有用な鉱物も、ただ混じっているだけでは使いようがありません。分けられていればこそ、資源なのです。

ラグビーの歴史的な一勝で、私は改めて、多様なものをそれぞれに評価することの大切さ、多様性を成り立たせるルールの大切さに気付きました。

今、人類が置かれている位置を見てみましょう。科学技術は栄え、経済的な恵みは人類の相当多くの人口に及ぶようになりました。ですが他方で、乏しくなる資源や厳しくなる気候などの下でも人口増加が続き、国によっては貧困格差が大きくなってテロなどの先鋭な対立が生まれ、それが世界に波及して新たな悩みを生んでいます。

人類が大きな問題を抱えつつもここまで発展してきたのは、人類一人ひとりの頭脳が、サルよりも格段に大きかったことによります。しかし、それだけではありません。多人数で協力する組織を作って分業や専門化をして、一人ずつで努力するよりはるかに大きな力を発揮できるようになったことも、大きく寄与しました。つまり、多様性への分化とその上での協力が価値を増やしたのです。

そのための生物的な仕掛けは、ミラーニューロンシステムにあるようです。この神経システムは他人の感情を理解し、共感したり習ったりということを可能にしているそうです。この神経システムが人類にある限り、これまでの発展を踏まえると楽観的かもしれませんが、私はこの先も、人類は互いに助け合うことをもっと学び、テロの根絶や食料の配分などを含め、人類社会はよりよいものになっていくと思っています。

けれど、気候災害が頻発するほどに悪化した人類と環境との関係は、ミラーニューロンが律して調和的なものへ自ずと導いてくれる、といったものではなさそうです。物いわぬ自然から恵みを戴く、という一方通行の関係に、人類がその始原から慣れ親しんでいるからです。始原の人類は、天変地異を神の怒りと考え、畏れ敬ったと思いますが、そうした儀式や禁忌によって、現代の気候変化が止められようもないのは明らかです。

人類社会がうまく回っていくためにも、環境との関係を、平和なものに変えていかなければなりません。環境を多少とも人類に都合のよいものに変えることはできないわけではありませんが、自然の仕組み・摂理が変わることはないので、人類の方から、知慧を尽くして行いを変え、自然の善い一員に加えてもらうしか、平和な関係を築く方法はありません。自然環境のことを学び、よい環境が何であるかを知り、そのような環境を実現することに価値を見出し、そして、環境を守る行動を暮らしや商売に組み込むなどの行動を社会が奨励する、といった一連の自覚的な過程を設けることが必須のこととなりましょう。

実は、環境の機微を読み取り、人の行いに反映させる技術はないわけではありません。人類が農耕などによって、自然に働きかけるようになってから、徐々に発達してきたものともいえましょう。この技術の、工業版、三次産業版を作ればよいのです。

しかし、環境を壊す工場や商売のほうが、そうでないものより儲かる現実のある中、私は、この過程が即刻実現できるものだとは思っていません。

欧州でも、ヨーロッパ環境庁（ＥＥＡ）が中心となって、２０１６年からの４年間、持続可能な生産や消費モデルに社会全体が移行することに向けて、有効な手段の開発や適切な移行経路の発見のための研究を集中的に行うこととなっています。移行には知慧が必要なのです。私としても、長い教育、それも学校や家庭だけではなく、社会全体に溶け込む形での体験として、よい行いが保護され報われるものになっていく、そうしたプロセスが必要だと思っていて、幸い、教育者としての立場もあることから、その考えで実践もしています。

図1は、そのことを絵にしたものです。

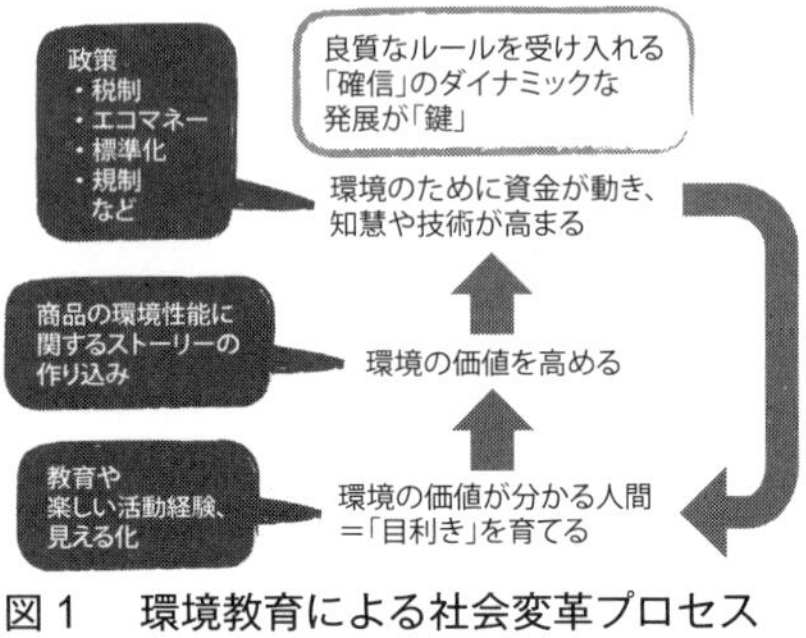

図１　環境教育による社会変革プロセス

環境はさまざまです。その多様な環境それぞれの役割、恵みや価値を読み解き、機微にわたる違いを理解できる人材づくりは、商品やサービスの供給側でも需要側でも必須です。目が利くようになれば、環境との関係で見て作り込みのよい商品やサービスが選ばれやすくなり、もっと作り込みのよい製品を作るために、それこそ、ミラーニューロンの仕組みが働いて、人材やお金、技術などが自ずと集まってくるようになるでしょう。もちろん、自動車や建築物にかかわる近時の偽装事件は、せっかくのミラーニューロンの信頼を裏切る悪事ですが、ミラーニューロンの大きな役割も示唆しているといえましょう。このダイナミックで創発的な過程を円滑に進めるためには、ルールづくりにも知慧を割くべきです。

日頃の大学・大学院教育や研究の現場では、私はこうした、いわば海図の下に、授業などを組み立ててきましたが、本書はそれを文字に表したものです。

本書の序章では、環境をよくすることを組み込んだビジネスが不可避であることを述べ、第一章では、環境ビジネスやその他の環境的な取り組みがなにゆえによく行われないかを考察し、これを受けて第二章では、反対に、環境的な取り組みに本気を出す上で成功したいくつかの取り組み事例や考え方を紹介しました。さらに、第三章では、環境取り組みの成功を容易にするための社会ルール、政策を私の経験も踏まえて考察し、今後に役立つ考え方として一般化して提案しました。第四章以下は、いわば応用編です。第四章は、環境ビジネスでの最近の先駆的取り組みを紹介し、第五章では、環境共生的な社会や経済を身のまわりの地域でこそ作ろう、という動きに焦点を当てました。最後の第六章は、海外で進む環境共生の動きを説明しています。ここにも学ぶべきことが多くあります。

以上のように、本書は、どのようにしたら人類が地球の善い乗組員になれるのか、その方策を実践的に考察したものです。結論を先に述べれば、一つには、人類と環境との関係を従来と逆転させて、環境を保全する中で儲けを出すように発想を変えること、二つ目には、環境のよし悪しがわかる目利きとよい環境のために相応の対価を払うことを当たり前としていくためのルールとが、ダイナミックに共進化していくようにすることが、その方策の要諦であると主張しています。ちなみに私は、主に供給側ができることをまとめた本を『環境でこそ儲ける』と題して東洋経済新報社から2013年に上梓し、2016年には木楽舎から『地球とつながる暮らしのデザイン』（仮題）として需要側でできることをまとめて上梓すべく編集を進めています。そうした中、今回のこの本は、需要側と供給側双方の努力が巡り合う場の作り方、そしてその発展のためのルールづくりを扱ったものです。

本書は、すでに見た流れに沿ってさまざまな実例などを集めて構成されています。このことにより、ビジネスや政策の現場で、なるべく実践、実装に結び付くように努めました。

ところで、そうした一つひとつの構成パーツのほとんどは、実は、これまでに書き溜め、そして各所で発表したものです。全体の半分程度は、2013年に提出受理された博士論文所載のものであり、これに加え、日本経済研究センター会報、朝日新聞WEBRONZA、せたがや自治政策研究所「都市社会研究」誌に掲載したものも収めました。今回の上梓に当たっては、前述の流れに照らすと欠けていると思われた若干数の節などを新たに書き下ろしたほか、すべての章にわたって、時点修正や重複の削除を行いました。ここに、既掲載の論考の転載を許してくださり、一つの本として読みやすいものになることに御助力を賜った各出版元（たとえば、学位論文の一部を掲載する単行本を発行していただいた東洋経済新報社や勁草書房、そして、日本経済研究センターや朝日新聞などの各社様）に厚く御礼申し上げます。さらに、本書の出版元であるアサヒビール株式会社様、発売元である清水弘文堂書房様、きっかけを作ってくださった早稲田環境塾様にも感謝申し上げます。

大昔の中国の哲人、老子は、「万物の自然をたすけて、あえて為さず」ということが至高の境地であることを説いていました。はやくそうした人と自然が溶け合った世が現実になることを祈りつつ、本書がそのほんの一助にでもなれば、これにすぐる喜びはありません。

序章　どこにでもあるはずのエコビジネス

第一節　環境対策への抵抗にはどのようなものがあるか

序章では、環境ビジネスがなくてはならないものであることを概観します。人間活動が拡大し続けると、地球の生態系は人の生活を支えきれなくなり、逆襲する――。１９７２年に上梓されたローマクラブの「成長の限界」は、こう述べています。それから約半世紀、人口の幾何級数的な増加はなお止まらず、他方でＧＤＰ成長率といったフローの指標の増減に一喜一憂する心情は何ら変わってはいません。破局はまだ来ていませんが、二十一世紀に予想されていた破局へ至る道から人類が離脱できたとは、到底言えません。

環境政策の重要性

破局シナリオを避ける処方箋は、たとえば「ファクター４」といった名前で、すでにいろいろ提案されています。要すれば、少ない資源消費・廃物排出の下で生理的なニーズを充たし、心の満足（社会的効用）を直接高められる社会経済へと移行する、新しい発想の「環境政策」が重要だということです。環境と相克する経済活動のあり方を変え、人類が物的な意味で、地球生態系の善き一部となることは、破局を避ける必須条件ともいえます。

そもそも環境政策とは、人間の行動を変更させて、人間が行う活動が環境に対し、さまざまな経路を経て与える悪影響を減じさせようとする意識的な営みのことをいいます。最狭義には、政府の行うルール設定を「政策」と考えることもありますが、本書では事業や率先垂範《そっせんすいはん》など、より幅広いものを政策として取り上げたため、政策の概念を広く捉えることにしました。

環境政策は、環境の質が劣化し、人間やほかの生物に悪影響が及ぶという環境上の問題が現に生じ、あるいは今現在は生じていなくても、将来生じると予想されることから、環境上の問題を回避、または一歩進んで環境の質の向上を図るために行われます。緊急的に、破壊された環境の修復や動植物の増殖などを事業として直接環境に介入する場合もありますが、基本的な対象は人間です。

環境政策によって行動に変更が迫られると、さまざまな批判がなされるのが常ですが、そうした批判や挑戦が生まれてくる背景や社会経済の様態を変更することで解消し、克服していくことが環境政策に課された役目でもあります。

批判が生まれてくる背景は、次の三つに大別することができます。

①科学的な争いに起因するもの
②対策の技術的・経済的な実行可能性をめぐる争いに起因するもの
③公平性をめぐる争いに起因するもの

科学的な争いに起因する課題

①は、環境問題自体の有無や内容をめぐった批判で、著名なものに水俣病が挙げられます。「水俣病発生の起因は、工場排水が原因では

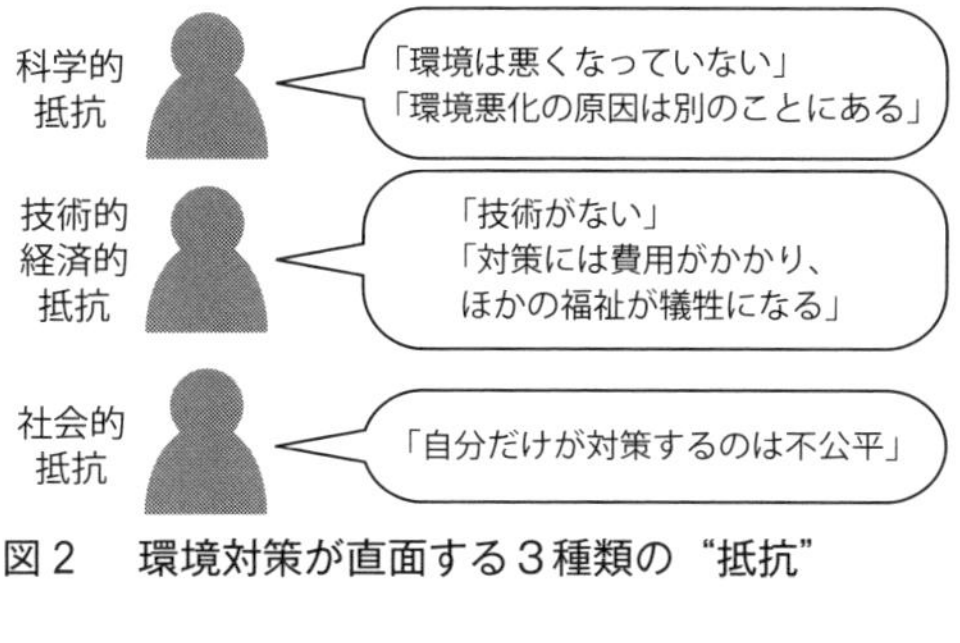
科学的抵抗
「環境は悪くなっていない」
「環境悪化の原因は別のことにある」
技術的経済的抵抗
「技術がない」
「対策には費用がかかり、ほかの福祉が犠牲になる」
社会的抵抗
「自分だけが対策するのは不公平」
図2　環境対策が直面する３種類の“抵抗”

ない」と主張されたり、熊本では旧日本軍の爆薬が、新潟では水銀系の農薬が原因だと唱えられたりしたことがありました。また、1970年頃、光化学スモッグが初めて発生したときの国会質疑では、どの省庁も光化学スモッグの原因が自分の所轄行政の範囲にないことを答弁するだけで国会質疑が成り立たず、そのため、当時総理大臣だった佐藤栄作氏が、原因究明できる国立の公害研究所の設立を決めたと言われています。

環境問題と、その原因である特定の人間行為との科学的な因果関係は微妙なもので、たとえば生じる問題が非特異疾患（さまざまに異なる原因によっても同じ症状が起きるようなケース）であった場合や、特定の原因行為が顕著に行われているものではない場合には、因果関係を発見できないこともあります。こうしたことから、科学的な因果関係の有無については議論が分かれることが多く、環境政策の進展を阻止するための有力な攻撃対象になる危険性も孕んでいます。

このような因果関係をめぐる科学的な争いは、問題発生の初期、問題事実の確認段階でしばしば起こります。今日では、こうした課題を解決するための政策的知慧も発達しつつあります。

対策の技術的・経済的な実行可能性をめぐる争いに起因する課題

科学的な因果関係について大きな議論がなくなってくると、次のステップとして②の対策技術の有無やその経済性、実行可能性をめぐった議論が起こりがちです。有効な対策技術がないと、問題を防ぐ方法として有害な人間活動をやめるか縮小するかになってしまい、原因者側にとっては自らの存在が否定されることになりかねません。また、技術が進歩してくると何らかの対策が可能にはなってきますが、対策の実行に費用がかかります。

環境を壊す側での対策の金額と、環境を壊された側が支払う利益損失額との和が最小になる点を『最適汚染点（または最適対策点）』といいます。しかし、対策に要する金額は往々過大に評価される一方、環境を壊された側の利益損失ならびに損失額については、過小に評価される傾向にあります。なぜなら、被害者になることの多い自然は、なにも発言できないからです。

このような立場は、環境を汚し続けることを、既得権として認めた議論です。環境を壊された『被害者』から見れば、受忍できない被害については、社会全体としての経済性が劣ろうが、環境破壊はなくしてもらいたいというのが正直な気持ちなのではないでしょうか。

最近では、国が地球温暖化に関連して厳しい削減目標を持つと、生産の拠点をまだそれほど規制の厳しくない国に移転させると牽制する企業も目立ち、経済的理由の中でも特に雇用の空洞化が環境政策強化への抵抗理由になることが多くなっています。

公平性をめぐる争いに起因する課題

③は、対策の社会的な公平性を問う議論です。一例を挙げると、地球温暖化を防ぐための、先進国と途上国との間の対策努力負担の公平さについては、さまざまな議論が可能であり、実際の対策デザインの決定を阻害する要素になる可能性も否定できません。

たとえば中国では、京都議定書に入っていない米国との対比を考えると、中国が二酸化炭素の排出削減を開始するより先に米国が対策を真剣に行ったらどうか、という見方をします。一方米国国内では、「世界第2位のGDPと第1位のCO_2排出量を誇り、貿易上の競争相手でもある中国のような国々が実際の対策努力を担わないのであれば、米国も対策を取る必要はない」という態度を示します。こうした議論は、公益に反することをする人がいるから私も公益に反してよいという理屈で、建設的ではありませんが、国際社会ではまだ当たり前の議論でもあります。

こうした3種類の抵抗や挑戦、そしてそれらを生む背景、事情を改善し、克服することが環境対策の課題ではないでしょうか。

科学的な知見の充実のためには、常に環境変化をモニタリングし、将来予測システムを精緻化するとともに、個々の科学的知見を集積・評価し、そして政策へつなげるための合理的な制度づくりが必要です。このことは本書の主題からは外れますので、ここでは深く論じません。しかし、IPCCの出版物などに時間があれば目を通してください。

次節以降では、経済・工学的な批判を生み出す課題、また社会学的・法的な批判を生み出す課題に関し、それを克服するためにどうしたらよいかを具体的に見ていきます。

第二節　環境対策はビジネス創生のチャンス

「環境を大切にすると出費が増える」と心配する声をよく聞きます。環境保全のような「迂回生産」【※】にお金を使えば、企業は赤字になるし、マクロ経済は不況になる、というのです。果たして本当にそうなのでしょうか。

※　迂回生産とは、同じ生産物を製造するのに多数の工程を経て行う必要がある場合を言い、たとえば電力を生産するのに、ボイラーと発電機を用いるだけでなく、排煙脱硫装置や脱硝装置を併せて用いなければならないケースなどがその典型である。

今日の経済のように、自然の使用に際し十分な対価を払わず、自然の再生を妨げる一方で、その分のバブルな利益を得て発展する経済を続けていくと、やがて利益の源泉である自然資本はなくなり、お札の山がそびえ立つことになるでしょう。お札は燃やせば一回限りのエネルギーを生みはしますが、所詮それは食べても栄養にはなりません。従って、私たちがこの地球上で生活していく場合には、環境を守る費用を惜しむこと、つまり環境を壊してお金に換える、そのこと自体が間違っているのだということを理解する必要があります。

それにしても、グリーンな経済はそもそも、本当に実現可能なのでしょうか。もし本当に可能で意義があるとすれば、一体、どのような行動や政策がそういったグリーンな経済への移行に有効なのでしょうか。

２０１２年６月、地球サミット20周年を記念してブラジルのリオ・デ・ジャネイロで行われた国連の特別会合では「グリーン・グロース（グリーン成長）」が重要なテーマの一つとなりました。リーマンショック以降、世界中が不況から脱却できないことに業を煮やし、実需に裏付けられた堅実な経済を実現しようという動きが高まったことのあらわれともいえます。日本でも「失われた20年」から脱却する新しい経済施策の目玉の一つとして、環境に対し期待がかけられていることは間違いありません。

経済パフォーマンスとGDP

現在の経済は、環境の価値を過少に評価し環境資源を浪費している、いわば「環境バブル」です。環境を安く使った分だけ市場価格は安くなり、その結果、余分なゆがんだ需要が生まれ、残された環境の価値はさらに乏しくなっています。

福島第一原子力発電所の事故からもう4年以上が経過しましたが、大きな社会的費用を顕在化させ、負債は発生したままです。私的な価格付け、そして費用負担が不十分だったことの結果でしょう。はじめから高度な安全対策にもっと投資し、その分もっと高い電気を売ればこんなことにはならなかったかもしれません。これはグリーン経済と、そうでない経済との間のわかりやすい違いをあらわしています。

仮に、環境対策に多額の費用を投じ、GDPが増えなくなったとしたらどうでしょう。普通の反応は「GDPが減少しては困る」ということでしょうが、ここで考えたいのは、「GDPはそもそも、経済的な福祉を正しく反映しているのか」ということです。GDPは瞬間的な指標にすぎません。「経済とはGDPだ」という思い込みが問題を大きくしているのではないでしょうか。

GDPは、環境対策を進めることによって変化します。環境バブルが矯正され、経済本来の姿に戻っただけと冷静に考えれば、仮にGDPが減るという極端なケースになったとしても、それはバブル時代に得ていた見かけの付加価値がなくなっただけということがわかります。問題はGDPの絶対値にではなく、相対価値の変化で既得権を失うもの、逆に新たな利益を得るものがでてきて、分配面の変化に伴う社会的な軋轢が生じる可能性があるということでしょう。これは国内的にも問題ですが、むしろ既成の先進国と新興国や途上国との交易関係の問題、あるいは異時点間の資源配分の問題としてみると一層重要な意味を持ちます。

環境対策が経済にプラス効果

しかし、私はそれほど悲観的ではありません。GDPが減らず、新たな付加価値が大きくなれば、こうした分配の変化に伴う軋轢も当然軽くすむ可能性があるからです。環境対策が伝統的な経済指標であるGDPにどう影響するのかを考えておくことも重要なのです。

産業界などにある理論は概ね次のようなものです。

「環境を重視する経済は、環境を重視しない経済よりも小さい。なんとなれば、環境対策施設を作ったり、高い環境性能の製品を作り込んだりすれば、資源も、資本も、労働力もその分多く投じなければならない。環境対策は非生産的であり、迂回生産を高め、結果的に価格を高くする。こうした価格設定で需要が減り、経済は小さくなるうえ、本来の生産投資に回るべき資金などが、非生産投資に回るため、供給力も小さくなる」

これは果たして本当にそうなのでしょうか。

日本にはこの点で多くの実証可能な経験があります。完全雇用の高度経済成長時代に、日本は世界でも例のないドラスティックな公害対策の強化を行いました。極めて大きな資金が排煙脱硫装置などに投じられたのです。その結果は、マクロ経済の縮小となったのではありませんでした。逆に、環境の重視が、公害対策装置産業という新たな商売を生んだのです。仮にこの商売により発生した機会費用、つまり、実現できなくなった利益があったとしても、それに比べ誘発効果による付加価値増がなお大きかったといえます（26ページ図3、図4参照）。こうした実証研究は、グリーン経済に向けて船出する勇気を授けてくれます。

環境対策が経済を大きくするとなれば、ほかの商売と比べて環境商売の特質、有利さ、他方での困難さを考えた上で、冷静な判断として、「環境は反経済的」というマインドセットを変え、「環境商売＝エコビジネス」を栄えさせていくことが考えられます。そのためにはどうしたらよいでしょう。

一概に、治安が悪くなると警備会社の売上が増え、紛争が増えれば弁護士の稼得が増えると言われます。環境対策にはこれらのビジネスと共通する側面もないことはありません。しかし、もっとポジティブな面があるのです。たとえば日本で独自に発展しているラーメン産業。新しい味のラーメンが高い値段で売り出され、そこに客が長蛇の列を作ると、さらにラーメンの味がよくなっていきます。客の舌とラーメンの味との共進化【※】が起きているのです。日本人の舌が肥えていなければ栄養価だけでラーメンが評価され、値段はもっと安いままだったでしょう。おいしいラーメンが発明され、千円近いお金を払っても「おいしい」という満足感と幸福感を手に入れながら、GDPも増えていく。こうした発想を環境にも生かし、環境を「商売のタネ」と考えることはできるはずです。

※　生物学や生態学で使われる言葉。相互関係にある二つの生物種が互いに影響を与えつつ形態などを進化させていくことをいう。ハチドリに蜜を与え花粉を託するランの花について、その花の形態とそれに適応するよ

う進化した特定のハチドリ種の嘴との関係が共進化の例として有名。

地球環境に手入れをすることで人類は稼ぎを得て、暮らしていく。そうしたことができれば、これこそ究極のグリーン経済です。『美味礼賛』の著者サヴァランは、「新しい料理の発見は新しい天体の発見に勝る」とその価値を表現しましたが、今の時代に生きる私たちにとっては、新しいエコビジネスの発見こそが「地球という天体を救う」といってもいいでしょう。

第三節　公害対策が新需要・ビジネスを生む

環境対策は大きな目で見れば必要な対策で、新しいビジネス創生のチャンスであることはわかりました。しかしながら、「自分ではできれば払いたくない」と考える人はまだ少なくありません。では、敢えてそこにお金を使うと経済はどうなるかを考えてみましょう。考えるための実証的な経験が日本にあるのです。そして、前節で見たように、その結果はポジティブなものです。

高度成長期に行われた産業公害対策は、必要に迫られての後追い施策でしたが、結果として大きく経済成長に貢献しました。これまでの発想・行動を改め、環境のためにお金を使ったことで「環境ビジネス」という新しいビジネスが生まれたからです。公害対策によって確かに物価は上がりましたが、マクロ経済は小さくならず、むしろ年率換算では0・1%ポイント程度の成長を加速したのです。

図3は、横軸がシミュレーションされた、公害対策がなかった場合のGDP成長率などで、点線で

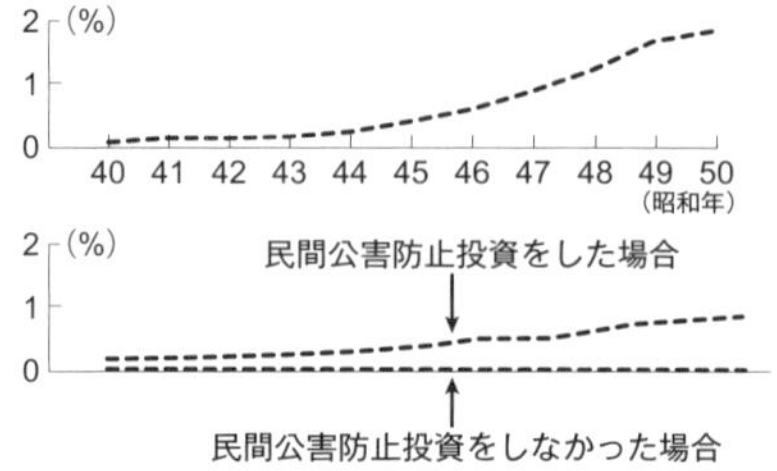

図3　民間公害防止投資の経済的影響
出典：昭和52年環境白書 p.52

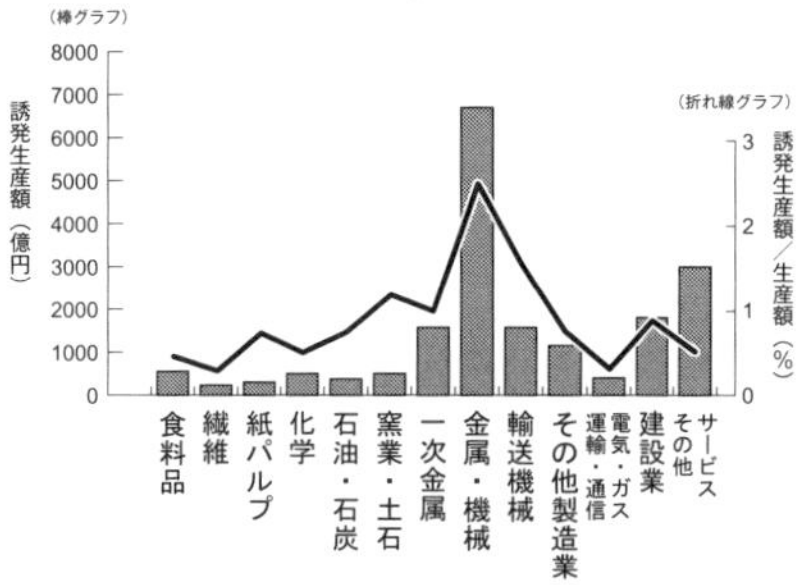

図4　民間公害防止投資の産業別の誘発
出典：昭和52年環境白書 p.54

示されているのが、実際の成長率などです。ここでは、公害対策をしたほうが、公害対策をしなかった場合より経済が成長したことを示しています。

また、各企業の公害防止設備支出がさまざまな産業への需要を広く誘発し、経済はさらに大きくなったことも実証されています【図4】。

環境を大切にするということは、決して反経済的ではなく、むしろ経済を一層効率的なものに変える営為なのです。環境を守ることを成長のバネに使おうという動きはまったく不自然なものではありません。ちなみに、私も一員として属する（一財）日本経済研究センターの最近の研究によると、円安による輸入エネルギー価格の増嵩に応じて、国内産業界の省エネは大いに進んだことがはっきりしています。今後のことを考えても、たとえば２０５０年度に石油１バレルが２９０ドルくらいになるケースでは、国内においてGDPの１％程度の省エネ投資が起こり、その結果、マクロ経済全体を見ると、累積コストでは、２０５０年度には、なんと１５０兆円もの儲け（純便益）が生まれるのです。

世界全体では人口が幾何級数的に増加している今日、環境保全は増加する需要であり、それに応えるビジネスは間違いのない勝ち馬なのです。人類規模で勃興しつつある環境保全ニーズの充足に向け、新たな付加価値を創出し、獲得する挑戦こそが報われるに違いありません。

過去の日本では環境対策が経済成長に貢献したことを示しました。それでは今現在、私たちが直面している環境対策への取り組みと経済との関係はどうなるのでしょうか。

ほぼ１００％カバーの国際新ルール

２０１２年11月26日から12月８日まで、中東カタールのドーハで、気候変動枠組み条約の第18回締約国会議（ＣＯＰ18）が開催されました。

京都議定書を採択した１９９７年の同条約の締約国会議（ＣＯＰ３）から、もう20年近い歳月が経とうとしています。京都議定書は、１９９２年採択の気候変動枠組み条約の下で、それまでは抽象的なものにとどまっていた温暖化防止の内容を、先進国に関しては具体的な数値目標を伴った削減義務に変えました。加速する地球温暖化の傾向に、実効ある歯止めをかけるべく、まずは先進国に先導役を果たすことを促したのです。

ドーハのＣＯＰ18では、次の第三のステップへと一歩前進が成し遂げられました。すなわち、先進国はもとより、新興国を含め、世界の各国に応分の具体的な努力の履行を求める新しい段階に向け、外交交渉の作業計画を決めたのです。２０１４年に国際ルールの下書き文書（交渉テキスト）が、２０１５年には交渉の対象となる文書がまとまり、そして、交渉に結論を出すとの段取りが決められました。

すでに南アフリカのダーバンにおけるＣＯＰ17の決定により、２０２０年から新国際ルールの下で世界の新しい対策が始まることとなっていますが、これまでは世界のCO_2排出量ベースの２～３割をカバーしていた京都議定書を一歩進めて、１００％カバーに近い国際ルールが実行に移されることになります。風力発電や太陽光発電、そしてエネルギー需給のスマート化は、一歩先を行った欧米で経済上の大きな話題になっていますが、もうしばらくすれば世界を覆う取り組みになってくるのです。

確実に成長が見込めるのがエコビジネス

地球温暖化防止のための省エネ技術や再生可能エネルギー利用技術は、今後のエコビジネスの牽引役となりますが、こうしたものを含めた各種のエコビジネスの市場規模は、２０２０年には世界全体でおよそ3兆ドル近くになると推計されています（国連環境計画（ＵＮＥＰ）などによる）。

英国のニコラス・スターン卿が取りまとめた、「地球温暖化はコストではなく便益のほうが大きい」とした「スターンレポート」では、世界が地球温暖化の進行を止めるために支払う費用は、推計に幅があるものの、平均的にはＧＤＰの１％程度という報告がなされています。現在の世界の名目ＧＤＰはおよそ75兆ドル（約９３３５兆円）なので、この推計では地球温暖化がらみの市場規模は、現在では年間0・75兆ドル、その後経済成長率以上に伸びていくと思われます。国内の推計でも環境関連ビジネスはすでに70兆円弱あり、さらに50兆円程度の上積みが可能だと言われています。このように、地球温暖化関連を中心とした国内外のエコ市場は、かなりまとまった大きさになることがわかります。

日本は低燃費のハイブリッド車や実用化された電気自動車をはじめ、エコを重視した市場で売れるさまざまな製品や技術を擁しています。東日本大震災の経験から、国民が環境や安全に強い需要を有していることも大きな後押しとなっています。

京都議定書の京都メカニズム（温暖化ガスの排出量取引など）の例を見ても、今や環境対策は経済とは切り離せなくなっています。２０２０年からの国際ルールは、京都議定書以上に重要な意義を持つといえましょう。

このような新しいルールは、ぜひ成功裡に採択され、遅滞なく、そして円滑に実行されていくべきです。というのも、すでに地球の現状は壊れ始め、さらに環境へ与える人類の悪影響はますます大きくなっていき、到底放置できないからです。

平成22年版防災白書によると、過去10年間の世界の災害は、１９７０年代に比べて被害額や被災者数で3倍以上に増えています。地球の気候変化や植生の減少などが極端な気象災害を生み、人口増と都市への人口集中が被害をさらに甚大化させているのですが、国連の推計では、２０５０年には地球は今日の３割増の人口を養わなければならないと予測されています。

人口以上に増加のスピードが激しいのは、資源の消費量です。**図5**のとおり、国際エネルギー機関（IEA）の推計では、エネルギー消費量に関して人口よりも15年早い２０３５年に、４割増になるだろうとの予測がなされています。

こうした中で、エコビジネスは不可避の、さらに言えば確実に勝ち馬にならなければいけないビジネスだといえましょう。

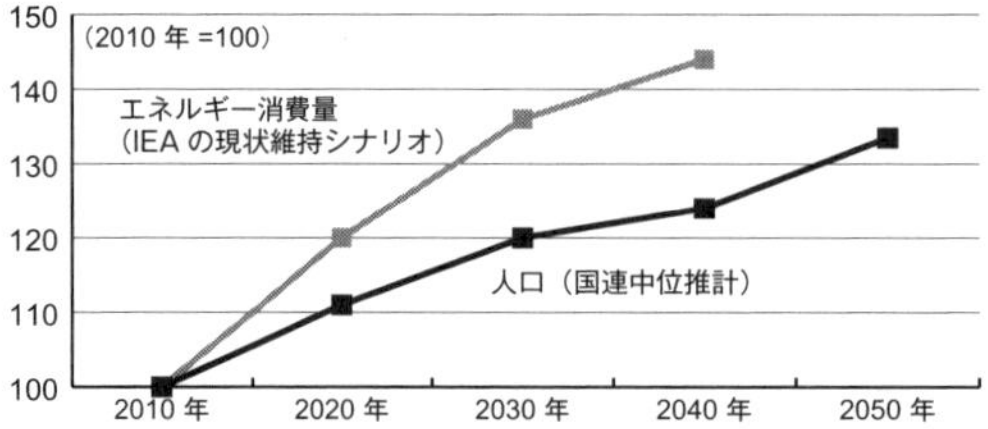

図 5　エネルギー消費の増加は人口増を上回ると予測されている
出典：国連人口統計、国際エネルギー機関（WEO2012）より作成

第一章　環境に本気になれない理由

第一節　消えるリサイクル

この章では、環境をよりよくするという公益が、経済活性化の中でなぜないがしろにされるのかを見ていきます。その理由がわからないと対策が取れません。

一例として、私たちに身近な紙を見てみましょう。紙は情報の記録や大量伝達を可能にしました。一方、製造段階において、森林を伐採し多くの公害を引き起こす原因にもなっています。そして使用後は、廃棄物の中でも大きな存在になってしまう側面も持っています。世界の森林の乱伐、わが国の田子の浦のヘドロ汚染、紙の舞う往時の廃棄物埋め立て地の写真などを見るにつけ、便利な道具の負の側面を思い起こさずにはいられません。

こうした負の側面を克服するため、適切に管理された森林から生産されるパルプや古紙の利用が進み、製造過程の公害に対しては、排煙脱硫装置や水質汚濁の処理施設が設けられるなど、環境対策に長年力が入れられてきました。紙の分別回収も進み、古紙としてリサイクルされる率も増えてきました。しかし、古紙リサイクルはさまざまな課題も抱えています。

古紙リサイクルは決して容易ではない

古紙リサイクルの問題点の一つとして、紙が何回もリサイクルされると繊維が傷んでしまい、紙の品質が落ちてしまうことが挙げられます。繊維の襞《ひだ》がすり減って繊維同士が絡み合いにくくなったり、もろくなったりして、紙の強度が保てなくなっていくからです。

「古紙偽装」という問題もありました。２００８年の正月、官製年賀はがきの再生紙に、実はほとんど古紙繊維が混じっていないことが報道されました。環境省で業界各社を呼び出して調査をさせたところ、１週間後には大部分の会社が古紙をほとんど配合していない紙を再生紙と偽って販売していたことを認めたのです。リサイクルが尊ばれていた時代背景から、再生紙は品質不良な紙の謂いではなく、優良品の名前になっていたことを利用して、新品のパルプを使って作られた再生偽装製品が売られていたことが分かりました。

環境省が外部の専門家による検討会を設けて対応を進めた結果、原料の古紙が十分に入手できず（と主張した製紙メーカーは10社）、他方で、古紙を多量に混入させた場合の高い品質の製品を製造できる技術がない、という事情があった（11社）ことが浮き彫りになりました。製紙は装置産業で、抄紙機《しょうしき》を稼働率よく回してこそ利益が確保できるのであって、受注量の競争になっていたことがこうした「偽装」を生んだのでしょう。

このようなことを踏まえ、再発防止策が練られましたが、技術や管理体制がしっかりしても、リサイクルの繰り返しによる紙の強度劣化がなくなるわけではありません。

そこで、環境省では、ただ古紙配合割合が高ければ程度の高い再生紙としていた従来のグリーン調達基準を、諸問題をバランスよく解決することに資する内容の基準に改定しました。具体的には、新品のパルプの配合が30％程度までであれば積極的に評価することにしたのです。しかし、新品のパルプの使用を無限定に認めたのでは、かつての乱伐時代に戻りかねません。そこで、持続可能な経営がなされていることの認証を受けている森林から生産されたパルプや、間伐材であることがはっきりしている材から生産されたパルプなどに限り、それらが30％程度配合されることは認めることとしました。さらに、リサイクルを進める上でも、古紙配合率は70％程度を確保することで高得点が得られる計算式にしました（なお段ボール用紙など100％再生紙で作られるものがあり、コピー用紙の古紙配合割合を70％にしても、紙のリサイクル全体を後退させるわけではありません）。白色度を無理に高めようとすると、古紙利用が困難になるほか、製造過程のエネルギー消費が増えるので、白色度は低いことで点数が上がる形で、前述の原料で決まる点数に加点することにしました。

　このように、何が優良なのか基準をよりよい形に改めることによって、世の中全体の行動がより優れたものになるよう誘導しよう、との対策が取られたのです。その後、この基準の下、図6に見るように、社会全体としての古紙リサイクルはなお一層進んで行きました。

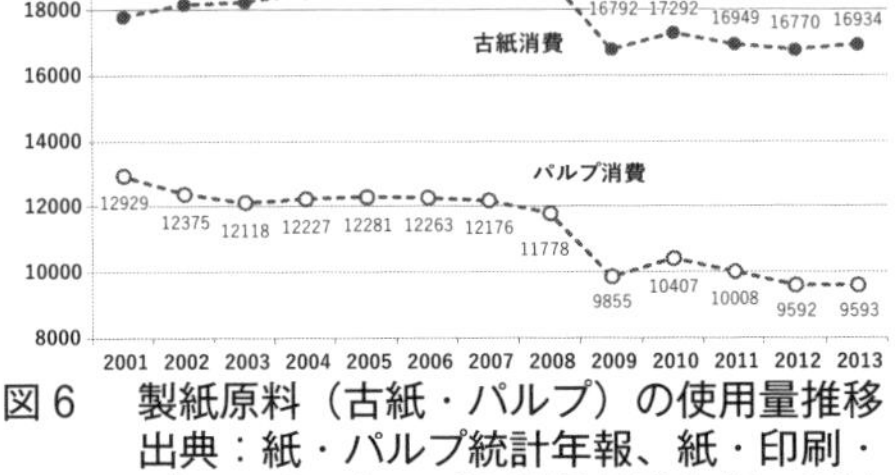

図6　製紙原料（古紙・パルプ）の使用量推移
出典：紙・パルプ統計年報、紙・印刷・プラスチック・ゴム製品統計年報、経済産業省生産動態統計年報から作成

　古紙を中心としたパルプ液が作られる際、現場の技術者は、いろいろな経路で搬入されてきた古紙やパルプの様子などを勘案して、原料のミックスを調節しています。つまり、古紙リサイクル工程の最初の段階で、丁寧に古紙などの種類を分別し、リサイクルに出すことが重要なのです。リサイクルの質の向上を通じてリサイクルの普及に役割を果たせるわけですが、実際には、回収されても製造に

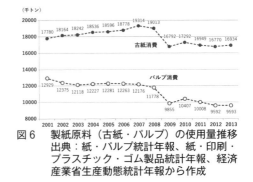

は使用されない古紙が2割弱もあり、これとは別に中国等に輸出されている例もあります。たとえばわが国から中国への古紙輸出量は２０１３年には１５０万トン強（全古紙輸出量の31％が中国向け）であり、他方、わが国の全輸入量は３万トン程度に過ぎません。

国内古紙市況は、同年の回収量約２２００万トンに対し、輸出はその22％の約４９０万トンに達し、外需の影響が大きいことがわかります。たとえば人民元建てでは廉価でも、国内の円貨では、円安前と同様の高い値段で買い付けが行われるため、輸出がしやすい市況になっているのです。このほか、国内で、回収されずに焼却されてしまう紙が、製造量の約2割相当の５３０万トンほどあると推計されていて（古紙再生促進センターの２０１３年についての推計）、輸出量よりさらに多くなっています。私たち消費者は、国際商品となった古紙を丁寧に分別し、品質よく多量に、それゆえ安価に再生紙を生産できるよう助けることによって、国内外のリサイクルをもっと大きく進める好機にあるともいえます。

途上国で古紙をトイレットペーパーに再生

日本ではトイレットペーパーは、紙としての最終用途と考えられていて、バージンパルプの最初の用途としては「もったいない」と考える風潮があります。再生トイレットペーパーは、バージンパルプから製造したものより白色度は落ちるかもしれませんが、十分柔らかくフワフワに作ることができ、使い心地に大差はありません。さらに、水にも溶けやすく、節水型のトイレとも相性がよいのです。今や、古紙を原料としたトイレットペーパーはブランドにもなっています。

わが国が本拠のコアレックスグループの現地法人ＪＰコアレックス・ベトナムでは、古紙１００％のトイレットペーパーを年間２万５０００トン製造しています。製造設備や汚水処理設備は日本と全く同様で、稼働して約5年の新鋭工場がベトナムにあります。私は、ベトナムでも再生トイレットペーパー製造は成功しているものと思っていましたが、必ずしもそうではないようです。ＪＰコアレックス・ベトナムの製品は、残念ながら今のところベトナムの国内需要に対応するものではなく、輸出が主な販路です。ベトナムの水洗化は徐々には進んでいるものの、上下水道のインフラがまだ十分ではありません。また家屋の改造に十分な資金を割けるほど、皆が豊かでもないのです。工場は最初、現地資本がメインの企業の工場であり、コアレックスグループは製造設備を納入した縁で出資をしていただけでした。しかし現地資本の企業の資金繰りが厳しくなり、コアレックスグループが直接経営することになりました。もちろん内需にも対処していますが、ほとんどは外需であり、コアレックスグループが経営することとなった後は、親会社の日本紙パルプ商事の国際営業力も加わり、経営は軌道に乗り始めました。しかし、トイレットペーパーの国際市場は、中国企業の過大生産能力を背景に乱戦模様になり、２０１４年後半からは苦戦を強いられています。

再生トイレットペーパーという、いわば環境ビジネスの典型でも、途上国では内需不足のため苦戦しているのが現状です。

トイレットペーパーの国際市場があるように、古紙も国際商品であり、価格は国際的に裁定されています。その結果、ベトナムでの市中や工場からの古紙の回収は、ビジネスとして成り立っています。言い換えれば、国際商品でない国内資源の価格などと比べ、古紙価格は十分によい値段なので、人手も割ける状態です。

ＪＰコアレックス・ベトナムの手配で、同社の工場に古紙を納める現地の古紙問屋の古紙集荷・選別場を訪問しました。この選別場は１０００平方メートルと広く、およそ２階建てに相当する高さの空間の中にぎっしりと古紙が積まれていました。それを10人以上の人が、手選別でより分け、足踏みで圧縮してビニールコードで結束していました【写真1】。働いている人々の身なりは整っていて、職場の環境も劣悪ではありません。ただし、市中からの古紙回収作業自体は、ハノイ市内のトラック走行規制などがあったり、さまざまな商権がからんだりして、わが国のような近代的な廃棄物収集運搬業の出番ではないように見えました。再生トイレットペーパーという経済社会の持続可能性を高めることに直接役立つビジネスの場合、途上国で持続可能になるための要件は、再生トイレットペーパーに対する内需創出であり、そのための現地国民の認知の向上、支持の獲得が重要です。

写真１　古紙問屋で選別する作業員たち
提供：豊貞佳奈子氏（福岡女子大）

途上国の消費者、環境意識の強化が必要――日本も改善余地

ベトナムのスーパーマーケットにはさまざまなブランドのトイレットペーパーが並んでいます。いずれも日本よりも巻きがゆるく、ロール径も小さなかわいらしく真っ白なロールが、６個からせいぜ

い1ダース程度の小容量で包装されて並んでいます。

案内してくれたJPコアレックス・ベトナムの社員の方に聞くと「売り場に置く商品の仕入に当たり、地縁や口利きといった要素が離れず、消費者の選好の〝まな板〟に載せてもらうまでに、一苦労も二苦労もある」とのことでした。テレビ広告を打ったこともあったそうですが、いかんせん、置いてある商店が少なく、効果は乏しかったそうです。需要側の改革には、単なる環境教育だけでなく、流通の近代化も必要でしょう。

ただベトナムで一番強く感じたのは、わが国では、古紙を捨てずに分別して回収に出し、そして、再生トイレットペーパーやコピー用紙として生まれ変わって戻ってきたものを進んで買い、使うのが当たり前になっているという違いです。この、空気のようになっている「無形の社会資本（ソーシャル・キャピタル）」があってこそ、環境ビジネスが成立します。迂遠のようですが、消費者に日常の行動と環境とのつながりを理解してもらうようにすること、そして質の高い環境を享受することが消費者の利益になることを体感してもらうことなどは、本当に重要な活動だと思われます。

第二節　環境ビジネスの遅れを招く「水と空気はタダ」幻想

生産・消費活動に環境は不可欠です。「環境対策＝反経済ないし非生産的」とする立場は、いわば無償で汚染できることを既得権視することが前提となっていますが、本来、環境保全は特段、反経済的ではありません。しかしながら、企業が環境費用に向けるまなざしが極めて冷淡なのは、一体どうしてなのでしょうか。

企業を覆う「環境＝反経済」の通念

一般に、企業は人件費の増高を望みません。しかし、だからといって不当に安く抑えてしまうと、優秀な人材を失い、企業の存亡にかかわってしまいます。いかに適切な給与を支払うかは、企業戦略そのものです。そしてマクロ経済全体を見れば、1人当たりの付加価値総額や可処分所得額などは、国際的にはむしろ競って高めるべきもの、経済の目的の一つのように位置付けられています。今日では政府が産業界に賃上げを要請することすらあります。

同じく生産要素の一つである人件費と比べてみると、環境費用についての企業理解は大きく異なっています。環境費用が増高すること、すなわち、環境を大切にすることは、企業にとって損でしかなく、また、即マクロ経済の妨げであるとする考えは極めて鮮明で

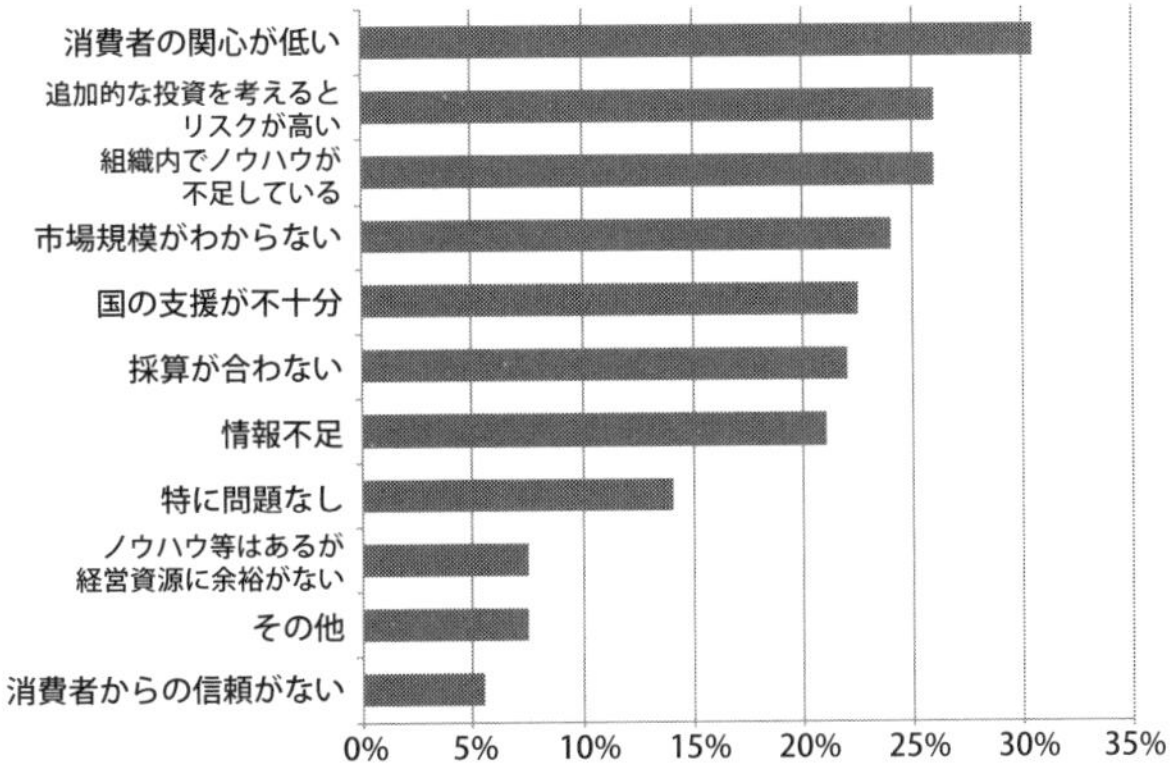

図７　企業が抱える環境ビジネス上の問題点
出典：環境省「環境にやさしい企業行動調査」平成22年度の結果から作成

根強いものです。この考えは最近の環境性能の高い製品が台頭していく現実があっても、完全に払拭されたわけではありません。

企業の環境意識に関して継続的にモニターを続けている環境省の調査によると、「貴社が抱える環境ビジネス上の問題点は何か」という問いに対する答えの一位は、「消費者の関心が低い」で、全回答企業約1000社の約30%がそのように答えました。また、第二位は「追加的な投資が必要だが、そのリスクが高い」であって、約26%の企業が指摘しています【図7】。

不当に安く使われ続けてきた「環境」

環境を犠牲にした経済は、繁栄しているように見えても、その実、繁栄の費用を十分に払っていず、将来世代に費用を転嫁し成り立った「バブル」だということを見過ごすわけにはいきません。幸い、この逆の「環境対策＝経済的で生産的」とする立論は、東日本大震災を契機に、ようやく理解されるようになりました。

内閣府のエネルギー・環境会議の下に設けられたコスト等検証委員会が2011年12月に発表した報告書によると、2004年には5・9円だった原子力発電による電力1kWh当たりのコストに関する試算は、少なくとも5割以上のコストアップ、すなわち、最低でも8・9円／kWhとして計算され直したそうです。安全対策の追加に伴うものが0・2円／kWh、報告書公表までの間にわかった災害の補てん費用が0・5円／kWh（その後判明する損害額が1兆円増えるごとにコストは0・1円／kWh上乗せ）で、被害が確定していない現時点での計算ですら、コストは1割近くも過少に評価されていたことになります。

実は、過小にコストが評価されてきたのは、原子力起源の電力だけではありません。同じ報告によると、２００４年の試算では５・７円／ｋＷｈであった石炭火力のコストも、温室効果ガスの二酸化炭素への対策を含んでいなかったことなどに関して見直され、その分だけでも、２・５円（04年試算比で４割以上の過小評価）の上乗せが必要とされました（コスト全体では、２０１０年時点で平均９・６円／ｋＷｈ、２０３０年時点で同じく10・５円程度）。

私たちは、長い間、こうした当初は計算されていなかったコストを、環境に押し付けることにより存在しないものとみなし、余分に電力を消費してしまったことになります（ちなみに、同報告書では、省エネをすることによるコストも計算しており、平均的な電力製造コストを下回るコスト負担で実施できる省エネのオプションが数多いことも示しています）。本来は、もっと高い値段で電力を買ってもっと省エネを実践し、一方で電力会社には十分な安全対策や環境対策をしてもらうべきでした。安い物が必ずしもよい物ではありません。財・サービスの価格は、私たちを望ましい世界に必ず導いてくれるように付けられてはいないのです。

コスト等検証委員会の報告書についてすら、コストが過小評価されているのではないかと思う箇所があります。それはたとえば、割引率の問題です。標準的なケースでは、割引率は３％と置かれていますが、これは「将来に発生する費用を今の時点で評価する場合には年率３％の計算で安く扱う」ということです。こうすることで、原子力にせよ、火力発電にせよ、電力を作るためには常にエネルギーを購入し続けなければならない電源では、40年にもわたると仮定されている長い設備寿命の間払い続けるエネルギーコストが、実際に支払う額よりも、現時点での計算上では、安く見積もられることになります。また原発の場合にはさらに長期を要する放射性廃棄物にかかわる費用も大きく割引かれます。原子力発電で割引率を0％とした場合と3％とした場合とでは、0％の場合はさらに0・8円／kWh高くなる（すなわち、災害コストが今計算されているもので打ち止め、とした最低の場合のコストである8・9円／kWhが9・7円／kWhとなる）ことが同報告書には示されています。

要約すれば、今は計算に入っていない放射能汚染の除染費用、放射能汚染物の中間貯蔵や最終処分などにかかわる費用が仮に25兆円を超えるとすれば、将来の割引を見込まない燃料費や廃棄物処理費用込みの1kWh当たりの原子力発電コストは、2030年頃に推計される太陽光発電コストよりも高くなってしまう可能性がある、ということになります（太陽光の2030年までの技術進歩を考え、他方で燃料費の将来割引計算を止めれば、原価に占める燃料費割合の高い石炭火力も、太陽光に劣後する結果になると予想されます）【※】。

※　なお、その後、平成27年の春、政府では、発電コストの再検討を行い、対策によって原子力災害の可能性が減ったといった観点で見直しを行い、原子力発電にかかるコストを引き下げましたが、考え方の大筋はここに述べたところと同じです。

環境を不当に安く使うことこそ非効率

福島のような悲劇は、二度と繰り返すべきではありません。日本人はそのことを肌で知ったはずです。悲劇を通じてしか学べなかったことは不幸ではありますが、骨身に染みて理解したことは、今後の日本の強みにもなるはずだと信じています。

環境を汚さないための費用が十分に負担されていなかったことで、結局自然災害時にカタストロフが起き、大きな汚染を生じました。その浄化費用の負担は、これまで永年環境費用を軽視してきたツケの支払いともいえます。払うべきは払わなくてはいけません。私たちは電力の価値については、単なるエネルギー量としての価値しか見ず、環境を守るための費用負担には不慣れです。それが特に初期段階で目に触れると、途端に高いと反応してしまいがちです。

環境ビジネスを進める場所は、廃棄物や汚染の処理、自然の再生といった狭義の環境ビジネスの中にあるだけでなく、私たち一人ひとりの足元にその糸口があります。対策不足であった東電だけが責められているのではありません。

現状ではまだ支持されていませんが、環境に取り組むことは損だというマインドセットから一刻も早く解放されて、環境に取り組んでこそ儲けが出る、と方針や行動を変えていくことが、長い眼で経済を見た時の正しい結論につながっていくに違いありません。

環境的な財貨は高くて当然と直ちに思うことは無理でも、「環境費用はタダで済ませられれば済ませたい」という思い込みからの脱却には、今こそ取り組むべきなのではないでしょうか。

第三節　低燃費自動車と太陽光発電パネル

前節で批判したマインドセットをもう少し詳しく見てみましょう。**図8**は、およそ200万円程度で購入ができる、自家用乗用車と、家庭用の太陽光発電パネルを比べたものです。

自家用車の場合、我々は、ハイブリッド車など燃費が特に優れた乗用車を買うとき、それが多少高くとも、平均的な使用年数である10年程度乗って、走行距離が長くなると、燃料代の安さで、価格差は元が取れると考え、その購入を比較的容易に決意します。

他方、太陽光パネルではどうでしょうか。据え付け時には自治体などから補助金が得られます。さらに、使い始めると、昼間は電力の購入がほとんど要らなくなり、フィードイン・タリフ制度（FIT）**【※】**によって、家庭で消費しきれなかった電力を電力会社に売って収入を得ることができ、実際に負担する電力購入料金は、パネル設置前に支払っていた額より、大幅に下がります。計算上は、概ね10年で元が取れることになります。さらに言えば、10年を超えて使えば電気代はタダになったのと同じで、むしろお金を生むとさえいえるでしょう。ちなみに太陽光パネルの製造に投入したエネルギーは、太陽光パネルが2年半程度で発電してくれます。エネルギーのペイバックははるかに短く、それ

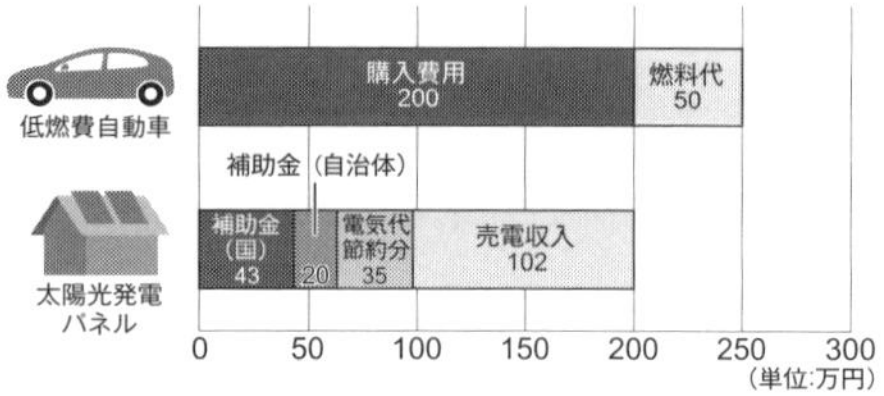

図8　低燃費車と太陽光発電パネルとを比較した場合の初期投資とその後の費用負担の推移
備考：初期投資は、ともに200万円と仮定。自動車の燃料代は、年間走行距離10,000km、20km/L、140円/Lと推定。環境省、経済産業省資料より作成。

以降は、純粋にエネルギー製造装置として働くことになります。

※　**再生可能なエネルギーで発電した電力について、優先的な価格で買い取る義務を電力会社に負わせる制度。**

しかし、多くの家庭では、10年も投資額を固定することを嫌い、10年での投資回収は長いと思って購入を逡巡してしまいます。

この二つのケースでは、同じ「元を取る」との表現が使われていますが、前者の場合と後者の場合とでは意味が異なっていることに留意されるべきです。私がこのことを指摘するまで、一般の人々はこのことに気付かないのが通例です。

実は、前者は、環境のための追加的なコストに関してのみ元を取ろうという発想に立つものです。他方後者は、追加コストだけではなく、パネル購入費から設置代までを含めて初期投資の全体をペイバックしないと元が取れないという言い方です。

仮に後者の意味での「元を取る」発想を自動車に当てはめると、いかに燃費に優れた自動車を何年乗ったとしてもガソリン代の払いは増える一方で、自動車購入の初期費用は、決して埋め合わされ、償還されることはありません。

我々は、環境のために費用を投ずることを嫌がっているわけではないにしても、このように、購入する財貨の種類によって、その購入を決める「お得感」の有り様が異なっているのです。

異なっている理由の一つは、その財貨の「当り前さ」の加減が違うことにあります。

自動車の場合は、個々の家庭が個別に所有することが当たり前になっていて、所有に伴い、初期の購入費や燃料費はもちろん、実は税金から保険代まで、膨大な費用がかかることになることは誰も気にかけません。したがって、これらをすべて足し上げて、電車やタクシーに乗った場合の総費用と比較するようなことは誰もしません。言ってみれば、自動車の保有費用は、頭の中ではゼロに置かれているのも同然です。ですから、消費者が気になるのは、低燃費車と通常の性能の車の価格差だけになるわけです。

他方、太陽光パネルはといえば、それを買わなくても家には電灯線が引き込まれています。初期投資は一切なく、使った分だけの料金を払えばよいようになっているため、太陽光パネルの場合は、その根っこからの費用に関心が向けられるということになります。つまり、わざわざ太陽光パネルを買うなら、安く潤沢に使える普通の電力より安く、あるいは、少なくとも同等な費用にならないと好意的な決断には至らないのです。

既存の系統電力と他の種類の電力の価格を比較して、差がない状態を系統パリティといいます。価格差に光を当てるということは、普通の電力と太陽光発電の電力とは同じ電力なのだから、同じ価格であってしかるべきだ、ということを含意しています。言い換えれば、太陽光の電力と、たとえば原子力発電による電力とをkWhでの価格で比較することは、実は、太陽光の持つ安全上の価値などを無視して、エネルギーとしての価値のみを評価する行為なのです。

しかし、この考えには、大きな問題があります。それは、この考えは環境を守るコストはゼロになるべきだということを裏に含んでいることです。

たとえ低燃費車でも使えば使うほど環境を壊し、支払額は累増します。こうした物でも、それが当たり前の物であれば、その根っこのコストは意に介されません。他方、新参者であれば、環境のためとはいえ一切の追加コストの負担が拒まれる、あるいは、追加コストに伴うリスクは取ってもらえません。市場のプレーヤーは不合理、不完全なのです。

大変理不尽で非合理ですが、これが現実です。

「環境の価値を認めない中で、技術の追加的なコストを計算する」ばかりでは、環境にやさしい新技術が環境を汚す旧技術と同じ費用で入手できないと、こうした新技術は採用されないこととなってしまいます。

技術の是非が、既存の経済学的発想、それも通俗化した損得勘定に従属させられた判断の仕方で決められることには、このように、方法論的な問題があり、その改善が強く求められるのです。もちろん、技術の良否を判断する観点は、当然ながら、経済性に限ったことではありません。正面の性能自体は極めて重要であり、技術の耐久性や頑健性、そして装置に組み込まれた時の寿命も、よい技術であるための重要な要素です。操作のし易さ、効果の安定性も同じく重要であり、最近は、生産の容易さや使用後の処理やリサイクルの容易さも大きな要素になっています。しかし、そうであっても経済性で決めてよい、というのは、経済が一番大事で、他の価値は忘れてよいと言っていることと同じです。これが現実なのです。

第四節　エコは高くてあたりまえの社会へ

消費者も企業も、大昔から環境をタダで使ってきたのだから、それが当然だと思い込んでいる節があります。「太陽光発電の電力原価が石炭火力の原価と同じようになれば、太陽光パネルを買う」というのは、一見もっともな考えのようですが、その裏には「環境費用はタダ、払わないで済ませられるものなら済ませたい」という心理が潜んでいるのです。

このマインドセットが消えない限り、環境にやさしくとも同種の物より高価格の物は買われなくなります。反面、環境を壊す物は安いために売れ続け、結果的に、環境は十分に守られなくなってしまうのです。

きれいな電力は、政府が高く買う

石炭火力が産み出す電力と太陽光発電が産み出す電力とを比較すると、電力として持つエネルギーは同じでも、社会に転嫁する費用は全く異なっているのがわかります。太陽光発電では、発電段階でCO_2を出して環境を壊すことはありませんが、市場で価格競争をすれば、環境費用を払わずにすむ石炭火力が消費者を獲得し、世の中にはCO_2が増えてしまうでしょう。それはたとえて言うなら、日本蕎麦と中華ソバをカロリー当たりの値段でのみ比較し、他の栄養素や肝心の味を無視するような愚行でしかありません。

電力の販売・購入は、すでに大口では自由化されていますが、日本の排出量の計算の仕組みでは、安くてCO_2を多量に出す石炭火力からの電力を購入すると、その購入者のCO_2排出量は、その分増加する計算になります。個々の事業者の排出量を算定し公表する制度は設けられていますが、欧州とは異なり、排出量の上限量の規制は行われていません。普通の事業者は、「排出量の増加」という不名誉を世間に知られることさえ厭わなければ、安い石炭火力の電力を購入しようという気持ちになってしまうかもしれません。しかし、政府の場合はそうはいきません。政府全体でのCO_2排出量の削減目標を閣議決定し、それを達成することが政府の義務となっているからです。この目標排出量の下で、仮に排出係数（1kWhの電力を作るために発電所で出されるCO_2の量をいう）が大きな電力を購入してしまうと、それに伴うCO_2増加分を相殺するべく、省エネなどの工夫をしなければならなくなります。一単位当たりのCO_2を削減する費用は、省エネによって実現する場合に比べ、排出係数が低く、それゆえ高価格の電力を買った場合のほうが安くなります。したがって、安い石炭火力電力の購入は、かえって政府の支出を増やし、国民の税金を無駄遣いすることになってしまうのです。

欧州では環境税は普遍的な税制

環境に悪い物が、安いがゆえに売れてしまうといった事態を避けるには、物やサービスの値段を「環境費用を反映したらこうなるだろう」という水準にまで引き上げるという処方箋が、すぐ頭に浮かびます。このことを実際に主張したのが、20世紀初頭の経済学者、ピグーでした。

ピグーは、各個人が社会につけ回ししている費用（社会的費用）を、税金を使って価格に上乗せすれば、環境という貴重だが値段の付かない資源でも市場が効率的に配分できるとして、「ピグー税」と呼ばれる考えを主張しました。ここで問題なのは、課税することが仮にできたとしても、この社会的費用の計測が難しいということです。そこで、ボーモル、オーツという経済学者たちが、別の考えを提唱しました。それは、社会として受容可能なレベルの環境負荷の量を実現しうる税率を、試行錯誤的に課していけばよいというもので、「ピグー税」とは発想の経路が逆、つまり、因果の「因」から考え始めるのではなく、「果」のほうから見て税率を決める考え方です。

これらの考えに触発されて、１９９０年のフィンランドを嚆矢《こうし》として、スウェーデン、デンマーク、ノルウェー、オランダといった北欧の国々では「炭素税」が環境政策手段として徐々に導入されるようになりました。

しかし、たとえ環境保全の目的ではあっても、税金はあくまで手段に過ぎず、税金を上げることには抵抗感がありました。ドイツ（１９９９年）やイギリス（２００１年）といった大国でも炭素税の考え方が導入されましたが、導入の仕方にはさらに工夫がなされました。税制の大きな改革の一環として、課税対象に化石燃料中の炭素分が加えられて大胆な課税を行う一方、他方では、他の税や社会保険料の企業負担分の減額をこれまた大胆に行うなど、いわば課税対象の明確なシフトが行われるようになりました。バッズ（bads：世の中にあってもありがたくないもの）課税、グッズ（goods：世の中にあってほしいもの）減税の考えであり、環境税制改革とも言われています。

「コンサバ・日本」に変革を

日本は何事につけてもコンサバで、環境税の考え方にはそれが大きな環境改善効果があると想定されることもあり、根強い抵抗がありました。また、環境性能に劣る製品・サービス、あるいは製造段階などで環境負荷の大きい製品・サービスは、環境を利用する費用を支払うことなく社会に転嫁しているため、見かけの値段が安く、消費者に選ばれやすくなっていました。このため、環境政策の手段としての税の活用は、まずは、低燃費自動車の優遇税制など、環境保全型の製品や設備に課される税を軽減して、買いやすくする、投資しやすくするというものに限られてきました。環境に悪い物の価格を上げるのではなく、環境によい物の価格を下げて販売数を増やそうというものです。また、減税財源が広く一般納税者の薄い負担になり、痛税感・負担感がないという点にも特徴があります。

このような永年の考え方に対しては、ようやく最近変化が訪れはじめました。２０１３年10月１日から段階的に施行されている「地球温暖化対策のための税制」です。石油・天然ガス・石炭といったすべての化石燃料の利用に対し、環境負荷（CO_2排出量）に応じて広く公平に負担を求める税が導入されたのです。製造段階や使用段階で、環境負荷が小さいよう作り込んだ（それゆえ原価の高い）製品やサービスを、そうでない同種製品などと区別し、きちんと高い価格で選択・購入するという行動も、ようやく広がりつつあります。

それでもなお、産業界の主流は「地球温暖化対策税制（化石燃料に課税する環境税）」に反対であり、環境問題を他人ごととととらえ、その負担増の面だけを見て、増税にコミットすることを避けているようにみえます。環境のように、確実に成長が見込める市場、それも相当なボリュームの市場の誕生を理解できない（あるいは理解しない、理解したくない）のは、現状維持を最優先にし、企業家の進取の気性を失う「サラリーマン化」が進行してしまったからでしょうか。あるいは、地球環境の危機を見ぬふりで済まそうと思う理性や知性しか持ち合わせていないのか。そのどちらか、あるいはその両方なのかもしれません。

日本の産業界が進取の精神を失おうがそれとは関係なく、国際社会はルールづくりを始めています。欧米と新興国の間では、世界の経済秩序の設計、世界経営も睨んだ熱い戦いが続いています。京都議定書の京都メカニズム（温暖化ガスの排出量取引など）の例を見ても、今や環境対策は経済とは切り離せなくなっています。２０２０年からの国際ルールは、京都議定書以上に経済的な意義を持つでしょう。

そうした経済的な利害、場合によっては損得を分けるかもしれない重要な国際ルールづくりを、自説に従ってブロックする実力はもはや日本の産業界にはありません。また、京都議定書の第二約束期間における国際法上の排出枠から逃れた日本政府には、国際世論の道義に訴える訴求力もなくなっています。内弁慶のまま、井の中の蛙のまま、指をくわえているのが、今の日本なのです。

この税制改正を通じて、わが国にも「環境費用はきちんと負担しないといけない」という考え方が徐々に定着し、環境費用のよりよい負担の仕方を世界とともに考えられる国になっていくことを、心から願っています。

第二章　環境取り組みに本気を出させる仕掛けとは

第一節　環境価値と他価値の組み合わせで需要強化を

環境上望ましい製品やサービス・技術が高く評価されない理由の一つに、経済学の通俗的な適用による誤算があります。しかし、東日本大震災を契機に、明らかに国民の意識や行動は変わりました。より多くの人が節電に関心を寄せるようになり、また、国民や企業がそうした新しい眼で周囲を見直すと、あちらこちらに節電の機会があったことがわかったのです。震災を境に、日本人にとっての環境とは、単なる環境から、安全や平和、健康を含むものとなり、今までよりも多額のお金が動くようになりました。第二章では、このようなことを一つのヒントに、成功する環境取り組みを見ていきます。

複数価値を直視する

「グリーンな経済」の発展の前提として、よい環境を手に入れるために、お金や持ち物、労働力などを提供すること、つまり、環境と金銭などとの「交換」がもっと活発になり、かつ、そうした行為に相応のお金を払ってもいいと多くの人が納得することが必要です。環境に悪い物は安くても、環境によい物が安いはずはない――。そうした考えのもとで、環境によく、高い価格の財・サービスを、敢えて購入する消費者パワーを強めることは、一つの政策となり得るのです。

安値製造はもちろんよいことですが、需給の均衡点を大きくするために競争を強化し、安値製造を続けることは、あらゆる面で付加価値を削ることになります。また、波及効果としてはデフレ的になり、結局社会全体の総需要自体を大きくできなくなるおそれがあります。さらに経済が成長せず、将来の不確実性が高まり将来への不安が高まると、企業は投資をするよりも金銭的な形で余剰を貯めておこうという行動を取り、ますます実物経済が縮小しかねません。環境商品の安値製造のせいではありませんが、現にわが国は長期間のデフレに悩んでいて、供給サイドの安値製造の徹底という解決策は有効ではないということができます。

こうした事情を踏まえ、環境に関して市場取引される価値の増大を考える上で需要サイドを強化することにより、環境価値の高い製品などが購入されるように図る政策が進められました。「家電エコポイント制度」はそうした政策の典型例です。

家電エコポイント制度の予算案が最初に国会審議にかけられた当時、私は環境省の担当局長を務めていました。予算案編成前には業界各社との交渉をし、いざ予算案が国会に提出された際には、政権交代前の、政局がらみの予算委員会、それもテレビ入りの締めくくり総括の時に答弁をしました。とても思い出深く、また思い入れのあった政策です。政権交代後も生き残り、むしろ拡充されたことにも政治のそれなりの成熟を感じました。

この制度は、２００９年の5月15日から始まって２０１０年度いっぱい（つまり２０１１年3月末日まで）に購入した省エネ家電がポイント付与の対象となりました。そして、家電購入者が入手したポイントの商品などへの交換は、２０１１年度末で終了しました。

「一粒で二度おいしい」しくみ

政府の支出面でいうと、この制度には２００９年度の１次補正、２次補正、そして２０１０年度の予備費と補正予算の合計約６９３０億円が投じられました。このうち、制度の運営費などを除いた約６４００億円分がポイントになり、この時期に販売された約４６００万台の省エネ家電に対してポイントが請求・付与されました。１台当たりの単純平均では１万４０００円弱の補助が付いた計算になります。

消費者はこのポイントを好感して、省エネ性能の高い家電製品を積極的に購入しました。金銭換算したポイントの価値より、場合によっては、購入製品と省エネ性能の劣る廉価製品との価格差が大きかったケースもあったかもしれませんが、消費者は、敢えてポイント対象の家電を積極的に購入してくれたように感じました。

単なる補助金とポイントとの間には、大きな違いがあります。補助金の場合は、消費者は使わずに済んだお金を、そのまま預金口座に据え置く可能性がありますが、ポイントの場合は退蔵《たいぞう》しても何の価値もなく、使わないと意味がありません。すなわち、現金値引きの場合は、家電購入が増え、生産が増えて、誘発効果があろうが、消費自体は一回ぽっきりです。しかし、ポイントでは、その使用に伴ってさらに市場を刺激することが期待できるのです。ポイント交換対象商品には商品券のような金銭類似の物も含まれていましたが、商品券は現金と違って貯金もできないので、必ず市場に購買力として登場してきます。さらに、環境保全などの効果を高めるために、ポイント交換可能な商品としては、地域産品に限った商品券、環境にやさしい公共交通機関のプリペイドカードなど、環境保全型の商品を並べていました。もちろん、汎用性の高い一般商品券へも交換可能でしたが、この場合には、一定金額が環境保全団体などへの寄付に回る仕組みとなっていました。

つまり、エコポイントでは、環境によいことをしている実感を消費者は得ることができ、しかも、経済的な誘発効果が単なる補助金より優れていたということです。ちなみに、エコポイントという言葉、そして、その原型的な発想は、元経産官僚でエコノミストの加藤敏春氏の慧眼によるものです。商標登録されていたのですが、政府はこの言葉を無償で使わせていただきました。

５兆円に及ぶ誘発経済効果

経済産業省の調査によると、平常時に比べたエコポイントによる出荷台数の増は約２２００万台。この増加に伴う国内販売額は２・５兆円で、これが直接の経済効果ですが、この２・５兆円の販売増加が誘発した関連産業の生産誘発額は約４兆円と推計され、またエコポイント約６０００億円分を使用したことに伴う誘発額は約１兆円と推計されました。すなわち、経済波及効果だけでも５兆円となったということです（雇用換算では、32万人／年の誘発増加をもたらしたと推計されています）。

税収投入が約７０００億円弱ですから、この直接販売増額と誘発額の合計の１割近くでも中央・地方の政府に還流すれば、政府の経済行為としてだけ見ても元がほぼ取れているといえます（実際、国内総生産額に対して中央、地方の税収合計額を単純に対比させた場合の比率は８〜９％です）。これを環境政策として見れば、政府の持ち出しがほぼゼロで、年々２７０万トン超のCO_2を削減するという、費用対効果に極めて優れた政策であったともいえるでしょう。

このように、エコポイント政策はよい環境政策でもあり、よい経済政策だったと振り返ることができます。グリーンな経済が経済として成り立つことを垣間見せてくれたという意味でも重要な政策経験でしたが、結果的には、家電に対するグリーンな需要をおよそ丸1年分位の規模で先食いをしてしまったため、その後に反動の家電不況が、特にテレビを中心に来てしまったことは指摘せざるを得ません。しかし、こうしたことは想定されていたことであり、賢明な経営者は経営計画に織り込んでいたでしょうし、期間限定の不況対策として、誘発効果が景気への本格的な点火剤となることが大事なのであって、継続的な経済政策ではなかった以上、反動売り上げ減を批判しても仕方がありません。

それよりもむしろ、エコポイントの経験をしてもなお、通年的な環境経済政策の可能性に目を開かない論客が今なおいることが、一番の罪なのではないかと思えるのです。エコポイント政策の経験が、環境経済政策の全面展開の点火剤となってしかるべきなのに、その点火ができなかったことは残念でなりません。

このように、環境ビジネスが大きく育つ素地はあっても、実際に育つようにするためには、かなりの工夫が必要なのです。この章では環境ビジネスが育っていった事例をいくつか見てみます。

第二節　日本版ＣＣＲＣの推進が経済サイクル好転のカギ

世界では人口爆発と資源消費の増加が見られます。では人口減少時代を迎えた日本では、環境取り組みは無用なのでしょうか。いえ、むしろ大いに必要なのです。そして、それゆえ成功のチャンスもあります。

日本の人口の縮小・高齢化に伴って、都市の縮退・コンパクト化、中山間での人間居住域のトリアージュ（優先順位づけ）と再整備が必須になってきています。行政サービスの供給能力の貧弱化に対する仕方のない帰結と見ることもできますが、むしろ世界各国がいずれ迎える人口減少時代の社会のあり方を探る先取り的な取り組みともいえます。社会の新しいあり方への移行に伴って、経済も姿を変えていくのです。では具体的に、どのような変化が、特に経済の需要面で生じてくるのでしょうか。

健康づくり、高齢者対応、省エネ推進の同時実現を目指す政策研究会

２０１４年７月、三菱総合研究所と一般社団法人・日米不動産協力機構が共催して「サステナブル・プラチナ・コミュニティ政策研究会」を立ち上げました。２０１４年度末には１回目の政策提言を世に問いましたが、15年度以降も、一層詳細な提言活動を行っていくことを目的としています。

この研究会が日本で提言活動をしようとする「サステナブル・プラチナ・コミュニティ」は、複数価値の同時達成を目指すものです。つまり、これは、健康づくり、高齢者への対応、省エネを同時に

図る持続可能な地域社会のことです。このコミュニティは、①高齢者の住まいの快適性・水準を高めること、②多世代共創型の社会システムを作ること、③都市空間や地域の資源の価値を高めること、④都市、地方間の交流・協働を進めること、を通じて構築できると期待されています。高齢者が健康で元気に暮らせる住まいと、それが持続可能な地域、その同時達成が重要なのです。

ヒントとなったのは、米国のContinuing Care Retirement Community（以下CCRC）という事業です。それは、健康な時から介護時まで、住居を移転することなく安心して暮らし続けることができるシニアコミュニティで、米国全体ではすでに約2000か所を数え、居住者は約60万人。年商ベースでは約3兆円の市場に達すると言われています。日本は、人口減少・都市縮退のような人類史的課題に欧米よりも先に直面し、資源も貧困化してゆく中でますます過酷な事情になることが予想されます。その日本で、このCCRCを一つの雛型として、一石何鳥もの新しい社会的な役割を果たしうるコミュニティができないか、というのがこの研究会の狙いです。

米国に先例、特徴とさまざまなメリット

米国の先例をもう少し見てみましょう。CCRCは、日本のいわゆる「老人ホーム」とは異なります。研究会を立ち上げた三菱総合研究所の松田智生主席研究員によれば、健康支援、予防医療、社会参加、生涯学習、保険、資産運用、不動産流通などを組み込んだライフスタイルを形成する、れっきとした「ビジネス」であり、それゆえに地域ぐるみの発達を見せているのだそうです。予防医療などとセットになっていることに見る通り、このビジネスモデルは、重度の介護にならないことを意識的に追求して

こそ成り立ち得るともいうことができます。この研究会のキックオフ・ミーティングで披露された一例（ニューハンプシャー・ハノーバー市）では、400人、平均年齢84歳のコミュニティで、寝たきり率はわずか2割という報告がされました（なお北欧を嚆矢に、最近はフランスでも無理な延命治療が控えられるようになったため、社会全体の寝たきり率は顕著に低下しています）。

日本と同様に、米国でも、Nursing Home（重介護棟）や Memory Support（認知症対応棟）など輪切りの介護システムがありますが、これを同じ敷地で一気通貫にしたのが、CCRCです。最初のCが示すとおり、介護の段階にかかわらず、一つのコミュニティに居続けられるのが特徴です。

三菱総研の資料によれば、サンフランシスコの「ザ・セコイヤ」というCCRCは、居住施設を中心に半径1・5キロメートル程度の内にある各種の公共施設、コミュニティ施設を巻き込んで運用されています。またカリフォルニア州のデービスでは、カリフォルニア大デービス校との連携の下、シニアが再び学び、あるいは若い学生に実体験を教えるといった形で大学教育に参画しています。このように、シニア層の生きがいに対応した地域ぐるみの取り組みが行われ、それが健康の維持増進にも役立つ回路が形成されているのです。

高齢住民にとってのメリットはもとより、雇用や税収の確保など自治体側の利益も無視できません。そこに参画する産業としても、食事、レジャー、ヘルスケアー等のサービスの提供、不動産や金融にかかわる資産運用の受託といった業務に専門的に携わることのできるメリットが生じます。カリフォルニア大学デービス校に見るようなケースでは、教育研究内容の向上、地域貢献の強化といった利益も重要になってきます。

つまり、高齢市民の生きがいに焦点を合わせ、民間活力を地域ぐるみで活かすと、新しい境地が開け、民公産学の皆にとって利益が生まれるのです。

こうした事業は富裕な高齢者市民を対象としなければ成立しないのではないかと懸念していたのですが、松田氏が現地の統計を引用しながら説明してくれたところによると、そうでもないのです。CCRCへの新規入居者の世帯収入は、ボリュームゾーンが世帯年収3万ドルから7・5万ドルの階層で、全入居者の約半数を占めており、そのクラス以下の収入の世帯も全体の4分の1以上を占めるそうです。ざっと試算してみると、世帯当たり収入400万円が入居者の中位値ではないかと予測でき、日本人にとっても手の届かない数値ではないように思えます。

写真2　米ニューハンプシャー州、ダートマス大近隣のCCRC
写真提供：松田智生氏（三菱総合研究所主席研究員）

写真3　CCRCの入居者たち
写真提供：松田智生氏

日本でこそ可能性なＣＣＲＣ

自然増・社会増がともにあり、人口が上向きで、黙っていても付加価値が増えていくような米国とは違い、日本では社会の縮退期に差しかかっていて、課題が山積しています。このような中、日本版ＣＣＲＣを追求することは、いろいろな価値につながる可能性が考えられます。たとえば高齢市民の「生きがいづくり」がうまくいくと、介護や医療の公費負担が節約できる可能性が生じます。限界集落などの取捨選択的な再整備が進めば、行政の一般的コストも削減できるでしょう。社会全体で見れば、交通に伴うエネルギー消費やCO_2排出を減らせそうです。集住することも、環境負荷を減らすのに役立ちましょう。

介護への移行リスクをＣＣＲＣ事業者が取るなら、今は、高齢市民が老人ホーム行きに備え、ただ蓄えている流動性の高い現金貯蓄資産が解放され、環境への投資を含め一層リスクの高い、それゆえに国全体に活気を与えるような投資が活性化できるかもしれません。

高齢市民が暮らしやすいまちづくり、建物づくりは、健常なすべての人々にとっても過ごしやすい安全な街といえます。そうしたまちづくりには、単に土木建築だけでなく、情報通信技術（ＩＣＴ）なども含め、いろいろな産業の参画が必要で、大きなビジネスが生まれる可能性があります。

さらに、人口縮退・投資原資の縮小の中であっても、日本は、差し迫った人類的な課題に並行的に取り組んで人類社会の一員としての責任を果たさなければいけません。その課題の一つが地球温暖化対策で、日本は先進国の中で米国に次ぐ責任を担う必要があります。この観点では、老人が現状の断熱性に優れない住居に住み、室内の温熱環境を快適な水準に維持しようとすると、「浪エネ」にもなりかねません（私は、老親との同居経験から「老エネ」と称しています）。集住によって断熱性の優れた建物が作られれば、省エネを飛躍的に進めることができるのはもちろんですが、さらに、住居の中での心臓血管系、あるいは脳血管系の疾病の発症を大きく抑止できることも魅力的です。郊外への拡散膨張傾向が改められ、コンパクトな都市への居住が進むと、新しいモビリティのチャンスが生まれ、現状の家庭からのCO_2排出量の３割近くを占める自家用ガソリンエンジンの乗用車からの排出も大きく削減されるに違いありません。

このように考えてみると、ＣＣＲＣのようなことは、日本にとってこそ一層大きな利益をもたらすように思えます。

ちなみに、わが国の15歳から64歳の生産年齢人口は、２０５０年時点でも、わが国の勃興期である『三丁目の夕日』の時代、１９６０～70年頃の生産年齢人口（約６０００万人）に比べ、そう見劣りするものではありません。仮に65～70歳までのシニア層が元気に働くとして、これに合算した場合の人口はそれを上回るほどです。高齢者が元気であれば、わが国には、高度成長期に匹敵する労働力供給のポテンシャルがあります。残念ながら、供給は需要を見出すというのは物が足りなかった時代のことで、供給過剰、デフレの今日にあっては、大胆に高齢市民の需要、地球市民としての需要を喚起・顕在化させつつ、供給ポテンシャルを具体化させ、好循環の経済サイクルを発進させることが肝心なのです。

第三節　多様性あるCSVビジネスへの挑戦

前節では、CCRCビジネスというものを見て、これがそのビジネスの受け手の利益を実現することはもちろん、介護用の設備、環境資源消費の削減などさまざまな公益を生むことを見ました。これはほんの一例です。ビジネスの利益と社会全体の利益の同時達成は十分に可能なのです。

環境を壊してお金に変える経済を卒業し、環境を永く使い続けられるようなことにもっと資本や技術を使い、環境が生み出す、いわば利子分を賢く使うことによって永続的な儲けを狙う経済への移行も、徐々に広がりを見せています。太陽光発電、バイオマス発電、各種の省エネ、リサイクルビジネスなどは、エコビジネスの典型例といえます。資源の乱費や廃棄物の捨て過ぎで経済は壊れることはあっても、逆に化石燃料やバージン資源を使わないことになっても、手入れせずに環境を使って得たバブルのような儲けがなくなるだけで、経済が滅びることはありません。単に、生産要素間の相対価格が変わるだけのことであり、太陽エネルギーや植物エネルギーを人間活動のモーターにすればよいのです。

湘南に見る日本版CCRC――藤沢市での挑戦

たとえば若者に人気の湘南では、CCRCの観点から見ても興味深いプロジェクトがいくつか進み、あるいは計画されています。

その一つが、湘南藤沢サスティナブル・スマート・タウン（藤沢SST）です【写真4】。この新たなまちづくりは、パナソニックの関東初の工場であった土地を再開発するもので、広さは、最終的には19ヘクタール、1000世帯（戸建ては600世帯）、3000人規模の大プロジェクトです。標榜するのは、100年後も問題なく住み続けられる街で、高い防災・環境性能を誇っています。中心になるセンター建物とおよそ60戸の戸建て住宅は、すでに使われ始めています。これら戸建て住宅は、パナホーム建設のものを例にとると、太陽光発電が能力4・8kW（キロワット）、これに見合う5kWh（キロワット時）程度の蓄電池、さらには、ITを活用して住宅で使うエネルギーを一元的に管理するシステム（HEMS）が標準装備されています。中には、燃料電池装備の家もありました。高い断熱性もあいまって、一家3人程度であれば、太陽エネルギーで自立できるだけのハイ・スペックなエコハウスだといえます。系統電力がダウンした際には、数日持ちこたえることも可能でしょう。分譲住宅や、街の中心のセンター（コミッティ・センターと呼ばれる）屋上は、津波などに対する避難所の役割を果たしています。

写真4　藤沢SSTの街頭風景（筆者撮影）

これらハードのしつらえも優れていますが、街区としてのマネジメントにも力が注がれていて、この点も大いに注目されるものです。住民は皆、自治会たる「SSTコミッティ」に参加する決まりですが、その自治会費収入からの支弁によって、コミュニティ・マネジメントの専門会社である「SS

Tマネッジメント（株）」が収益しつつこの街区を管理します。それはたとえば、各所に設置された防犯カメラの映像監視やごみ処理など多彩で、高度なICTを駆使した、ゲートのないゲーティッド・タウンといえるような安全性を担保しています。このタウン・マネジメント会社は、電力の自由化後は、一括受電や節電量管理によるアグリゲーター機能（多くの利用者の電力需給を調整し、省エネを進める役割）の発揮、さらに系統途絶時の構内の太陽光発電による給電など、つまりはスマートシティ【※】化も視野に入れているようで、頼もしく感じられました。

※　主にエネルギーの需給をICTを使って合理的に調節するしくみを備えた都市をいう。たとえば、都市の中で生み出される太陽光発電の電力を無駄なく使えるよう、火力発電所の出力を減らすことはもちろん、一歩進んで、電力需要を作り出したり、逆に減らしたりする積極的な制御を行うしくみである。今日では、さらに、エネルギー以外の分野（救急医療、福祉など）でのICTの活用も考えられている。

個別住宅も街区全体も、これだけの設備やシステムを備えているので、売値は確かに周辺相場よりも高くならざるを得なかった（500万円から1000万円程度高額とのこと）と聞きますが、1期の売却は、抽選になるなど高人気で完売しました。違いがわかる市民が、確実に育ってきているのです。

この藤沢SSTは、老壮若の多世代のコミュニティづくりを目指したものですが、実際の購入層も、子育て世代だけでなく、熟年世代、シニア世代と多様でした。

わが国には、エコ住宅街区の生きた見本がまだまだ乏しく、中国・天津などの話を聞くにつれて残念に思っていましたが、そうしたものが誕生した上、それがCCRCにも通じる高齢市民をも包み込む理念や設備を持っていることを心強く感じることができました。

なお、日本国内のCCRC的な試みの現存例としては、中部大学とUR都市機構とが共同して進める高蔵寺ニュータウン（愛知県春日井市）のシニア大学という取り組みもあります。

慶應未来創造塾と相鉄線新駅周辺、TOD的開発構想

湘南でのもう一つの挑戦は、相鉄、小田急、横浜市営地下鉄の3線が乗り入れる湘南台から西へ相鉄線を延伸させ、慶應義塾大学湘南藤沢キャンパス（SFC）の正面など2駅を設け、その周辺で市街化区域が編成されて新たなまちづくりが動き出すという構想です。相鉄線は、従前から鉄道開設の免許を持っていましたが、慶應のキャンパス拡張の動きなどと相まって、にわかに現実味が増してきています。慶應大学は、掲載の航空写真にあるように、既存キャンパス隣接の土地の土地区画整理を終えて、新たなキャンパスの造成に取りかかる計画となっています。

このキャンパスの理念は、欧米のような滞在型教育研究（未来創造塾）の実現です**【写真5】**。学生と教員が、時間にとらわれることなく教育し研究する環境の実現を目指すことに加え、その実施方法もユニークです。創設者・福沢諭吉の、半教半学の考えに則り、上意下達の教育ではなく、教員も学生も一緒に学び合うのです。社中協力の考えでOBなども参加し、滞在型なので、周辺のコミュニティも巻き込み、参加を図るキャンパス・タウンの形成を目指すことがすでに方針として定められています。

慶應湘南藤沢キャンパスには、総合政策学部、環境情報学部、看護医療学部の3学部と、政策・メディア研究科、看護医療学科の2大学院学科が設けられていて、未来創造塾のカバーするところもそ

うしたエキスパタイズ（専門性）に関連しますが、さらに、地域コミュニティとの連携という観点でも、このエキスパタイズは大いに重用される見込みです。それは、この新駅周辺が、藤沢市の都市計画構想上、「健康の森」と「文化の森」という位置付けを与えられているからです。自然と一体となり、そこに暮らす住民やそこで働く人々が、健康を維持増進しながら文化を高める。そういった姿の具現化が、この新街区開発に課せられた役割であり、まさしく、大学連携型かつ地域ぐるみ型のＣＣＲＣへもう残り一歩ということになります【図9】。

この開発は、大量公共交通機関の整備と一体の開発、すなわちＴＯＤ（Transit Oriented Development）である点も注目されます。このタイプの開発は、阪急電鉄創始者の小林一三《いちぞう》の実践以来、

写真５　滞在型教育研究施設の建設予定地
提供：慶應義塾大学資料

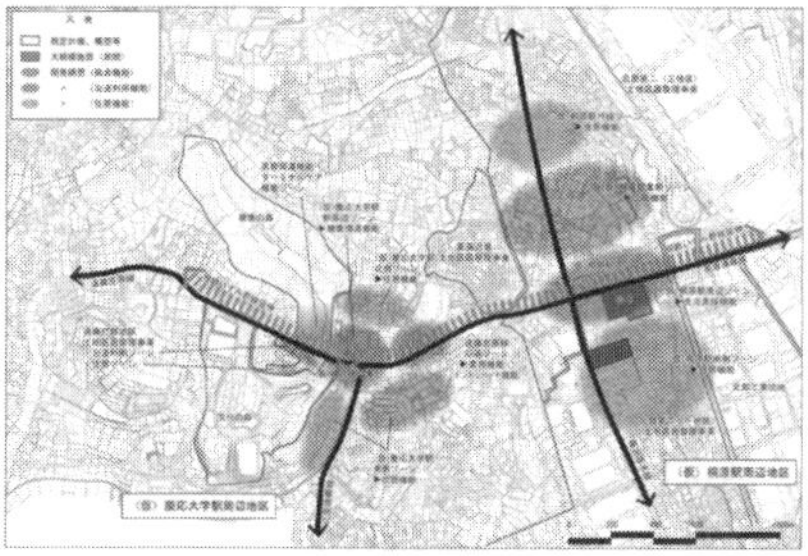

図９　慶應義塾大学湘南藤沢キャンパス付近の都市計画構想図
出典：藤沢市資料

いわば日本のお家芸です。慶應未来創造塾周辺は、おそらくは首都圏最後のＴＯＤの舞台ともいえるでしょう。この地区は、縮退する都市のＣＣＲＣ的な新拠点の見本となるだけでなく、しばらくは人口が膨張するアジア諸国のよい生きた見本ともなることが期待されています。

第四節　環境経営道場から生まれた三つの知慧

この章で見てきたように、環境へ元気よく取り組む事例はたくさん出てきています。それらの取り組みが成功を収める要因もだんだんとわかってきました。

一般社団法人の大丸有環境共生型まちづくり推進協議会「エコッツェリア」では、三菱地所の絶大な支援とこの協議会に参加する数多くの企業の努力によって、さまざまな活動が朝から晩まで行われています。その一つとして、およそ2か月に1回、環境経営サロン（現在はＣＳＶ経営サロン）という会合が行われています。皆で、エコビジネスの立ち上げの苦労を追体験したり、成功の秘訣を学んだり、将来の進路に関して知慧を出し合ったりしているのです【写真6】。その1年目の成果は拙編著『環境でこそ儲ける』で上梓しましたが、各社の取り組みに共通した仕掛けや発想には、多くの場面で役に立ちそうな秘訣を垣間見ることができました。

まずは、正面の製品やサービスの環境性能の向上です。しかし、それだけではお客様がお金を払ってくれるとは限りません。そこで、エコに付随する他の価値も積極的に掘り起し、一緒に訴求した上で、その複数価値全体でのお値ごろ感を作っていくことがコツとなります。

さらに、お客様の支払対象は、製品・サービスそのものが有する価値だけとは限りません。積極的にお客様の共感、賛同を得られるような仕掛けを製品等の外に設けることも大いにアピールすべきでしょう。たとえば、その製品を作るのに汗を流した人の紹介、改良の苦労話、製品を使っている人の満足コメント、さらにいえば、製品を購入すると、過疎地で福祉が進む仕掛けといった「おまけ」を付けることもあるでしょう。こうしたストーリーを語ることによって、お客様がバリュー・チェーン【※】に参加できる仕組みを作ることも往々に有効な手段だといえます。

※　製品やサービスが成り立つための、原料採取から部品製造、組み立て、配送、販売、使用、廃棄の全プロセスをいう。このプロセスのそれぞれで積み上げた付加価値が、当該製品が他製品と比べて選好される価値の源泉を構成していると見る考え方でもある。

そして三つ目は、このバリュー・チェーンに参加するステークホルダー（利害関係者）が、相互支持的に満足度を高め合う仕掛けがあることです。典型的な例は、沿線価値が高まることで（環境低負荷の）鉄道事業が成り立ち、そのことがまた沿線価値を高めていくTODのようなケース。相互報酬による生き残り確率の向上は、生物の世界にはよく見られる戦略であるので、これに着想を得て、「共進化」と名付けました。

写真６　新丸ビルの「エコッツェリア」での環境経営サロンの様子
提供：（社）エコッツェリア協会

このように横展開可能な形で知慧を一般化してみると、道場参加者は、これが、ハーバード・ビジネススクールのポーター教授が提唱しているCSVの環境版、それも多少なりとも深みの増した日本版であることに自ずと気付かされました。CSVとは、Creating Shared Value、直訳すれば共益創出、すなわち、公益の実現の機会に合わせて企業益もともに実現していくというもので、そうしたほうが、企業の長期的な利益を確保するのに有利だ、という考え方です。私益が公益とは相反するものでなく「社会が困っている問題の中でこそ企業ならではの役割を果たせる」という考えといえます。

もともと、お客様、売り手、世間の「三方よし」が商売の要諦だと言ったのは、江戸時代の商人でした。こうした利他、自利の考えの本家は日本であって、それが近年では、お客様とサプライヤーに加え、経済、世間・社会の「四方よし」、さらにはそこに地球環境が加わって「五方よし」の実現が求められるように発展してきたわけです。

創発の場の誕生、産学が協働で6プロジェクト

折から、エコッツェリアの大家である三菱地所は、東京会館などが入っている由緒あるビルである富士ビルの改築に迫られました。大丸有地区（大手町、丸の内、有楽町）は、各ブロックを順繰りに建て替えていくことで街区全体を更新していく手法で知られていますが、富士ビルが立地するブロックもその対象となっていました。このビルのテナントは解体に備え、順次、外に出ていかなければなりませんが、そうした中、同ビル内で空いたスペースを解体のぎりぎりまで活用することができるのではないかというアイデアも浮上し、3×3ラボという場を時限的に、解体前のこのビル内に設ける案

が浮上したのです。

３×３とは、環境・経営・社会の、いわゆるトリプル・ボトムラインと、ここが、家、所属企業とは離れた第三の場所という意味の3rd placeの、それぞれの3をかけ合わせよう、という意味です。壊される運命のビルのスペースを新しい文脈で再生利用し、企業の壁を越えた出会いを、そして仕事を生み出す場にしよう、という趣旨がこのネーミングに込められているようです。

環境経営を既存事例から学ぶ取り組みはエコッツェリアで引き続き行い、それに加え、この新たな場所の特性を活かしたもう一つの活動を始めようという声がかかりました。環境経営道場主の私や、私が所属する慶應湘南藤沢キャンパスに対して、複数企業の協働による新環境ビジネスの創成実験をしないか、との依頼がエコッツェリアからあったのです。前述したCSVのビジネス化の気運に沿った自然の成り行き、発展ともいえます。

そこで、エコッツェリア事務局とも相談しつつ、次の６つの分野を取り上げ、新たな企業協働を働きかけることにしました。

①身近な情報デバイスを活用した中心街区勤務者等のための防災情報提供システムの開発と運用の事業

②２０３０年頃のアジア標準を頭に置いた次世代のエコハウスの開発とその普及の事業

③環境性能の高い賃貸住宅を差別化する広告システムの開発事

写真７　３×３ラボでの取り組みの様子
（筆者撮影）

業

④節水デバイスを都市の建物に集中導入することを通じ、都市全体の水需給システムを合理的な軽装備で済むものにする事業

⑤都市の中心街区に生態系を呼び戻す事業

⑥都市の企業で活躍した人材のリタイア後での若者との協働を可能にする事業

①は、若き地震・防災学者の大木聖子准教授、②は、建築の池田靖史教授と理工学部の伊香賀、西の両教授、③及び④が私（小林）の、それぞれ担当であり、⑤は、私と一ノ瀬友博教授、⑥は、大西隆特任教授（日本学術会議会長）と中島直人教授が取り組む計画のテーマです。それぞれの事業化の可能性を探るべく始まった取り組みの狙いをごく簡単にご紹介しましょう。

①都市就業者が参加した防災情報システム

災害は大規模な環境破壊であり、災害には人災的側面がつきものです。その被害を極小化していくことは人が担うべき仕事で、大きな公益があります。中心街区での実際の防災は、あらかじめ周到に準備された計画があるだけでは十分ではなく、当然とはいえ、就労者やそこに買い物等の用事で滞在する市民の側の適切な行動があって初めて果たされます。そこで、この取り組みでは、万が一の災害に備え、日ごろから就労者などに利用されるウェッブ・プラットホームを作成します。２０１４年、東日本大震災の３周年に合わせて、「marunouchi もしもいつも Navi」が立ち上げられました。平時には通勤途上の沿線の風景の投稿、受発信の舞台となっていつも使われることにより、もしもの災害

時にも役立つ情報を受発信できるプラットホームになることを目指したものです。この取り組みは、ウェザーニュース社とのコラボレーションで、切迫する「もしもの時」に備え、今後はその改良と積極的な参加者の拡大、すなわち、本格的な事業化を目指しています。

②次世代エコハウス（ゼロエネルギー住宅、ＺＥＨ）の開発・普及

この取り組みは、住宅を通じた環境保全を目指すもので、20社以上の多数の企業の参加・協働で進められています。２０１４年２月には、東京ビッグサイトのエネマネ２０１４展に併催する行事として、資源エネルギー庁などの予算も得て、５つの大学が実物の次世代エコハウスを製作し、短期間の性能実験などを行いました。慶應がそこで提案したエコハウスは、その後、設計に改良が加えられて、湘南藤沢キャンパスの拡張予定地に移築され、主に機器の制御や高度な連携に関する参加企業が提案するさまざまな実験が通年的に行われるようになりました。その過程では、一般の方々が被験者となって、住み心地をモニターすることも計画されているほか、性能の高いエコハウスをどのように国内外に普及していくかの事業化の検討も行われつつあります。

③エコ賃貸の広告

賃貸住宅は、ストックベースで見ると住宅の約4割を占めるなど大きな位置を占めています。一方で、高い環境性能を得るための投資を大家が行っても価格勝負の賃貸市場では回収が困難なため、環境性能を高めるインセンティブを欠いたままになっているのが現状です。賃貸住宅からの環境負荷の

低減には公益があることはもとより、住み手にとっても、光熱水費削減、健康維持、防災といった観点で利益があるはずです。そうした利益の見える化が行われれば、市場における選択が現在よりは公私ともに有益なものになるでしょう。すでに英国などでは、先進的な取り組みが行われています。こうしたことにも倣い、わが国でも住宅の環境性能の広告のあり方を決めていく必要があるのではないでしょうか。当面、今ある賃貸広告の中で、エコがどう扱われているかなどが調べられています。

④節水都市づくり

この試みでは、ホテルには水道使用量の削減とこれに伴った各種費用の削減メリットを生じさせ、他方では、CO_2削減クレジットを日本などの先進国に売却するという形で事業化できないか検討を進めています。３×３ラボの場では、この発想をさらに拡張し、都市丸ごとの節水が検討されます。都市内の多くの施設の節水を進めることにより、たとえば都市の上水供給インフラ、さらには、下水輸送・処理のインフラをミニマイズします。行政コストを引き下げたり、貴重な水資源を貧困層を含めて有効に分配したり、水資源を保全したりできないかが検討されています。ＴＯＴＯ、ＮＴＴ経営研究所といったアジア節水会議参加者が中心となり、さらに、三菱地所設計、三菱マテリアルなども参加して研究会が行われました。

⑤中心街区での生態系再生と過疎地の活性化の結合

人口老齢化に伴い、過疎地からの撤退が進み、里山の生態系は、かつては豊かであった二次的自然としての価値を失いつつあります。大都市の中心街区でも、床面積の増加や土地の高度利用が進み、自然の要素が失われています。この二つの問題を同時に解決できないかというのがここでの課題です。いくつかの企業やＮＰＯが、たとえば、プレゼント・ツリーのような取り組みで、都会の善意と地域資源の持つ付加価値の交換を行い、そのことにより、里山でその地域に応じた郷土種が増えていく形で公益が高まるという事業を行っています。福島やむつ小川原など遠隔地の風力発電電力を丸ビルのような中心街区のビルへ託送して使う、生グリーン電力の使用という取り組みに倣い、里山の草花樹木をある程度小さいうちに、そっくりそのままに都会に持ってきて、一定期間そこで養生し、サイズが大きくなりすぎたら里山の自然の中に戻し、代わりにまた幼木を都会が預かる、といった循環型のビジネスはできないものでしょうか。そうすれば、都会には単なる造園用の緑被でない質の高い生態系が生まれることになり、里山集落も持続的に商売ができるのかとも考えました。この勉強会も継続的に行われています。

⑥老若が生活をともにし、学ぶまち

高齢化が進むと、世の中には元気な高齢者が輩出します。高齢者が元気を維持して、どのような社会的役割を果たすのでしょうか。その一つの見本が、北欧や米国の一部で見られる大学と併設する高齢者居住街区（前述のＣＣＲＣ）です。高齢者は、大学で学び直すこともできるし、教師役を担って若い学生に自分の体験、ノウハウをじっくりと伝えることもできます。大学や大学院での教育内容は一層現実社会とのかかわりを増し、他方で、高齢者の生きがいは高まります。このような高品質なま

ちを生み出すことが、ここでの課題です。慶應湘南藤沢キャンパスのまわりは現在、市街化調整区域ですが、都市計画の構想上は、健康と文化の森、という位置付けで、「健康が維持増進されるとともに学問文化が栄える」、そうした地区として将来像が描かれています。湘南藤沢キャンパスの門前には相鉄線が延伸してきて駅を作る動きが現実的になってきて、この地区も市街化区域となって用途地区などの都市計画が定められる機運となりました。こうした背景から、湘南藤沢キャンパスのまわりでこそ、高齢化問題を逆手に取った新たな環境を創出できないか、という課題が生まれました。まずは丸ノ内勤務の比較的高齢の方々の意向調査などが行われています。

多様性あるCSVへ挑戦する豊かな発想

3×3ラボでは、なにも慶應義塾だけが活動しているわけではありません。また、前述の①〜⑥も、ほんの芽出しのディスカッションの段階であって、ビジネスにまで進んでいけるとは限りません。さらに、さまざまな大学や企業がそれぞれに音頭を取って、単独企業の壁を越えた新しい発想の取り組みが行われています。いずれにしても、新しいビジネス発想を生み出せる場であるか否かが、都市の競争力を決める大きな要因となります。都市は単なる集合、集積ではなく、協働の場です。生態系では、数十億年の進化の結果、生物種は多様になり、弱肉強食の戦いを繰り広げたり、あるいは固有のニッチに互いに孤立して暮らして分業したりしていることにとどまらず、多様性を基礎にして進化の過程で洗練されていった協働により、たとえば系の安定性や強靭性、共進化による発展といった一層高次の価値を生んでいます。人間社会もこうした生態系の進化の結果の知慧を学ぶ必要があります。

都市ゆえの高次価値の達成力が鍛えられるのは、人類がまさに直面している文明史的難問への挑戦を通じてこそだといえます。もうすぐ迎える人類90億人時代をどう平和で幸せなものとするのか、そこに商売が貢献し、地球環境の「善い一部」に人類がなれる経済へと転換することを切に願います。

第五節　世界を本気にさせるほどの大きな仕掛けづくりが鍵

地球温暖化で異常気象が常態になる中、世界で、そして3・11の経験から日本でも、自然の猛威へよりよく適応することが課題となっています。

そのキーワードが「強靭化」です。

「強靭化」が世界中で課題に

まず、日本を見ましょう。東日本大震災の結果、北米プレートに乗る本州・東北地方は、東方向に移動し、海面に比べて沈下しました。大震災前に比べると潮位が1メートル程度高くなったのと同じです。このことは、地球温暖化が進んだ結果起こる可能性が高い海面上昇を先取り的に私たちに見せています。この事態に適応するため、市街地の用途を高潮予想に応じて区分して整備するなどの新しい発想、つまり自然征服型でなく自然順応型のまちづくりが始まっています。

東日本大震災によって、大規模集中的なエネルギー供給システムの脆弱さも思い知らされました。

このため電力の送配電網を運営する会社と発電会社の分離、送配電網の容量を上げたり冗長性を確保したりすることが進められ、独立した電力会社間の連携線の強化なども始まりました。温暖化対策あるいはエネルギー安全保障のためにも有用な分散立地の再生可能エネルギー開発・活用に対し、よい影響を与えるものだといえます。

日本は20年以上にも及ぶデフレ不況から脱却するとの目的も併せ持たせ、震災翌年の２０１２年度補正予算では事業費ベースで５・５兆円という規模で、国土の強靭化への取り組みが始められました。

世界に目を転じると、自然災害の件数、被害者数、被害額は趨勢《すうせい》的に増加しています。「平成22年版防災白書」によれば、１９７０年代と比較して最近の10年間では、世界の自然災害件数や被害者数が３倍になっているとされています。温暖化を通じて時間当たりの降雨量が増えるなど、地球環境の悪化に伴う災害自体のおそれの高まりに加え、人口の増加や都市集中によって被害を受ける側の脆弱性も高まっていることが原因です。温暖化の加速や一層の人口増を考えると、途上国における国土の強靭化や被害地域の再生、回復が大きな課題といえるでしょう。

美しい星と成長の両立へ向けて

１９９２年にブラジル・リオ・デ・ジャネイロで開かれた地球サミットの20周年を記念して、２０１２年にリオで開かれた「リオ＋20」の会議では、「Future We Want（我々の求める未来）」という文書がまとめられました。過去20年間の世界の努力と成果を総体として評価し、今後の課題を示したものです。この文書は、持続可能な開発というスローガンの意義や求心力は評価するものの、経済面では、環境を守りながらの成長ということではあまり成果が見られず、全体としては不均等な進歩であるとされています（同文書のパラグラフ19）。開発は相変わらず環境を壊して得る利益を求めて行われ、環境を手入れすることで得られる利益をモーターとした経済発展は、現実化していません。そうした反省の下で持続可能な開発を、もう一度本腰を入れて立て直す動きが国際的には進んでいます。

２０００年時点で決められた「ミレニアム開発目標（MDGs、環境保全だけでなく、貧困の撲滅や初等教育の完全普及など途上国の持続可能な開発を掲げた国連の目標）」は、ほとんど達成されないままに期限切れを迎えました。しかし国連は「ポスト・MDGs」を定める「持続可能な開発目標（SDGs）」の検討開始を決定、その実現を後押しするため新たな資金メカニズムの検討も進める、との方針も決めています（目標自体は順調に検討が進み、２０１５年９月に正式に決定されました）。

さらに、地球温暖化は想定よりも速く進んでいるので、

図 10　急進展する、地球環境資金政策の国際的検討
出典：慶應義塾大学・小林、森田、白が作成

２０２０年の全世界が参加する温暖化対策の新たな枠組みの発効と併行して、たとえば、①被害が起きてきた国や地域への特別の支援を行うこと（図10の「ロス＆ダメージ」とある部分）、②途上国が温暖化対策を実施する際に支援を行う基金（緑の気候基金）を造成し、運用すること、③途上国における森林保全への支援を行うこと（図10の「ＲＥＤＤ＋」と書かれている部分）、④さらに先進国全体としては官民合わせて合計１０００億ドル（10兆円超）規模の温暖化対策資金を毎年途上国に移転して使うこと――などが気候変動枠組条約（温暖化防止条約）の下ですでに合意されています。

国内の強靭化と世界の強靭化とで、少なく見ても年々10数兆円の資金が使われることになります。「美しい星」を守りながら成長機会を見出すという、大規模な環境ビジネスの需要が、新たに生まれることがはっきりしているのです。

環境ビジネスに底力――官民でチャンスを直視しよう

日本国内を見ると、省エネでも、再生エネルギー利用でも、欧米に後れを取ってしまった感は否めませんが、それでもなお、日本のエコ技術には底力が残っています。再生エネルギーのエース格の風力発電の一例を見てみましょう。

東大で洋上浮体風力発電に精力的に取り組んでいる石原孟《たけし》教授にお話を伺う機会がありました。少し古いのですが、石原教授の２００８年のデータでは、風力発電機の発電機本体の世界市場シェアでは日本は35％を占め、主軸受けに至っては50％だそうです。このため、風力発電に関して年間売上約３０００億円、雇用規模約５０００人の商売がすでに国内に生まれているといいます。これから洋上風力が盛んになると、（洋上風力は修理が困難であるため）壊れにくい日本の風車がますます有利になる、との御託宣もいただきました。

このような日本の技術上の競争力を維持・向上するためにも、「過酷な外洋的な海洋環境での浮体風力発電技術への挑戦は必要だ」ということがいえます。事実、福島沖で、２ＭＷ、そして７ＭＷ級の浮体式風力発電に世界で初めてチャレンジすることを決めたら、欧州も米国もさっそく追従し、外洋浮体発電に挑戦を始めることを決めたそうです。

東北の復興が、そして日本経済の再生が、世界のグリーンな経済発展につながっている、そうした手応え感の中で、我々はもっと知恵を出し、温暖化対策への毎年１０００億ドル規模の国際的な官民資金の途上国への移転策などのシステムづくりを日本発で提案・構築する必要があるのではないでしょうか。

人口の高齢化や頻発する自然災害への対処などの公益が、環境と並んで大きな課題となっており、人類の経営や社会はこれを解決できるよう変わっていかなければなりません。

第六節　生態系は皆が本気になる仕掛けの宝庫

地球の年齢は45億から46億歳の間と言われ、比較的小さな恒星・太陽のまわりを回っています。太陽の年齢は地球より少し上の46億歳と言われていて、恒星としての一生を考えると壮年期（赤色巨星になるのには残り20億年以上かかると言われる）にあるようです。地球の上で、最初の生命は、およそ40億年前、地球が5億歳の頃に誕生したと推測されています。地球の上に展開する私たち生物を含めた地球システムの駆動のエネルギーのほとんどは、太陽から供給を受けているため、太陽がまだ壮年期であるなら、地球システムの本来の寿命はまだまだ続きそうです。しかし、その地球上の生物の世界が、今、大きく変貌しつつあります。その変貌の大きさは、たとえば、かつて地球が経験した生物大絶滅期に匹敵するようです。そして、それは人類のせいです。

しかし、他の生物を皆滅ぼし、地球上で人類だけが生存を続けるということは到底かないません。宇宙船に人間だけが乗っているのを想像してみてください。食べ物もなければいけませんし、酸素に富んだ空気も必要です。時には、犬と散歩したり、新緑や紅葉を愛でに旅行もしたいでしょう。これらはすべて地球の生態系の恵みであり、これらによって人類は生かされているのだということを忘れてはいけません。

地球の大気を金星や火星と大きく異なったものにしているのは、光合成を営んで酸素を生産するバクテリアや植物のお蔭です。たくさん生まれた酸素の賜物でオゾン層ができ、有害な紫外線が地表には届かなくなりました。次いで、そのまたお蔭で、海で生まれた動物たちは陸上に進出できるようになりました。そして、海の中も、陸の上も、環境の細かい違いに応じてそれぞれの場所（ニッチェ）に無駄なく住めるように体や暮らしぶりをフィットさせた１６０万種（種としてすでに記載されているもの）、あるいは５００万種（推定。神道では、それこそ８００万種《やおよろず》）もの違った種類の生物で満たされるようになりました。生物は、40億年もかけていろいろな種類に分かれることによって、太陽のエネルギーなどの環境中の資源をますます無駄なく活用することに習熟してきたわけです。生態系とは、数十億年をかけて発展してきた、エネルギーや物質の効率的な活用の仕組みなのです。そして、活用の仕組みが整うに従って、地球の上の生物圏といえる部分も大きくなってきたのです。

生態系の自律的な発展の行き着いた先の結果として、今日では、地球の生態系は人類とその社会を産み出すところまで来ました。40億年も前ならようやく細胞一つであった生物が、こんなに複雑な脳を産み出し、さらに、道具やそれによって維持される社会システムまでを作るような、細胞に比べレベルが数段と高次元の組織を創生するようになったのです。私たちは今そこにいます。その私たちは、しかし、残念なことに母胎となった生態系を無自覚に破壊しつつあり、気候災害などとしてしっぺ返しを受けつつあります。人類がこの地球の上で生存を続けるには、したがって、生態系の働きを守り、引き続き恵みを授けてもらえるように図っていく必要があります。

どうしたら、私たちは、生態系を守ることができるのでしょうか。

その方法は一言でいえば、人類が地球生態系の善き一部になることだと、私は思っています。地球の生態系から物やエネルギーを奪い去り、浄化できない不要物をまき散らす、そうしたことを改め、生態系を壊すのではなく健全なものとしてあり続けるように手を入れながら人類そのものも暮らしを立てる、そのような生活や経済の営み方が求められるのです。具体的には、生態系の法《のり》を学んで、それに則って世の中を組織することが処方箋になると思います。

生態系の意味

生態系に則れ、というと、もちろん批判を免れません。「生態系とは、弱肉強食の世界であり、力が優れて生き残った者がそれゆえに正しいとする現状肯定の適者生存の世界ではないか。強者の論理を推奨するのか」という批判もよく聞きます。

しかし私は、それは違うと思います。なぜなら、大昔にあった強食のビジネス・モデルは、淘汰されて結局なくなってしまったからです。たとえば、1千万年ほど前の海にはムカシオオホオジロザメなどと呼ばれる巨大なサメがいて、小さなクジラ類などを捕食していたと考えられていますが、このサメは、今日のホオジロザメの倍、13メートル程度の体長があったと推測されています。しかし、この種は絶滅してしまいます。餌になるクジラ類がどんどん進化して、食べるものがなくなったからではないかと言われています。食物連鎖の最上位にあって、肉食動物をさらに狩って食べるようなもっと巨大で強力な動物は、実は、栄養の利用の仕方としては合理的ではありません。それは、餌になる動物が、餌になるまでの成長過程で消費してしまった栄養を、最後の捕食者は食べるわけにはいかないからです。今日の人類が、草を牛に食べさせ、その牛を食べる、という栄養の取り方に専ら頼っていると、実は、養える人口はそれほど多くはない、という話と似通っています。

生態系では、強過ぎても、食べ物がなくなり長続きはできないのです。生態系は、ある意味でほどほどが生き残れる、持ちつ持たれつの世界です。

さらに、単に結果としての持ちつ持たれつを超えて、積極的に協力を行って生物種の生存確率を高めるような行動も、40億年かけて発達してきました。

そのような協力行動は、一つの種の社会の中で、互いに得になる協力をするというのなら、それこそ適者生存ですから、それほど驚くには当たらないでしょう。しかし、他の個体の生存を利するように進んで危険を引き受ける個体の存在（ライオンのメスの事例が有名）、さらには、種の違いを超えた利他的な行動があることを見聞きすると驚かざるを得ません。リュウゼツランの一種ユッカと、その受粉を専門に媒介するユッカガの事例が有名な相利共生は、納得しやすいですが、大型魚の寄生虫を食べてあげるホンソメワケベラの話（この魚は本当は寄生虫よりも大型魚の生体組織のほうがおいしいと思っているようですが、良好な関係を維持するために誠実に働きます）、シャチの群れの攻撃から仔クジラを守るべく、クジラ類が種を超えて協力する話などは、なかなか高度な判断が生物に働いていると思わざるを得ません。

生態系を、弱肉強食の競争を通じた適者生存、フェタコンプリ（やった者勝ち、既成事実肯定）の世界だと決め付けることは早計です。40億年もかけて、長続きし、豊かになるように、創発的に多様性を高めて分業を進め、自らを律してきたことこそが生態系のすごいところなのです。

生態系から何を学ぶか

ここまでのお話でも、今の人類がしていることに照らしてみると、ずいぶんと耳が痛くなります。地球から資源を取りまくり、汚いものを捨てまくって尊大に暮らす私たち。その上、人類の間ですら、組織的な殺し合いが続いています。

自然に従い暮らすことが重要であることは、何も、地球の人為による温暖化が進んできたから必要になった道徳律でも、そのために新たに紡がれた教えでもありません。人類は昔からそのことを知っていました。「自然は無駄なことを一切生じさせない」と喝破したのはギリシャのアリストテレスであり、あるがままのことを率直に受け止めて自然が授けてくださったことを精一杯育て活かしていくことを人々に勧めました。東洋では老子が「天の道は、争わずして善く勝ち、いわずして善く応じ、召さずして自ら来たし、繟然として善く謀る」と述べました。この後に「天網恢恢疎にして失わず」と、有名な言葉を続けています。ここでいう「天の道」や「天網」とは、きっと、人類も包み込んだ自然のことなのだと私は思っています。「召さずして自ら来たし」とは、すごい達観だと感激します。生態系は、自ずと必要な物事を満たしてくれるものなのです。それに対し、ほんのここ百年位の間、もしかして、技術でもって人間の夢はみなかなえられると人類は誤解し、古の諭しを忘却していたのでしょう。相次ぐ気候災害やバブル崩壊、政治的なテロに直面して、自然の法に則して人類社会を運営することが大事だと改めて気付くことになったのが今日なのではないでしょうか。

国際環境政治の世界でも、２０００年に国際的な有識者の集まりによって（したがって、国家の名ではなく）採択された「地球憲章」が、目指すべきものとして「生命共同体」を謳いました（原文は、community of life）。人類の活動を地球生態系の健全な一部になるようなものに変えていく、ということが、国際政治のアジェンダに載りかけるところまで来ているのです。

このような動きを受けて、人類の活動の実行の場面でも、たとえば、産業のエコロジーといった概念が登場するようになりました。産業活動の上流や下流のサプライチェーンやヴァリューチェーン全体を見て、数多くのステークホルダーの連携協調を自覚的に強め、そのことによって、もっとヴァリューを高めていこう、といった発想です。また、産業連関分析、投入産出分析、マテリアル・バランスなどの技法も発展しています。

しかし、私たちはもっと深く生態系に学ぶべきではないか、と私は思います。つまり、前述した「生態系のすごさ」を産み出す仕掛けや規則を発見し、人間社会に応用するべきだと思うのです。

なぜ、一強の世界へではなく、多様性の世界へと生態系が自ずと進み、豊かになる方向へと進化するのかは、残念ながら、まだよく解明されていません。それでもたとえば、野外での観察を理論模型で一般化して示した最近のある研究は、相互報酬的な種間関係の網の目が豊かであればあるほど、それぞれの種の生存確率が高まるということを示しました。ここにあるように、鍵は、「相互報酬」、「網の目の豊かさ」といったところにあるようです。

まず、相互報酬に着目してみましょう。人間社会では、なかなかダイナミックな交換はできなくなっています。人間社会では「お金」（取りあえずの流動性、あるいは可塑性のある価値保存の道具）だけが価値尺度と見なされることが多く、相互報酬を成り立たせるためには金銭価値の増加が前提となってしまうからです（価値が減少する場合には自発的な交換が起きず、政治的な再分配か強引な収奪しかありません）。しかし、生態系では、価値はさまざまです。動物にとっては酸素は必需品でも植物にとってはごみです。いろいろなものが交換されます。そこから学べば、人類も、何でもお金に換算せずに、安全や福祉や快適さ、名誉や尊厳などの諸価値をパッケージとして評価することが重要ではないでしょうか。そうすれば、私たちは人間どうし、国の間、そして自然との間でも、今よりももっと多くの、相互報酬的な交換の機会が生まれましょう。実際、実験経済学や経済行動学による研究成果で見ると、人間は経済的に合理的な生き物ではないようです。それを無理に経済学の美しい数学モデルに従わせるのは、ますます生態系の知慧から離れることになるのではないでしょうか。

網の目の豊かさも、とても大事な着眼点です。生態系とはつながりのことです。人間の社会では規律を守らせるために、責任範囲、バウンダリー（境界線）の明確化が進み、そうした小さな主体での成績評価が徹底されます。それも大事なことですが、組織、系には階層があり、細胞から始まって器官、生体全部、家族や会社の課、部や局のような大きな社会、さらに企業、業界、国民や国家、そしてさまざまな分野で生まれている国際コミュニティなどがあって、それらが相互に影響を与え合っているのが現実である以上、それらの間で前述した相互報酬的な関係をたくさん持つこと、あるいは持つように行動することも、自己責任の完遂と同じくらいに大事なこととして扱われるべきでしょう。最近、大震災を契機に、人と人との絆が見直されるようになりました。しかし、企業の世界では、ますます投資家本位の成績評価が問われるようになってきていて、生態系の発展の秘密は活かされていないように感じられます。地球生態系の善き一部に人類がなるためには、企業が社会や自然とどれだけよい関係を築いているかを評価できる非財務情報も開示され、競われるべきではないでしょうか。

生態系の進化の仕掛けとも共通するような知慧のある具体的な取り組みについては、次の章で見ていきましょう。

第三章　環境に本気を出させる政策とは

第一節　環境政策の歴史的動向

第一章では、環境に社会費用を押し付け、安い価格で物が供給されていることが、いわば環境を汚す既得権となり、このために経済の正しい発展が妨げられていることを見ました。そうした原因を除去していくために政策が必要なのです。

この章では、「政策」に焦点を当てます。

環境政策の発展は、大きく二つの時代に区分できます。現在は、この二つ目の時代をリードし、大きな成果を収めてきた第二世代の環境政策が行き詰まりを見せている時代といえます。

被害を防ぐことを専らにした時代と第一世代の環境政策

必要に迫られて行われた施策で、今日の眼で見れば、環境政策の一翼を占めると評価されるようなものが始められたのは、産業革命が世の中に行き渡り、工業都市が成立した20世紀初頭でした。

環境政策の形成は、欧州でも米国でも、また日本でも、工場からのばい煙や汚水の排出が問題になり、それへの規制が試みられたことに端を発します。いわゆる公害規制が環境行政の一つの起源です。しかしながら20世紀初頭では、汚染物質を煙や排水から除去する技術が未発達で、被害住宅の移転（場合によっては加害企業の移転）や補償といった政策が取られることが多く、今日でいう排出量の規制などには行きつかず、都市計画上のゾーニングといった考えを生みました。また、この頃には貴重な自然の乱開発も各地で問題になり、国立公園といった希少な、特に優れた自然に限った保護の施策が生まれました。さらに、廃棄物の処理が衛生的に行われないと疾病の流行に結び付くといった懸念から、廃棄物の処理行政も第二次世界大戦以前から始められました。

世界は二度の大戦を経験し、この間には環境政策は重視されなかったものの、１９５０年頃からは、朝鮮戦争を最後に冷戦によって熱い戦争は抑止され、経済の急成長が始まりました。この過程で、環境破壊は再び大きな問題となったのです。こうした経済成長に伴う健康や自然の破壊への対応が環境政策の原点です。

環境破壊は国境を越えて進むようになりました。酸性雨被害などが生まれ、国連ベースのハイレベルの環境政策の会議が行われるようになっています。これが、１９７２年のストックホルム人間環境会議です。

わが国でも、１９７０年には有名な公害国会が開かれ、多数の公害規制法が制定されました。１９７０年にはフランスで環境省が、また同年末には米国で環境保護庁が、そしてわが国でも１９７１年７月に環境庁がそれぞれ設けられ、環境政策の実施組織が整備されるようになりました。

第二次世界大戦前の内外の萌芽的な政策はもとより、１９７０年代から本格的に進められた環境政策は共通した特色を有しています。これを、行政の中に身を置いていた私の考えるところで抽出すると、以下のとおりとなります。

① 健康被害を防ぐこと、重大な自然破壊を防ぐことが主眼である。
② 被害に結び付かない環境の状況を環境基準として定め、そのレベルを時間をかけて計画的に達

成していくことを目指す。

③この環境基準の達成のため、そうした被害などに結び付く行為を特定し、その規制を、罰則を構えて行うことを制度の基本とする。

④規制を受ける行為は個別に列挙されるものであって、規制の程度は、被害を防ぐに足る安全率を見込みつつも、必要最小限のものである。

⑤経済活動の増大に対応して、規制は厳しくしていかなければならないが、そのために、技術の進歩を継続的にモニターし、規制の程度に反映する。

⑥環境政策の当事者は、政府・自治体と汚染原因者たる企業であって、国民は潜在的な被害者という位置付けである。

汚染の自由に対抗して、被害防止をバネとして不可避的に必要な最小限の制限を加える構成になっています。わかりやすい反面、硬直的で、言い換えれば落第を避けるための、強いけれど限定的な仕組みだったといえます。

この時代に、環境政策の設計思想を律した考え方の第一は、私の見るところ、汚染者負担の原則(Polluter Pays Principle = P.P.P.)であったといえます。なお、ストックホルム会議の人間環境宣言は著名ですが、当時の環境政策が取り組むべき重点事項を列挙し整理したものであって、政策の設計アプローチにまで踏み込んでこれを述べたものではありませんでした。

これが第一世代の環境政策です。

恵みを目指す時代と第二世代の環境政策

現在の世代に対して被害のない程度の環境を提供することに関しては、前述の１９７０年代以降の環境政策は概ね成功しました。たとえば、ぜん息のような健康被害をもたらす大気中の二酸化硫黄や二酸化窒素などの最も有名な公害原因物質について見ると、わが国では、汚染の著しい道路の沿道でもそれぞれほぼ１００％の水準で環境基準を達成するようになりました。２０１０年度の測定結果によれば、正確には二酸化硫黄については、市街地にある測定局はもちろんのこと、自動車沿道の測定局全局（２０１０年度では68局）でも少なくともこの10年来、環境基準を達成し、二酸化窒素についても、一般環境測定局ではここ5年来１００％、自動車道路沿道の測定局においても４１６局中４０７局の97・8％（この10年間で達成率は約20ポイント上昇）が環境基準を達成しています。

しかし、それでもなお、地球の劣化は進んでいき、このまま放置すると、将来の世代には大きな不利益が生じるおそれが高まりました。被害がないことだけでは不十分で、それよりも大切なことは、良好な環境がもたらすさまざまな利益を、将来世代へ継承できる形で確保していくことだという認識が広まったのです。これが持続可能な開発という概念です。

冷戦が終わり、国際社会には新たな人類的な課題に挑戦する気運が横溢していました。１９９０年代初頭に提唱され、92年にリオ・デ・ジャネイロで開かれた地球サミット（国連環境開発会議）は、持続可能な開発（sustainable development）の考え方を、以降の環境政策を巡る理念の、いわば筆頭に掲げました。ちなみに、この会議の主要な成果の一つである「環境と開発に関するリオ宣言」（以下、

「リオ宣言」という）では、第１原則として人間が良好な環境を享受する権利を認め、次いで、環境を開発利用して恵みを享受するこうした権利を制約するものとして、第２原則をもって、他国の環境へ与える悪影響を掲げ、さらに、第３原則として、持続可能な開発の考えの中核である将来世代の利益確保を挙げています。

なお、この「持続可能」という用語は天然資源管理の用語で、かつては特定の種の個体群からの持続可能な最大収穫量（maximum sustainable yield＝ＭＳＹ）といった文脈で用いられたものでした。先進国に遅れて経済的な成長を始めた途上国にとっては、開発による経済的な利益の確保が優先されましたが、この持続可能な開発の考え方は、前述のＭＳＹの考え方に見るとおり、開発を認めたものだったこと、また、リオ宣言が能力に応じた差異ある環境保護責任の考え方を明示的に取ったことなどから、受け入れやすいものだったといえます。

この地球サミットの結果、環境政策の理念・目的は大きく変化し、これに応じて、政策設計の考え方もさらに変化し、発展することとなりました。

すなわち、「環境の恵みの享受」、「恵みの将来世代への継承」ということが最も重要ではありますが、これに加え、リオ宣言では多くのことを「原則」の名の下に謳うに至りました。それらの中には、ストックホルムの宣言と同様、重要と考えられる政策課題を列挙した部分もあるものの、政策設計の考え方やアプローチに深く関連する言及をしているものも多数にわたっています。

それらは、このようなものでした。

・環境保護は、開発過程の不可分の一部（原則4）。平和、開発、環境保全は相互依存的で相互に不可分（原則25）。経済成長と持続可能な開発をすべての国にもたらす開かれた国際経済システムの促進（原則12の前半）

・各国は、環境への圧力の大小、持てる資源や財源に応じ、環境保全責任を担う（原則7、原因者負担原則に加え、応能負担原則も考慮した、有名な「共通だが差異ある責任〈CBDR = common but differentiated responsibility〉」）

・関心あるすべての市民の参加（原則10、参加原則）

・環境や開発の程度に応じて効果的な環境法の制定（原則11）

・国際的環境問題の解決は多国間ルールで対処すべし（原則12）

・被害賠償のための国内法や国際法を策定すべし（原則13）

・深刻、あるいは不可逆な被害のおそれがある場合、完全な科学的な確実性がなくとも、費用対効果に優れた被害防止対策を実施すべし（原則15、いわゆる予防原則）

・汚染者が、汚染による費用を負担するよう、費用の内部化措置に努める（原則16、１９７０年以降の政策を律した有名なＰＰＰ）

・各国及び各国民は、この原則の実施のため等に、パートナーシップの精神で協力すべし（原則最後の27）。

以上のように、リオ宣言はストックホルム宣言のように課題を列挙することを超えて、課題を解く場合の（本書で論じたいと考えている「解き方」そのものではありませんが）準拠すべき原則などを指し示すようになりました。

さらに、リオの地球サミットでは、詳細な課題を掲げて、課題や主体など毎に取るべき行動をまとめた文書として「アジェンダ21」も採択され、このサミットは、世界各国や国際機関、ＮＧＯなどの取り組みを充実、向上させることに大いに力を発揮しました。

私はこの地球サミットの準備過程では、アジェンダ21にかかわる国際交渉のうちでも最も紛糾が予想された地球環境保全資金の問題を担当していましたが、国内行政面では同時並行的に、環境基本法の制定準備にも携わっていました。

環境基本法は、産業公害が激化を辿る１９６７年に制定された公害対策基本法（その後１９７０年の公害国会において一層の厳格化のために改正）を廃止し、その代わりに、新たな発想のさまざまな環境法や政策を総合的に進める拠りどころとなることを期待された法律でした。

この環境基本法はリオの地球サミットの後、１９９３年の秋に制定されました。その内容のうち、第一世代の環境政策との相違が著しい点を、私なりに挙げると以下のようになります。

この相違は、地球サミットに結実した１９７０年以来20年余に及ぶ内外の経験蓄積と知慧の増加を反映したものです。

① 政策の目的を、環境の豊かな恵みの確保と将来世代への継承に置く。
② 日本がその一部となる地球環境の保全のために、進んで、また、国際協調して取り組む。

③環境負荷の少ない健全な経済の、持続可能な形での発展を目指す。
④そのために、他の国政上の公益追求と並ぶ高さに立って環境保全を総合的に進める仕組みとして環境基本計画を策定する。
⑤国の行う施策であって環境に影響を与えるものは、その策定や実施の際に環境へ配慮をしなければならない。
⑥また、環境負荷の少ない経済システムへ誘導するため、環境税などの市場経済ルールの変更・活用を行うことも認める。
⑦さらに、低環境負荷の事業活動を奨励する。
⑧環境政策は、予防的に進める。このため、また、被害の起きるような以前の段階である環境保全上の支障を防止するため、規制措置を講じ、また、そのはるか以前の段階で、環境への負荷自体を対象として政策を講ずる。
⑨事業者はもちろん、国民も、環境への負荷を発生させる主体として、自ら進んで環境保全に取り組む。このため、教育や学習を振興し、情報提供を進める。民間団体の自主的活動を促進する。

これらが、わが国における第二世代の環境政策の、いわば特徴となる事項であります。

第二世代の環境政策の到達点と環境政策の今日的課題

第二世代の環境政策は、それなりに大きな成果を収めました。しかし、環境上の問題はなお大きく、むしろますます困難さを増しているともいえます。

環境政策当事者による自らの成績評価としては、２０１２年６月、20年を隔てて再びリオで行われた、国連主催のサミット「リオ＋20」のアウトプットがあります。これよると、残念ながらこの20年の世界の努力にもかかわらず、事態はあまり改善されていないか、あるいは悪化しているのがわかります。

この会議の公式のアウトプット文書である「我々の求める未来」（The Future We Want）ではまず、その認識事項を書いた冒頭の諸事項のそのまた冒頭（正確には第２パラグラフですが、第１パラグラフは、リオ・デ・ジャネイロで首脳が会い、かねてからの持続可能な開発に関するコミットメントを再確認した事実を、導入として書いているのみなので、事実上の最初のパラグラフ）において、貧困緩和が人類最大の挑戦課題だと明示していて、環境と経済との関係が、第二世代の環境政策が実施に移されたこの20年間も本質的には変わらず、世界の関心はまずもって経済に向けられていることを示唆しています。

さらに、20年間の成果に直接言及したＢブロック（進捗の評価及び目標と現実の間のギャップ）の冒頭パラグラフ（パラグラフ19）では、１９９２年のリオからの20年間の取り組みが、持続可能な開発と貧困撲滅との間で不均等な進歩を生んでいる、と指摘しています。そして今後は、経済成長の中で、持続可能な開発を具体化するための機会を掴むことなどによって、先進国と途上国との差を縮めることが必要であると指摘しています。さらに、続くパラグラフ20では、逆行現象すら見られるとして、世界中で最近打ち続く財政・経済危機、食糧危機、エネルギー危機により、本来進めるべき、経済・社会・環境の統合が退歩していることを挙げ、これらの危機への効果的な対処を呼びかけています。

さらに、この文書は、温暖化や都市集中などに伴い頻発する自然災害、そしてそうした災害からの地域再生や、災害に強い地域づくりなどの、新たな、登場しつつある問題の存在も指摘しました。

このように、第二世代の環境政策は、先進国にも途上国にも受け入れやすい、素晴らしい理念の実現を目指すものであり、大きな期待を引き続き集めていますが、理念自体の実現にはほど遠い状況にあります。さらに、目標実現の足元を掘り崩しかねないような問題が生じつつあるともいえます。

グリーン・グロースの提案と帰結

私のようにこの過程自体に携わってきた者から見ると、1992年のリオ以来の国際プロセスは総花になり過ぎ、選択と集中の手順が定かでないように思えてなりません。もちろん、国際社会も無策ではなく、このリオ＋20の機会に、次の一手を打ち出すべく検討をしてきました。それは、中身としてはグリーン・グロースの考えで、仕掛けとしては新たなグローバル・ガバナンスの創出でした。グリーン・グロースは、直接には、国連諸機関及び潘基文事務総長が多く用いる用語で、環境への投資や支出によって経済の実質的な成長を図ろうという考えです。米国では、オバマ大統領の初回の選出時（2008年）に遡りますが、グリーン・ニューディールと呼ばれたり、ドイツではグリーン・リカバリー（2009年）と呼ばれたりしています。英国では2010年に政権復帰した保守党により、グリーン・エコノミーを目指す環境経済政策が次々と打ち出されています。フランスでも、サルコジ大統領（当時）が2008年から09年にかけて、成長と雇用拡大に力点を置いた環境グルネル政策を進めました（グルネルとは、パリ市内の地名〈写真は第六章第三節に掲載〉。1968年のフランス学生運動の際に、ここに社会のステークホルダーが一堂に会して、社会の将来的なあり方を議論した故事にならった命名)。潘事務総長を生んだ韓国では、２００８年の建国60周年に定めた国のビジョンの大きな柱をローカーボンなグリーン・グロースに置き、李明博大統領(当時)は、２００９年にグリーン・グロース成長戦略を定め、さらに、グローバル・グリーン・グロース・インスティチュート(ＧＧＧＩ)という国際機関たる研究機関を自国に設けました。

わが国においても、２０１０年に新成長戦略を決定しましたが、その大きな柱は「グリーン・イノベーションによる環境・エネルギー大国戦略」でした。

このように、先進各国は実需に裏打ちされた経済成長を図る上での戦略的な分野として環境に大きな関心を寄せています。

こうした動きを受け、リオ＋20のサミット会議では、持続可能な開発の実現に向けて、92年のリオ以来のさまざまな約束事へのコミットメントを再確認し、成果に不足があるような直面する課題を同定するという目的を掲げました。また、この機会の意思決定のテーマとして、「持続可能な開発及び貧困撲滅の文脈の中でのグリーン経済」、そして、「持続可能な開発のための制度的な枠組み」が定められたのです。

その結果はどうだったのでしょうか。

前述の成果文書「我々の求める未来」では、グリーン経済に関しては多くのパラグラフが割り当てられました。しかし内容的には、わずか二つのパラグラフ(60及び61)がその中身を描写するのみで、今後の取り組みへの言及はほとんどありませんでした。具体的には、グリーンな経済は一つの便利な道具であり、そこへ向けてはさまざまなアプローチがあることが書き込まれ、逆にいえば、国連主導の新たな統一的イニシアチブや運動はなく、せいぜいが各国の模範事例（ベストプラクティス）についての情報交換を行うことが決まったに過ぎませんでした。

しかも建設的でないことに、グリーン経済に関して、たくさんの注意書きが、この成果文書には書き込まれてしまったのです。実は、多くのパラグラフはそのためのものであり、曰く、ODAに対して新たな条件付加をもたらすものであってはならない、また曰く、各国の主権を尊重し、先進国の市場のグリーン化が環境を名目にした保護貿易主義になってはいけない、などです。これは、ボリビアのモラレス大統領の演説等に示されている、途上国側の強い懸念、すなわち、経済のグリーン化の強要は、新たな植民地主義ではないか、といった意見を色濃く反映した結果であると思われます。

グリーンな経済成長こそが、地球生態系を壊すことなく持続可能な開発を進める、との文脈に最も合致する処方箋のはずですが、その国際ルール化に向け、国連の主導といったトップダウンで進めていく道は、残念ながら閉ざされてしまったといえましょう（もちろん、ボトムアップでこれに挑戦し、実例を示す道は塞がれてはいませんが）。

新たなグローバル環境ガバナンスについての国際議論の結果

リオ＋20のもう一つのテーマが、ガバナンスの新しい枠組みの創出でした。しかし、この点でも、リオ＋20は成果を挙げ得ませんでした。

１９９２年のリオの決定では、ありとあらゆる活動、主体、そして場面において環境保全が統合されて持続可能な開発に向けた取り組みが支えられることになっていました。けれども、その後の進展を見ると、リオのコミットメントの進捗状況を毎年定期的にチェックし、ギャップを検出して行動を訴える国連本部のCSD（持続可能な開発委員会）の活動が続けられているほかは、顕著な前進はないのが現実です。そこで、リオ＋20の準備過程では、このCSDや、国連経済社会理事会の下にあるUNEP（国連環境計画）の権能を強化し、たとえばWTO（世界貿易機関）のような、自ら加盟国から分担金を徴収し、自律的に活動できる専門機関、仮称でWEOといったものを作ろう、といった考えもフローティングされていました。

しかし、アフリカにある貴重な国連機関であるUNEP本部の弱体化や転出を嫌うアフリカ諸国、そして新たな資金拠出、とりわけ非任意の強制的な賦課を嫌う多くの先進諸国、それぞれの意向もあったと考えられますが、準備過程を終わってみれば、新たな地球ガバナンスの仕組みの提案はほとんど何もないに等しいような状況になってしまいました。

具体的には、経済社会理事会（ECOSOC）を経済・社会・環境のいわゆるトリプル・ボトムラインを推進する組織として強化すること、年々開催されていたCSDをハイレベル政治フォーラムに格上げし、2013年9月までにその第一回を開催すること、そして、UNEPを拡充強化することなどが、結果として決まったことのすべてでした。

これに対し、むしろ活気があったのが、政府間交渉の外で開かれた、民間主催のサイドイベントなどであったと言われています。今や、民間が地球保全といった公益に直接コミットする時代になったということを感じざるを得ません。ガバナンスとは上からの統治ではなく、上下のない、多数の主体による協治であるとこれを翻訳する向きもありますが、事実としてそうした用語で表すことのできる時代が来たといえるでしょう。

１９９２年の地球サミット20周年の節目は、以上のとおり、新たなモーメンタムを生み出すことなく終わりました。いえ、正確にいえば、ただ一つ具体的な成果がありました。それは、持続可能な開発の姿を目標として具体的に示したことです。そして大胆なことにこの目標は、達成の方途がないまま定められているのです。ですから、私たちはどうしても新しい解法を作り出さなければなりません。

１９９２年の政策設計思想、より広く言えば、社会運動には、限界があります。それは、持続可能な開発という理想的な理念が先行し、開発と環境に関する予定調和的な安心感が広がった結果、経済的な貧困、差別といった差し迫った問題を、環境をうまく活用しながらどのように解いていくかの具体的な道筋がはっきりと示されてこなかったことに伴って生じた限界であるように私には思えます。途上国にとっては、経済をグリーンにせよと言われても、それが経済的な福祉などにつながる道が見えてこない、だから路線は変えられない、と言い換えてもよいでしょう。相変わらず開発と環境とは相克したままであって、環境とは環境を極力壊さずに経済活動をしようという意味での、消極的な配慮事項の地位に留まっています。

今求められているのは、こうした事態の改革でしょう。「具体的な暮らしや産業の場で、環境資源を壊さずに賢明に使って、人々の雇用を増やし、福祉を高め、差別をなくし、自然災害などに強いまちや地域を作る、その経路を実証できる新しいアプローチを導入すること」なのです。

今日の経済の見方からすると、環境をなるべく安く使うのではなく、高い費用を払って使うということになりますが、もちろんそれでは今の形の経済活動は成り立ちません。では経済性を無視して規制でこれを実現するのでしょうか。抜け駆けをしたり、規則を守らないことが利益を生む以上、そうした者などが多数出てきて、規制のみではなかなか困難なことが予測されます。環境を守ることや環境の質をよくすることに費用がかかるのではなく、むしろ利益を生まなければ、継続は不可能なのです。

第二世代の環境政策ができなかったこととは、このこと、すなわち、環境に取り組むことが利益を生むこと、グリーン・グロースの仕掛けづくりだったといえます。

そこで、来たるべき経済活動とこれまでの経済活動との間の発想の違いがはっきりするよう、さらに強い表現で来たるべきものを述べれば、「環境の枠の中で経済を営み、人類の幸せを高めること」、わかりやすく言えば、「環境の枠を守ること、すなわち、消極的な意味で環境を今以上に壊わさずに利益を出すことはもとより、一歩進んで積極的に環境資源の元本保全といったことのために環境に手入れをすることによっても利益を出し、人の福祉などを高め、発展できる経済への移行を目に見える形で進めること」のように思われます。（自然と同様に本源的な生産要素である知財に喩えれば、知財にますます高い価値を与えることによって経済が発展することと同様です）

リオ＋20においても、その成果文書を、このような視点で改めて読むと、次のようなことが書かれています。

We call for holistic and integrated approaches to sustainable development that will guide humanity to live in harmony with the nature and lead to efforts to restore the health and integrity of the Earth's ecosystem.

我々は、人類が自然と調和して生活するように導くとともに、地球の生態系の健康と完全性を回復する努力につながるような、持続可能な開発への全体的且つ統合されたアプローチを求める。

（環境省による仮訳）

これは、認識事項を示す成果文書Aブロックを末尾で締めるパラグラフ40です。人間がどのようにして自然と調和する存在、すなわち、生態系の善き一部として幸せに暮らせるようになれるのか、この問いの答えが待たれるのです。しかし、この問い自体は、第二世代の環境政策が解けなかった課題です。

したがって、人間が自然と調和する存在にどうしたらなれるのか、という問いは、次世代の、すなわち第三世代の環境政策を呼び出す問いとなるでしょう。新たな政策を開発、適用することによって、生態系の善き一部として人類が経済を含めた暮らしを立て得ることを実証する取り組みが、今こそ求められているといえます。

第二節

第三世代の環境政策の要件

ここでは、環境政策が第三世代のものへと進化しなければならないことを念頭に、環境政策がこれからどのように段階を画するような大きな質的飛躍を果たし、発展、強化されていくべきかを概括的に考察してみましょう。

人類による地球へのインパクトの将来

これまでの人類の活動の増大に伴い、地球環境は大きく劣化し、さらに一層の劣化が予測されています。これが現下の環境上の問題です。

世界人口は、２０５０年には今日の３割増しの93億人になると予測されています。エネルギー消費は、人口以上の速度で増加し、２０３５年には今日の４割増になると推計されてます。これらに伴い、枯渇性の資源はもとより、食糧等の再生産可能な資源も希少度を強めて、インプット面から人類社会を脅かすでしょう。また、人類のアウトプットの影響を見てみると、人の捨てる廃物が地球に蓄積し、都市の環境の悪化が進むほか、大気中に溜まったCO_2により、地球温暖化が進んで災害が増加し、人類の暮らしや経済を支える地球の能力は大いに毀損されるものと目されています。同時に、化石時代に何回かあったことが確認されている生物の大絶滅に匹敵する絶滅が、今まさに進行していると言われているのです。

単純に考えて、現在の3割増しの人口が、現在の4割以上の豊かさを平和に享受しようとすると、今のままの生産消費そして廃棄の仕方では、環境へのインパクトは、ほぼ倍になります。すでに、人類は地球の生命維持能力を損ないつつあることを考え合わせると、人類の与える環境インパクトは、将来時点の成り行きケースに比べ、5割削減ではなお不十分で、さらにその半分、すなわち8割削減といった相当に思い切った削減に迫られるはずです（ちなみに、CO_2については、すでに、累次のG8の機会に、先進国は2050年時点で、現状比80％の排出削減を行うとの合意がなされています）。

実現すべき経済社会の資源・エネルギー側面での要件

人類は、地球から無思慮に財物を取り出し廃物を捨てるといった、これまでの経済活動を根本的に変える必要があります。すなわち、経済活動を根本的に変え、環境の枠の中で暮らしや経済を営むこと。これを物的側面で見れば、環境資源の元本を毀損せず、生態系の中で再生する資源の範囲内で暮らすことです。環境が処理できる範囲に限って廃物を捨てることが許される、そうした経済社会を作らなければなりません。これが現下の環境政策の課題です。

こうした形の経済社会の備えるべき要件に関しては、すでに我々は、持続可能な社会の公準という形で、いくつかの提案を参照することができます。これらは一般には、強い持続可能性の公準、弱い公準といった形で知られています。枯渇性資源の扱いの考え方の違いを反映して、公準はいくつかの強弱の程度・内容に分かれますが、資源やエネルギーは再生可能な範囲で使い、廃物は地球が処理できる範囲で捨てる、ということが要件です。詳細に見れば、現在は不可避の枯渇性資源の利用は徐々に根絶させ、代わりに人類社会にすでに取り入れた物をリサイクルして使う、また、地球生態系が受け入れない廃物は、人間が生態系から隔離して保管する、ということになっていくでしょう。

実現すべき経済社会の生物・生態系側面の要件

地球の生態系に対する人類の調和は、上述の資源、エネルギー的側面でなされるだけではなく、これを基盤として、他の生物との間でも実現されなければなりません。

生物との調和の側面から見た要件としては、公準といったシンプルな形ではありませんが、2010年に愛知・名古屋で開催された生物多様性条約の第10回締約国会議（CBD／COP10）が決定した愛知目標が現時点ではこれに最も近いものだといえるでしょう。

この目標は、2050年に生物多様性が回復され、賢明に利用されることにより「自然と共生する世界」を実現することを中長期の目標としつつ、この状態を実現するための途中経路として、2015年ないし2020年時点で目指すべき状態を、5分野20の戦略目標にまとめています。そのエッセンスは、2020年までに生態系が基礎的なサービスを提供できるような状態になるよう、生物の多様性の損失を止めるべく行動する、というものです。言い換えれば、生態系サービスに目を向け、生物の多様性を維持、回復することにより、生態系サービスを毀損しないということが、実現すべき経済社会に関する生物側面での当面の要件といえましょう。

第三世代の環境政策の目指すものとその具体化の重要性

このように、第二世代の環境政策では実現し得ていませんが、今後に実現が期待されている社会とは、人類の物的活動が地球の物理的、化学的、生物的な環境の健全な一部として収まっている姿です。また、これを経済の視点で見ると、人類社会が地球の健全な一部としてあり続けることが、人間の経済動機とも合致し、人々の自発的な動機付けによっても、そのような社会が維持され発展させ得る社会が、目指すべき社会なのです。

人類と環境との間にこのような関係が打ち立てられた場合は、その世界の姿は、愛知目標のいう「自然と共生する世界」、あるいは、リオ＋20の成果文書にあった「自然と調和して暮らす人類」と同義になるといえるでしょう。さらに私は、これを一歩進めて、２０００年採択の「地球憲章」にならい、「生命共同体」と表現したいと考えています。

「地球憲章」は、２０００年に世界を代表するような賢人の委員会の名の下にハーグで採択されたものです。リオ宣言は、持続可能な開発の中心関心事項は人間であるとする楽観的な人間中心主義を第一原則としていましたが、地球憲章はそれと必ずしも相容れない要素を含んでいたことなどもあって、国連としては採択できませんでした。この憲章は、リオ宣言と同じく、人間の福祉や平和を優れて重要視していますが、それゆえにこそ、地球の容量などを直視し、そこから物事を考えていこうという考え方に立っています。ちなみに、地球温暖化対策やオゾン層保護対策では、当面の許容し得る排出量を設けてこれを枠とし、人間活動を制御することが始まっています。これらの枠が、地球を真

環境政策以前

- 経済自由
- 汚染

第一世代の環境政策

- 公害対策基本法（1967 年）
- ストックホルム人間環境会議（1972 年）

➔ 被害をなくすことに集中
➔ 限定的でリジッド
➔ 経済から独立し、対立
➔ 政策手段は規制
➔ 効果はあげるが、公害などに限る

第二世代の環境政策

- リオ地球サミットのリオ宣言（1992 年）
- 環境基本法（1993 年）

➔ 恵み、将来世代への継承、国際主義、分権主義がキーワード
➔ 持続可能な開発
➔ 人間中心主義は変わらず
➔ 環境と経済の同時達成には成果不足

第三世代の環境政策

➔ 第一・第二世代のよいところは継承
➔ 生態系の枠内での人間活動を目指す（人間中心主義から発想を逆転）
➔ 環境を守ることで利益を出す経済へ

図 11　第一、第二、第三の各世代の環境政策の特色

に守るに十分なものかには議論がありますが、地球の容量から発想を始める考えに立つ政策はすでに誕生しつつあり、決して荒唐無稽ではないことを示しています。

人類が地球の健全な一部になることが実現できないのは、これまたリオ＋20の成果文書で総括されたように、豊かになりたいという人間の気持ちを満たす方法が、環境をよくすることでは未だ実行できず、環境を壊して利益に変える方法によることが続いているからです。

したがって、地球温暖化や生態系の破壊、といった環境上の現下の問題を解決し、人類をして地球生態系の一部にさせるという究極目的に立つ第三世代の環境政策の、政策上の直面する課題とは、（それがすべてではないにせよ）環境を改善し、保全することが費用でなく利益となって発展する経済活動の実現、そうした活動を通じて発展する経済社会への移行にあると考えられます。

ここで、第一世代、第二世代、そして第三世代の環境政策の鍵となる概念を簡単に整理しておくと**図11**のとおりです。

なお、こうした循環型、自然共生型の経済社会への移行は、20世紀末からは強く意識されてきましたが、近年に至り、たとえばタイの大洪水、米国東海岸を襲ったハリケーン・サンディなどの自然災害を通じ、実際の地球環境の大きな変化を我々が実感する中で、このような経済社会の構造自体の変革が待ったなしの、差し迫った課題として認識されるようになりました。特に、わが国にとっては、２０１１年３月11日の東日本大震災による津波による市街地の破壊、そして福島第一原子力発電所の全電源喪失、冷却不全から生じた炉心溶融、水素爆発に伴う広範な放射能汚染を契機に、大きな課題が生じました。それは、自然の脅威に対して、専ら大規模技術に頼って立ち向かうのではなく、今以上にしなやかな形で順応的に適応する暮らしやまちの建設が必要だと誰もが痛感したからです。

地球の善き一部となれる人類社会づくりは、哲学の課題ではなく、今やまさに現実の政策上の切実な課題となったのです。そこで、新政策の導入に対してどのようにして合意が得られるのか、以下で考えてみましょう。

第三節　これまでの政策に見る、本気を出させる仕掛けづくり

環境に社会費用を押し付け、安い価格で物が供給されていることが、いわば環境を汚す既得権となり、このために経済の正しい発展が妨げられています。そうした原因を除去していくために政策が必要なのです。

そこで、第二章第四節冒頭（70ページ〜）で見たエコビジネスの成功経験から得られた教訓を、政策にも当てはめてみましょう。

さまざまな利益や価値の確保に配慮すること

新しい政策や制度が必要なのですが、その導入に際してのステークホルダーとの交渉では、往々、利害がずれていることが発見されます。逆に言えば、環境政策の影響を受ける相手方の譲れないことや守るべきことと、新たな環境政策を行う側が新政策を導入する場合に譲れないこととが必ずしも一致せず、片方が得をすれば他方が必ず損をするというゼロ和ゲームの形にはなっていないことが多いのです。

双方の利益が単に金銭的なものであれば、補償原理の考え方で、新制度導入により新たに増える大きな利得の一部をもって、新制度導入で損を蒙る側の不利益を補填するということになりますが、現実は、必ずしも金銭的な利害が交渉事項になっているわけではありません。そうした場合には、制度

の設計如何によっては、双方の期待を同時に満たすことも可能になってきます。

ステークホルダーが目指す価値や公益が複数あって、そうしたさまざまな価値の実現のため、新制度が全体として旧制度よりも一層うまく貢献できる可能性があれば、交渉をこのような構造にすることができます。さらに言えば、複数の価値をさまざまな主体が目指しているからこそ、ウィン・ウィンとなる一致点は存在しやすいともいえるでしょう。逆説的かもしれませんが、交渉事には論点や争点が多いほど、合意形成のチャンスもあるのです。

環境政策の提案側は、その新政策が環境保全にどのような効果を持つかばかりを考えがちですが、一つの政策はその意図を超えて、多数の異なった価値に対してさまざまな帰結を及ぼすものです。このことを理解するとともに、むしろ環境以外の多くの価値との関連を積極的に検討し、把握しておくことが、新政策の受け入れ可能性を高めることになるといえます。この場合、政府の各府省庁は、それぞれの設置法に示された任務を専ら追求する純粋培養された存在、悪く言えば縦割りの存在で、横目を許される立場にはありません。その意味で、たとえば環境省が積極的に経済的な価値を追求するといったことはなかなか難しいのです。新政策への合意形成には、省庁以外の主体も参加したほうがよいといえるのはそのためです。この点では、次の多主体参加という発想が重要なのです。

多くの主体が役割を果たせること

制度なり政策が効果的になるのは、一つの事柄にかかわる多数のステークホルダーが、それぞれに果たすべき役割をしっかりと見出し、役割を確実に果たし、そして実際にそうした役割分担が齟齬《そご》なく組み合わさって成果につながっていく場合です。

環境保全は、今や、人間活動のありとあらゆる局面で求められる事項となっています。関係者は、社会の成員すべてといっても過言ではありません。

ですから、たとえば供給側を規制する政策であっても、需要側はどのような役割を果たすことができるのか、また果たしたらよいのか、といった観点からの検討を並行して進めておくことが有益なのです。こうした事例の顕著なものは、フロンの排出抑制対策の場合です。フロンの需要が減れば、供給サイドでの生産制限も行いやすくなります。需要を減らすには、フロンの排出抑制にかかわる装置の普及も望まれますし、また、フロン使用機器の修理や更新に際してのフロンの回収の仕組み、そうしたことの技能ある事業者の育成などもフロンへの需要減らしに有益となります。

より一般化して述べれば、一つの政策を考えるのにその政策の守備範囲を小さく考えず、広い範囲の関係者がそれぞれに、どのような役割の変化を求められているのかを政策立案に際して明らかにした上、そうした役割の発揮を円滑化する仕組み、サポートする仕組みを組み込んでいくことが有用です。その意味で、政策立案に対してすら広く国民の参画を得ることが望ましいのです。

ダイナミックな発展の過程を引き起こすこと

環境政策が自然に発展していくことは大変に望ましいことです。しかし、多数の主体が参画する政策となると、その円滑な運営には困難が生じます。

このためには、政策の段階的な成長が重要になります。物事の順番に即した発展ができるように、その基礎づくり、そしてそこから基礎の活用、すなわち基礎の上に組み上がる新しい仕掛けの据え付けへと構想しておくことが重要です。基礎を抜きにして何段跳びを先に行うことはできません。誰にも争いの少ない、基礎についての合意をまずは結実させる制度としての姿を持たせるということが重要なのです。

国際的な環境政策、たとえばオゾン層の保護にしても、地球温暖化防止にしても、最初の一歩の国際約束は、各国に異論の少ない調査研究の実施や、排出量のインベントリーづくり、そして任意の対策計画づくり、対策を協議するための組織づくりなどを内容とした、いわゆる「枠組み」を定めるもので、実際の排出削減などの重たい内容は、その次のステップで導入され義務化されてきました。

わが国の地球温暖化対策推進法でも、最初は任意の計画づくりや政府の率先実行などが内容であり、その次のステップに排出量の算定・公表が義務付けられ、さらにそのまた次のステップでは、その上に立って京都メカニズムで生み出される削減クレジットに関する取引を保護する制度が導入され、そのまた次のステップでは、自治体における対策実施とそのための計画づくりの義務付けと、大規模事業者の取り組みに対する技術的な指針といった仕組みが逐次導入されて発展していきました。

政策が花開いていく道を見極め、その基礎となる要素を戦略的に選んで政策に取り入れていくような設計をすることが重要です。

特にその際に、政策を進める側も、あるいはNGOのような応援団も、往々白黒（○×）思想に囚われるおそれがあり、これは戒められなければなりません。満点でないとゼロ点であり、あるいは低い点数の制度を固定するのでかえって有害だといった議論に私はしばしば遭遇しました。もちろん、低い仕上がりの政策を固定してしまうことはいけませんが、ルールが一旦制定されれば、それより品質の劣る取り組みは淘汰されるのであって、次のステップでそのような淘汰後の、一定程度に品質の確保された取り組みを前提にさらなる発展を設計できるという利点が生じることを見逃してはいけません。

政策を立案する側も、政策形成をサポートし、提案する側もともにダイナミックな政策発展という視座を持ち、こうした見方に習熟するように図るべきです。

第三世代の環境政策の設計アプローチ

以上の各点は文中で述べたように互いに相互支持的ですが、その点を捨象し、各個に要約した形で整理すると以下のとおりです。

- 多価値同時達成。他価値とのかけ算による価値増強
- 多数者の積極的な役割の設定、それらの協力関係の開拓と活用
- 協力、協働関係の創発的な進化の仕掛けの組み込み

生態系のような多種の生物の世界であれ、人間社会のように多文化の人間が共存する社会であれ、およそ社会が安定的に発展できるとすると、それは社会の成員が相互に報酬を得て社会に意義を感じ、一層社会を盛り立てようと行動するからです。

今、人類の営む社会経済を地球の自然と共生できるもの、その善き一部となるものとしようと考えると、我々は、地球生態系が生命の共同体であるということに深く思いを致し、その存続発展のルールを我々自らのルールとしなければいけません。

それは、多様な主体が多価値の実現を目指し、相互報酬的な関係を作り出し、そのことによって、相互の協力関係を自律的に発展させていくようなルールです。

本書はこのような生命共同体を作っていく手段として、最も緊要と思われる経済の改革を中心にこれに絞って考察をしてきたので、それ以上の拡張は無理ですが、私としては、さらに生物・生態学的な観点での考察も深めていき、前述のような政策設計アプローチを、「生命共同体アプローチ」と呼べるものへと高めていきたいと考えています。

第四節　物質（有用な化学物質）の生産等を規制する事例

私は、環境行政実務家として、これまでの職業人生のほとんどを過ごしてきました。行政官として37年余の執務のほとんどを中央省庁、なかんずく環境省（庁）で過ごし、極めて数多くの政策の立案に携わりました。以下では、立案を担当した政策を大きく8つのグループに分け、政策の内容とともに、直面した障害とその克服策についてそれぞれご紹介します。これらの政策の形成過程については、その当時にさまざまに報道されていますが、それらを整理して同じ枠組みや視点から経験を再整理してみようと思います。企業や国民が環境に本気で取り組んでもらうための仕掛けを、今度は政策の側から見るのがこの節からのテーマです。

まず取り上げるのは、フロン（日本名。英語では、フレオン）の規制です。

1　政策の要点

フロンは、1928年に、米国GMとデュポン社が、危険なアンモニアに替わる安全な冷媒として開発に成功したジクロロフルオロメタン（CCl_2F_2、フロン12）が最初の物質であり、その後さまざまに開発が進められていった一群の人工化学物質です。冷媒の場合は、圧力如何によって、容易に液体と気体との間で相を変え、かつ、無害で安定していて、理想の人工化学物質とされました。このほかの種類のフロンとしては、洗浄剤用途の物もあります。それ自体は無害で、さまざまなものを溶かし込み、揮発性もよく電導性がない、といった性状から、半導体基板を丸ごと洗浄するなどのために、かつては多用されていました。

この無害で化学的に安定したフロン類が大いに使用された結果、懸念され、また、実際に生じるようになった現象が成層圏上部に豊富に存在するオゾンの減少（オゾン層の破壊）でした。オゾンが減少すると、太陽からの有害な紫外線（波長の短いUV-B）が地表に多く到着するようになり、生物の遺伝子を損傷させ、人間の場合では皮膚癌を多発させるに至る、と懸念されたのです。

そこで、後述のような教訓深い紆余曲折があったものの、1985年には、オゾン層保護条約（ウィーン条約）が、そして、実体規制を定めるモントリオール議定書が1987年に、それぞれ定められました。国内的には、1988年に、オゾン層保護法が制定されて、生産や使用に関する規制が始まり、さらに、2001年には、回収や廃棄・破壊処理に関する規制を定めるフロン回収破壊法が制定され、世界でも先進的な取り組みが進められています。

人体にとって直接には無害な物質であるフロンを、環境破壊の予想を理由に規制することは、その構成自体が特異ですが、その予防的な性格に加え、国際主義的な政策の原点、嚆矢となるものでもありました。国際主義的な性格は、その後の「第二世代」の環境政策が同様に特徴的に有するもので、地球サミットにも影響を与えました。

2　政策導入の障害

(1) 予防的な政策であったことによる障害

オゾンを高い効率で酸素に戻してしまうと主張されたフロンに対し、実際に何らかの政策的対応が取られたのは、1970年代後半からでした。OECDを中心とした活動により、主要な生産国（当時は、先進国のみが生産をしていた）が生産設備の増強を行わないことなどを申し合わせ、自主的に実行しましたが、法的拘束力のある排出規制などは条件が整わず、実施されませんでした。それが可能になるのには、前述したモントリオール議定書が必要だったのです。

(2) 国際法と国内法との二つのルールが律することによる障害

本件のケースでは、国際ルールが、国内ルールに先行して存在しました。仮に国際ルールがない場合では、国際貿易される物品の規制を日本単独で予防的に行うことは事実上できないでしょう。したがって、これからの地球環境保全では、基本は、多国間ルールの積極提案を通じてそれが果たされるように努めることになると思われます。多国間の場でイニシアチブを取る際に、仮に国内に妨げる事例があると、それが国内外全体の環境発展の一つの障害ともなることを銘記する必要があります。

他方、フロンの場合のように国際ルールがあった場合、それをそのまま履行すればよいのであって、国内へ適用するにあたり環境保全のための知慧を追加する必要はない、と主張することも可能です。国内的に義務が上乗せされることを嫌った産業界などは、実際にそう主張しました。日本は国際主義を取っているので、国会で承認され、加入手続きがなされ、その約束が発効していれば、国際約束をそのまま国内執行することも可能です。仮に国際約束が実務的に細かく出来ていれば、こうしたことが考えられなくはないのです。

(3) 規制して義務付ける対策の範囲、対象者を広くする場合の障害

フロンについての国際約束は、基本的には生産量（正確には、生産量から輸出入量を加算・減算した量）を制限すれば十分だ、という考えに立っていました。生産されたフロンの蒸発は止められず、いつか必ず大気に放出されるという割り切った考えからです。確かに、フロンは証拠を残すことなく蒸発する上、フロンの使用の現場への査察の仕組みを持っている国も多くはないでしょう。

しかし、当時の環境庁は「生産済みのフロンは大気に捨ててよい」というルールが環境保全に反すると考えました。そもそもオゾン層を守るには大気中のフロン濃度を下げなければならず、そのため

には、ルールを守って生産されたフロンであっても、その使用者が循環利用などをすべきで、使用者側で循環利用する対策を行えば、生産量と使用量との間のギャップが縮まり、生産規制が円滑に行えると考えたのです。

これに対し、産業行政部局は、フロンが循環利用されることで排出抑制が個々には進んでも、余ったフロンは誰かが使うので、結果は、結局、全量が放出されるのではないかとしつつ、前述の、「国際約束＝必要十分な対策」論を持ち出して対抗しました。

この議論は、実はかなり屈折した議論だといえます。通常の政策立案では、まずは副作用の少ない排出抑制を行い、それでも成果がない場合に初めて、物質の製造自体を自由に行えないようにする政策が選択肢に上がってくるのが通例です。つまり、汚す行為が悪いのであって、汚れの元になるかもしれない物質や物品を作ること自体には可罰性を認めないのが通例なのです。にもかかわらず、オゾン層保護の国際的な規制では、（おそらく、代替品が開発されたため）排出規制を飛び越え、一遍に生産規制を選択しました。法律は、硬直的な道具であって、規制の強さと実現したい利益の均衡を求めます。生産規制という強い刀を抜いてしまった時に、使用者への規制はどうしたらよいのか、こうした問題を国内法制上どう理解し、解決しようかと考えると、直ちには答えがなく、混乱が生じるのは避けられないところでした。

（4）規制権限の帰属を巡る行政部内の軋轢

オゾン層保護の国内法制整備を巡って、環境庁と通産省（いずれも当時の名称）とは、半年以上の相当長期にわたって権限争いを行いました。それは、日本の縦割行政制度上、通産省は、およそ物品製造全般を所管していたためです（医薬品とか農産物、農薬などを除く）。通産省は、産業経済の発展などに責任を持つ官庁ですが、所管対象については、その揺り籠から墓場まで面倒を見るのが、縦割の縦割たるゆえんです。物品製造に伴うさまざまな問題は、その業の健全な発展を支えるという観点で、通産省の、いわば宸襟《しんきん》を煩わす問題として扱われます。

そこで疑問となるのが、経済発展を所管する官庁がついでに環境保全の責任を正しく果たせるのか、チェック・アンド・バランスが必要ではないのか、という点です。

3　障害の克服策

(1) 予防的政策では、兆候の早期発見、合意の段階的なステップアップを活用

1970年代後半からは、OECD加盟先進国による自主的な、非法律的な対策が進められてきましたが、1985年に至り、締約国がそれぞれに自主的な対策を取ること、国際的には、科学的な研究を強化し、フロンがオゾン層を壊すことが判明したら、一層実効ある対策を国際約束の下で行う、といった穏当な内容の条約が結ばれることとなりました。これがオゾン層の保護に関するウィーン条約です。この時、日本は加入に動きませんでした。「条約の実質的内容が乏しく、加入の価値がない」と判断したのかもしれません。

ところが、85年末に、南極上空のオゾン層が南極の春の時期に劇的に減少するオゾンホールが発見され、国際世論は沸騰。わずか2年にも至らぬ外交交渉を経て、フロンの法的規制を行うモントリオー

ル議定書が採択されました（1988年）。

議定書が迅速に採択されたことには、もう一つの背景事情がありました。環境悪化の現実（南極オゾンホールは、仮説の顕在化と思われました。しかし、実際は、仮説とは違うメカニズムでした）があったことに加え、米国のデュポン社によるフロン代替品の発明があったことです。

教訓的に言えば、仮説だけでは規制はできず、何らかの環境破壊の現実があり、他方で、対策の実行可能性が出てきて初めて対策に踏み切れた、ということがまずは重要です。しかし、幸い、オゾン層の破壊の場合では、オゾンの減少を検知した段階で、つまりは、被害にまでは結び付かない段階で対策が取られたので、このことは特筆に値します。

また、法的な国際約束を、いわば2段式ロケットで構成することも、この時に効果が実証された（国際）合意形成手法です。異論のない枠組みをまずは合意し、細目は、後日定めるという手法であり、地球温暖化対策を発展させるためにも用いられました（欧州だけのケースですが、酸性雨対策も2段式であり、実体規定のあるヘルシンキ議定書は1985年の採択です）。

（2）国際法ともう一つ工夫した国内法との二つのルールの活用

フロン規制の場合には、後述（3）の論点で環境庁側の主張が概ね通ったので、国際約束よりも幅広い内容を盛った国内法が通産省、環境庁の共管法として制定されました。

なお、このオゾン層保護のケースをいわば前例に、それ以降のケースでは、単に条約執行法というだけでない、条約上の義務をよりよく果たすために独自法のスタイルで、国内法を通じて、日本の足元で地球環境を守る、という趣旨の立法が頻繁に見られるようになりました。国際法(対策)と国内法(対策)とはインタラクティブに発展する関係にあることを明確に示しているのが、このフロン規制・オゾン層保護法制であると思われます。高いレイヤーで解決すべきことは、積極的に高いレイヤーで解決するのがよい、ということもできるでしょう。そうした国内外の相互刺激のある中で発展していったわが国の制度の一つが、フロン回収破壊法です。

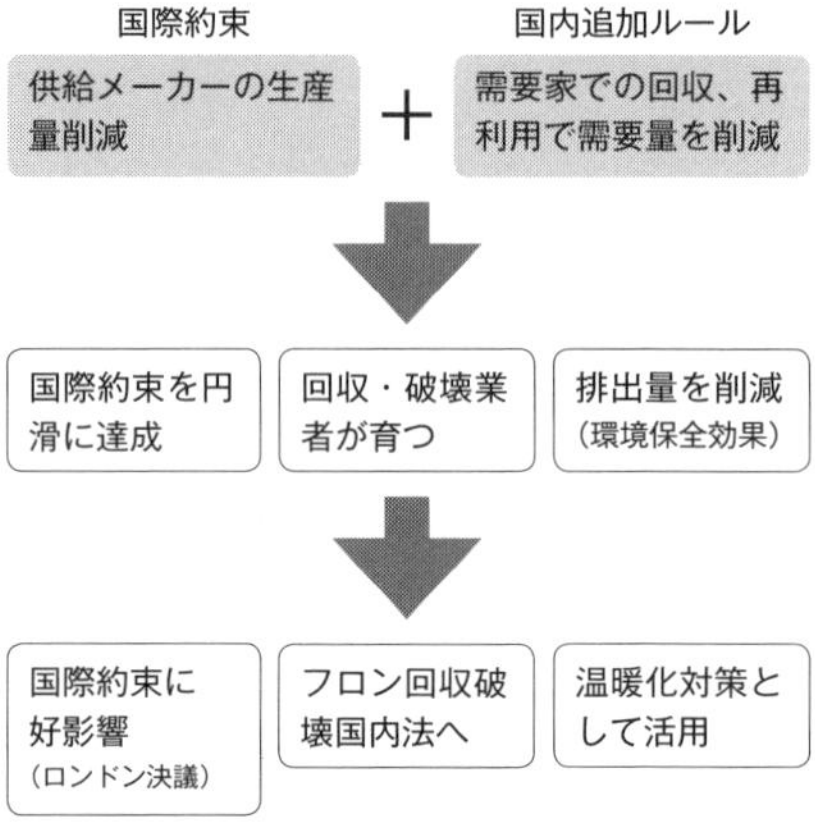

図12　フロンの削減：マルチ・ステークホルダーの参画が効果を生み、協力が共進化していった例

(3) 幅広い関係者の役割づくり

生産規制と使用場面での対策とを併用することの可否を巡る議論は、環境庁の主張する方向で収束し、法律の中では、フロンの使用者に対し、排出抑制指針という技術的な事項を盛ったガイドラインに基づき指導が行われ、フロンの排出抑制に努めるとの規定が設けられました。

一般化することは難しいのですが、環境保全の義務を特定の主体に片寄せすると、法の執行は容易になる一方で、不公平感が募ったり、実際に、対策がカバーする範囲の外で環境負荷が生じたり、抜け道が生じたりしやすいものです。他方で、多数の主体を登場させると法ルールが複雑化します。このため、多数の主体の登場は立法テクニック上は往々好まれません。しかし、本例は、関係する複数のステークホルダーの役割を、最初はたとえ初歩的であっても定めておくと、それが、時を経て育っていき、対策全体が自律的に向上していく可能性が出てくることを示したものと、今日の眼では評価できます。

(4) 物所管・産業振興の責任と環境保全の責任との一つの制度の中での共存

わが国においては、行政の対象については、漏れがない建前になっていて、たとえば、物資やエネルギーであれば、かつての通商産業省、今日の経済産業省が所管ということになっています。しかし、各官庁の権限行使は法律に基づくものでなければならず、仮に所管をしていても、所管の仕方が特定の公益実現のためだけのものになっていることがむしろ通例です。そうなると、その公益でない別の公益で、当該所管にかかわるたとえば物資の製造や使用を規制する必要が出てくると、権限争いが起こることになります。元からその対象を所管し、ある特定の公益の実現を目的とした官庁から見れば、別の公益からの規制を行っていないのは、規制の必要がないからだと無理に思うことすらできる仕組みです。それでは、権限争いは熾烈にならざるを得ません。

フロン規制・オゾン層保護のケースでも、権限争いがあり、結果としては、一つの法制度の中で、フロン生産規制、オゾン層保護は、前者は通産省、後者は環境庁権限となり、排出抑制のための指導は、両者の共管との整理で落ち着きました。

一つの制度として共管されたことは前進ですが、これが今日時点の立法であれば、中央省庁改革基本法（1998年）の規定に照らし、生産規制についても、その目的に環境保全が含まれている以上、環境省の最小の関与の場合でも、環境省に同意・拒否の権限のある協議としての参画を求めるのが筋であると思われます。社会にはさまざまな公益があり、一つの政策が、いくら一つの公益の達成に専念しようと試みても他の公益になにがしかの影響を与えてしまうことを前提にすれば、単に、省庁間に権限を配分し、棲み分け（デマケーション）するという解決ではまだまだ不十分、と今になっては考えます。

4 その後のオゾン層保護対策の発展の評価

以上のようなアプローチでオゾン層保護対策は設計され、出発しました【図12】先進各国が成功裡に特定種類のフロンの生産規制を進めたことを受け、オゾン層を破壊する可能性のある他の物質（たとえば、水素を含むＨＣＦＣ、四塩化炭素など）にも規制が広がっていきました。また、途上国にも、10年から20年といった猶予期間を設けて規制が広がっていきました。

さらに、生産規制だけでなく、フロン等の使用者に排出抑制の努力を義務付けたことを基礎に、わが国では、２００１年にフロン回収破壊法が制定され、フロンをみだりに大気中に捨てることなく使い回し、不要になった場合は破壊処理をする仕組みが整えられて、さらに、２００６年には改正も行われ、排出抑制の制度は相当程度に効果的なものとなっていきました。国際的にも、生産規制に加えて、排出抑制を行うことは（国際的な義務付けまでは行われていませんが）奨励されるところとなったのです。排出抑制や破壊の仕組みは、後発の地球温暖化防止策の中でも、オゾン層を破壊はしないが強い温室効果を有するフロン代替物質の対策として、国際的に定着するようになっています。

以上のような内外の取り組みの結果、①大気中の各種フロン類の濃度は早く規制をされた物質を中心に確実に低下し、②成層圏でオゾンを破壊する物質の濃度も、90年代後半をピークにして低下しつつあり、③肝心の大気中オゾンの全量も、２０００年代初頭を底として近年増加傾向に転じ、④21世紀中葉には、オゾン量は、１９８０年代初頭の水準に復帰すると見込まれるに至っています（皮肉なことに、温暖化の進行による成層圏の冷却が、オゾンの破壊量を減らすことに貢献しています）。

国際レイヤーでの仕事として、途上国を支援することが重要であり、まだ強化が必要ですが、総体として見れば、オゾン層保護対策は、内外で順調に発展したと評価できるでしょう。また、環境上の良好な効果も見込める段階にも差しかかっています。

第五節　エネルギーの利用を規制する事例

次のケースとして、地球温暖化防止を理由に、エネルギー利用のあり方へ制限を設けていく動きを考察しましょう。地球温暖化対策は、ここ20年程の間、環境政策の第一順位の優先項目であり続けています。他方、エネルギー政策は、特にわが国では、経済政策の中でも聖域度が高く、この分野への環境公益の組み込みは大きな挑戦を意味して、さまざまな摩擦を生んできました。海外諸国でも、エネルギーの利用への制限は経済を直撃するため、やはり多くの困難や障害を生んでいますから、日本だけの障害ではありません。

1　政策の要点

CO_2などによって地球の気温が温暖化していること、すなわち、温室効果ガスの存在と効果については、すでに19世紀末から、科学者には認識されていました。

その後、１９５０年代の地球観測年を迎えてCO_2の長期連続精密測定が始まり、地球大気中のCO_2増加が認識されるようになりました。１９８０年代後半には、観測に加え、コンピュータによる気候シミュレーションが進歩し、これらの成果を踏まえ、地球は、温暖化の危機に陥りつつあることが警告されるようになったのです。

１９８８年に至って、国連機関が正式に活動の対象として地球温暖化問題を取り上げることとなりました。ＷＭＯ（世界気象機関）とＵＮＥＰ（前出の国連環境計画）とが共催で運営するＩＰＣＣ（気候変動に関する政府間パネル）を設け、ここに参集する科学者が、既知の科学的知見を整理、編集して解釈し、政策決定者に伝える仕組みを整備しました。１９９０年には、ＩＰＣＣから、最初のレポートが出され、相当に高い確度で人為によって現に温暖化が進行しており、対策を取るべきことが訴えられました。また、国連の下で、オゾン層保護の場合に倣った枠組み条約の制定に向けた外交交渉も始められました。外交交渉は、１９９２年のリオ地球サミットでの署名が政治的に目標となったために、精力的に続けられ、実際に所期の成果を収めることになりました。これが気候変動枠組条約です。

また、その発効直後の第１回締約国会議において、先進国に限ったものではありますが、これまたオゾン層保護の場合と同様に、実体的な規制を定めるため、要旨、「数量的な排出抑制又は排出削減のための目標を有する議定書等の法的文書を第3回の条約締約国会議において採択する」との作業計画が決められたのです（ベルリン・マンデート）。そして、1997年に京都議定書が採択されます。

この過程で、先進各国でもわが国でも、地球温暖化防止のための環境政策が整備されていきました。わが国の場合は、1998年に地球温暖化対策推進法が制定され、内容は逐次的に強化されていきましたが、環境法制の立場からエネルギーの利用自体に制約を加えられるようになったのは、実はずいぶんと時間が経ってからでした。他方で、エネルギー法制では、環境保全目的を明示させずに、省エネや新エネ利用を進めるための規制の強化が行われ、環境目的に条文上言及したのはこれまた相当に時間が経ってからのことでした。

経済政策の本丸・本拠地の一つであるエネルギー政策と、その外にある環境政策との統合は、大きな課題です。私はIPCCの設立総会に参加し、京都議定書に関する国際交渉にも終始参画、また、地球温暖化対策法の制定と、その後の2回の改正も担当しました。そこで以下では、これらを通じて経験した、エネルギー政策と環境政策との統合が進む過程で生じた障害や試みられた克服策についての知見を考察してみましょう。

2　政策導入の障害

地球温暖化対策の場合にも、オゾン層保護対策の場合と同様、全地球的な問題である以上、国際法と国内法とのせめぎ合いや相互依存といった問題も見られます。以下では、オゾン層保護対策の場合と共通する障害や克服策については考察を割愛し、温暖化対策に比較的特徴的に見られた障害などを考察の対象とします。

（1）将来の危険への対処の難しさ

オゾン層破壊に伴う紫外線の増加と皮膚癌の増加や農業生産の減少といった危険は、将来のことではありますが、不確実性は決して低くはありません。地球温暖化の仕組みは（温室効果ガスが赤外線に不透明ということは疑う余地なく物理的に明確ですが）、地球の気候システム全体の挙動にかかわることなので全体として一層複雑で、不確実性が一層高く、仮に予測が当たるにせよ当たらないにせよ、対策実施に伴う困難も、また、環境が実際に悪化した場合の人間社会に与える影響も、ともに一層大規模になると考えられています。

水俣病の場合でも、科学的な因果関係を巡って延々と議論があり、これに時間が費やされたために、最初の被害者の発見から10年以上もの長きにわたって有害な工場排水の規制が行われませんでした。この例に照らせば、地球温暖化については、科学的な不確かさを言挙げて、さらに対策を引き延ばすことは大変容易だということもできます。

地球温暖化防止のような、予防的で大規模な対策は、そのための特別の配慮のある仕組みが必要になるのです。

（2）エネルギー政策側の総合判断としての環境対策と、環境保全側の考えとの摩擦

前述の地球温暖化対策推進法以前にも、エネルギー関係諸法律は、地球温暖化防止の必要性の高ま

りに応じ、新制定や既存法の改正・規制強化を続けていました。そうしなければ「エネルギー政策は環境問題に対応していけない」と評価され、環境にかかわるエネルギー政策は経済産業省以外の官庁（たとえば環境省）が行うこととなって、権能を減じられるおそれを、エネルギー政策関係者が感じていたからだと想像しています。しかし、その際に取られた方法は奇妙なもので、環境保全は法律の目的に含められていませんでした。エネルギーに関する総合的な判断を規制当局が裁量的に行う中で、結果として（副作用的に）環境保全も果たされるという位置付けだったのでしょう。

一例を挙げると、エネルギー使用合理化法（いわゆる省エネ法）の目的は、「内外におけるエネルギーをめぐる経済的社会的環境に応じた燃料資源の有効な確保に資するため、……もって国民経済の健全な発展に寄与することを目的とする」としており、代エネ法（石油代替エネルギー供給促進法。代エネの供給目標を定める法律）や新エネ法（新エネルギー利用促進特措法）もほぼ同様の目的規定を置いています。ここで、地球温暖化へ対応することは、「経済的社会的環境に応じ」ることで読めることが条文の理解だと説明されることが多かったように記憶しています。しかし、目的を明示しないままで、目的公益と手段たる規制による不利益との均衡が果たして図られるのか、疑問を生じさせても仕方ない構成と考えられます。ここには、環境問題には正規にはコミットしたくない、といった気持ちが隠れていると、たびたび感じました。

また、環境法制の中でのエネルギーの言及の仕方を見ると、CO_2という温室効果ガスの排出が危険なので、その排出を抑制するという構成に徹底的に立っており、後述の克服策の項で紹介する例までは、エネルギーへの言及を避けてきました。正確には、政府内の調整の結果、環境庁はエネルギーへの言及を認められてこなかったといえましょう。化石燃料を使えば大なり小なりCO_2は出てくるのであり、また、生じたCO_2を煙から取り除いて回収し安全に捨てる技術的手法が確立していない以上、CO_2の排出とは化石燃料の使用と同義であるはずです。それにもかかわらず、エネルギーの使い方に関する言及は環境法制からは行われません。大変に奇妙な棲み分けであり、その趣旨を端的に言えば、エネルギーにかかわる環境政策は、経済部局が聖域化させて治外法権に置いていたと評価されても不思議ではなかったのです。このような治外法権状況の程度は、物資や業の所管における環境保全の扱いの場合よりもなお一層著しい、と感じたところです。

こうした状況では、エネルギーを巡る他の公益、すなわち、経済成長の妨げにならないように、量が安定して供給されること、そして、価格安く供給されることとのトレードオフの中で、環境保全が十全に達成されない弊害がありました。

(3) 産業構造、経済成長経路へ影響を与えたくないとの考えとの相克

環境政策は、経済に影響を与えるものです。環境負荷の大きな産業部門は比較的多額の環境対策費用を負担し、環境対策のなかった時に比べ、他の産業部門よりは相対的に不利になる、これは避けて通れません。

ところで、CO_2削減対策の場合には、一つには、あらゆる産業にかかわる影響を持ち、その一方で、エネルギー多消費の特定の産業、具体的には高炉製鉄業などに対しては、他と比べて極めて大きなインパクトを与えます。こうしたことから、環境政策部局と産業界とは強い緊張関係に置かれます。

さらに、CO_2対策は、エネルギー多消費産業の国際競争力に強い影響を与えます。この分野でわが国の競争相手に育ってきた中国や韓国が、先進国のような排出量の上限枠目標を持たないために、同じ生産量当たりでは安い環境対策費で生産を行えることになるからです。

産業界は、CO_2を全世界で効率的に削減するのであれば、限界削減費用を各国で同一にすべきであると主張します。この場合の限界削減費用のオペレーショナルな定義は不明であり、詳細は説明ができませんが、要すれば、日本での削減コストは外国よりも高い、これは、すでに日本では省エネが進んでいるからであり、そうした日本でさらに削減をするのは反対だ、ということにあると思われます。

ところで、限界削減費用が問題であるなら、世界各国間の排出枠の初期配分の如何によらず、各国間で自由に排出枠取引をすれば、排出枠価格は最小に落ち着くはずです。しかし、産業界は排出枠取引にも強く反対しています。したがって、産業界の真意は、限界削減費用の違いにあるとは思えません。仮に限界削減費用に拘るなら、CO_2の限界削減費用とは、経済学的には、大気をCO_2の最終処分場として使う場合の費用であり、さらにいえば、生産に必須の要素としての環境の価格である以上、環境の価格が各国の国内市場で同一であるべきという主張は、もっともに聞こえますが、しかしそうであれば、たとえば、人件費価格も、内外無差別の同一価格であるべきだと主張すべきことになります。けれども、そうした主張は必ずしもなされていません（仮に主張をすると、移民の自由などを認めることとなるはずです）。この面からも、生産要素費用＝汚染限界削減費用世界同一論がそれほど深い理詰めの主張でないことがわかります。言葉を変えれば、「ご都合主義」ともいえましょう。

それでもなぜ、限界削減費用、すなわち生産要素たる環境の価格が他国と異なることをもって直ちに不公平と断じられるかといえば、環境対策は人件費とは異なって余分な費用であって、余分な費用は払いたくないとのマインドセットがあるからでしょう。これはつまり、感情論です。しかし、感情論だからといって、どうでもよい、無視・放置してよいわけでは全くありません。むしろ、その取扱いは重要です。特に、感情が、政策に関する合意形成を一層難航させる要因になるからこそ、注意して扱うべきなのです。

ごく最近の、ポスト京都議定書交渉で日本の削減幅・削減目標をどう定めるべきかを検討する過程でも、産業界の強い主張を受け、将来の日本の産業構造や経済アウトプットを変更しない（具体的には、高炉製鉄の粗鋼生産量を維持するなどの）ことを前提にして、技術的に可能な削減幅やその場合のコスト計算がなされました。このことに見られるとおり、「環境政策は経済に影響を与えてはいけない」という思い込みは本当に根強いものです。環境政策担当者は、この点をしっかり頭に置いておかなければなりません。

3　障害の克服策

(1)　科学者の声をまとめる仕組み

地球温暖化対策の場合にも、オゾン層保護の場合と同様に、予防的な政策に伴う問題があります。地球温暖化の場合、予防的な対策の実施に伴うインパクトも、科学の予測や対策が誤った場合のインパクトも、それぞれに極めて大きいため、オゾン層保護の場合よりも一層有効度の高い克服策が必要になりました。このため、１９８８年にＩＰＣＣが設けられたのです。

これは、世界の科学者の声を集約して政策当局に伝える国際的な仕組みです。この仕組みでは、独自の研究を行うのではなく、世界の学会で査読を行った上で発表された論文を、多数の専門学者がさらに読み込んで、それら論文を通じてどういうことが確かなものとしていえるのか、に関して相当に厳しい議論をした上で、一致点をレポートにして、施政者に届ける仕組みなのです。

従前の例、たとえば、わが国での二酸化窒素環境基準の改訂時などでは、科学者の声が、規制反対の立場からの研究委託などでかき消されたりしたことがままありましたが、科学の独立を確保する仕組みが、このＩＰＣＣという仕組みによって世界的に整備されたといえましょう。

しかし、ＩＰＣＣが順調に発展し、信頼を集めたわけではありませんでした。クライメートゲイト疑惑と称される批判が起きました。インナーサークルの学者たちが、世界の危機感を盛り上げるためにデータの改ざんを行っているのではないか、との批判が生じたのです（２００９年）。これに対しては、徹底的な内部監査が行われ、改ざん行為がなかったことは確認されました。さらに、事実解明に留まらず、レビュー過程の厳密化、客観化などを行う改革も実施されました。一方では、CO_2非主犯説や地球寒冷化説なども流布されています。これら温暖化懐疑論に対する扱いが小さいのではないかといった批判も出されました。２０１４年に公表された第５次レポートでは、そうしたことも含めて、一層科学的に確かさが高くなるよう手続き的にも厳重なチェックが行われました。

一般化して述べれば、どのような環境問題であれ、政策決定者が、科学的知見の真偽まで判断するようになると、利益相反が起きる可能性もありますので、科学的な知見を、政策的な判断とは別にまとめる仕組みの整備は有用と考えられるのです。

(2) 環境政策とエネルギー政策との統合の場の設定と拡大

エネルギー使用に伴うCO_2の排出という一つの事象に関して、エネルギーには触れないアプローチ、環境には触れないアプローチが併用されるのは、合理的ではありません。仮に、環境行政の立場から見れば、本来は、環境目的で行使すべき権限を、環境目的抜きに行使する、という借用的な建て付けに甘んじている、という批判が生まれることになります。

このような事態を変えていくため、環境行政担当者は、エネルギーに言及するというドラスティックな対応を直ちには行えなくとも、温室効果ガスの排出抑制の切り口から、温暖化対策にかかわる法的ルールの充実を図っていき、エネルギー政策の、環境政策を意識したステップアップが必要になるように促していきました。このような観点では、1998年の地球温暖化対策推進法の制定自体も重要で、さらに、2005年の地球温暖化対策推進法改正による、事業者ごとの温室効果ガス排出量の算定及び公表にかかわる制度の導入や、翌2006年の、国際排出量取引にかかわる京都メカニズムをわが国で利用可能にするための同法の改正、具体的には、海外での削減量(先進国の議定書上の排出枠の削減結果の余剰分や途上国でのプロジェクトベースの削減量〈CDM〈クリーン開発メカニズム〉による国際認証された削減クレジット〉)をわが国の中で転々売買したり、削減量に算入できるようにしたりするための民法等の特例などを設けるための地球温暖化対策推進法の改正(こちらは私が担当)が重要です。これらの改正を通じて、地球温暖化対策制度の実効性が高まり、エネルギー政策上の対応も必要になっていったからです。

こうした中、次のような三つの場での統合が実施され、あるいは試みられていることも重要です。

①第一は、省エネや新エネの普及を補助金等を通じて推進する場面です。この場面では、エネルギー安定供給も価格の高騰防止も、低炭素化も、一つの制度として実施される必要があります。同じ内容なのに二つ制度があるのでは、補助金の原資を負担する者や国民には理解できません。そこで、２００２年の環境・通産両省庁の調整を経て２００３年に、石油税の制度が改正され、それまでは課税されなかった石炭も含めて課税するほか、かねてより課税されていた他の化石燃料の税率も引き上げられ、これらによる税の増収分で、地球温暖化対策を支援する制度が設けられました。具体的には、税法上は課税の趣旨は書かれませんでしたが、その税収を、社会に還元する石油石炭特別会計では、明示的に、地球温暖化対策への寄与が謳われたのです。これにより、エネルギー政策と環境政策とを同じ土俵で運営するための枠組みが初めてできたことになります。この制度は２０１２年にさらに改正され、税率がもう一段高くなったほかに、税率などを定める税法に、これが温暖化対策を推進するための税制であることが明記され、政策統合が一層強まりました。

②補助金の場面での統一土俵づくりを受け、環境法制の中でのエネルギーへの言及もようやく行われるようになりました。これは、地球温暖化対策推進法の２００８年改正条文です。この際には、大規模な地方自治体には、その区域内からの温室効果ガスの排出抑制を進めるための施策に関する計画を策定することを義務付け、計画に定める施策の一事項として、新エネルギー

の利用促進を明示的に位置付けたのです。また実際、東京都は同じく2008年末に都の条例を改正し、大規模事業所に対して温室効果ガスの排出総量の規制（超過削減量の他の事業所への移転〈いわゆる排出量取引〉も積極的に認める）を2010年度から開始することとしましたが、CO_2排出規制はエネルギーの使用の仕方に関する規制であるところ、これが疑義なく可能とされた背景には、この地球温暖化対策推進法で、自治体がエネルギーについての施策を行うことへの言及があったことがあると承知しています。

③また、エネルギー政策のほうからの環境への言及が行われるようにもなりました。その嚆矢は2002年のエネルギー政策基本法です。その目的条文では、「……もって地域及び地球の環境の保全に寄与するとともに、わが国及び世界の経済社会の持続的な発展に貢献する」ことを謳い、エネルギー基本計画を、そうした目的に叶うよう定めることとされています。また、個別のエネルギー政策を定める法律についても、2002、2003年頃以降を境目に、経済産業大臣がエネルギー行政上の方針などを定める際に、環境大臣を明示して協議を行う規定などが盛り込まれるようになってきました。

以上のように、共通の土俵で一緒に役割を果たせる仕組みづくりが重要であり、そうした仕組みを徐々に整備してきたことが、障害克服の知慧といえましょう。

(3) 経済の姿への地球温暖化防止の観点の組み込み

この点では、地球温暖化のみに直接かかわって、経済と環境との軋轢を緩和し、解消していくための、抜本的なよい知恵が開発されたわけではありません。

しかしながら、環境保全が経済にもよい影響を与えることが、特に海外で強調されるようになり、「グリーン・グロース」といった経済戦略が登場してきました。これに伴い、環境が経済に影響を（よい方向に）与えても構わないという雰囲気が出てきています。エコポイント政策が国内における代表例です。

とはいえ、総じて見れば経済への地球温暖化対策の組み込みは、エネルギー政策への組み込みに比べれば遅れており、個別に事例を積み上げていく段階にあるといえます。

4　その後の地球温暖化対策の発展の評価

２０１１年に東日本大震災がわが国を襲いました。これに伴って発生した福島第一原子力発電所の炉心溶融・水素爆発で、国土の放射能汚染をきたし、このため、原子力発電所の安全確認が必要となって、ほとんどすべての原子力発電所が停止した状態にあります。他方で、かなりの節電は行われているものの、エネルギー量確保のため火力発電所の焚き増しが必要になって、CO_2排出量は増えざるを得ませんでした。

京都議定書におけるわが国の目標は、幸い２０１１年までの削減努力やＣＤＭクレジット等の貯金もあって守られましたが、欧州やオーストラリアは参加する京都議定書の第二約束期間（２０１３年から２０２０年の８年間）には、日本は加わるとの判断ができず、地球温暖化対策の国際的な進展については、途上国支援以外では、目立った貢献ができないなど、勢いのない状態に日本はあります。

大震災の影響は極めて大きいと言わざるを得ません【図13】。

こうした中で、エネルギー政策と環境政策の統合的な推進に向けては、若干の歩みがあります。

一つは、エネルギー政策の帰趨《きすう》に大きな重みを持つ原子力発電に関し、その推進の立場と規制の立場が切り離され、規制の立場は、環境省の傘下に置かれた原子力規制庁が担当することとなったことです。

二つ目は、２０１１年秋以来、官邸の国家戦略室の主導で、エネルギー・環境会議が開催され、革新的エネルギー環境戦略といった、２分野統合的な政策方針が決められるようになったことです。２０１２年末の政権再交替に伴い、国家戦略室は廃止され、２０３０年代に原発ゼロとの方針は見直され、原子力発電の電源全体に対するシェアを２０３０年度には22~20%にするとの見通しによって置き換えられましたが、エネルギー環境

2002年	京都議定書に日本が加入。
2003年	石炭への課税の開始。税収は省エネや再生可能エネルギー対策に使う。
2005年	企業に対し、温室効果ガス排出量の算定をして公表することを義務付け。
2005年	京都議定書目標達成計画を閣議決定。例えば、2008年～12年には、温室効果ガス全体の排出量を90年比で0.8%から1.8%削減する方針を確定。残りは、森林吸収量の増加や国外削減。
2006年	国外の削減クレジットを日本国内で売買することに関する法規定を整備。これにより排出量取引などの京都メカニズムに日本が対応できることになった。
2008年	企業の行う対策を、エネルギー法に基づく政策ではなく、温暖化対策として政府が指導できることとなった。自治体がその区域からの排出量を削減する計画を義務的に策定することが決められ、自治体がその判断でエネルギーに係る環境政策を行えることがはっきりした。
2010年	東京都が、超過削減量の取引を認めた上での事業所別排出総量規制を条例に基づき開始。
2011年	3月、東日本大震災発生。原子力発電所が順次停止。その後2015年の本稿執筆時まで原子力発電所はほとんど稼働されていない。
2011年	再生エネルギー発電電力の固定価格買い取り制度（FIT）の導入を決定。
2012年	すべての化石燃料に、含有炭素分当たり一定額の上乗せ税（石油石炭税に上乗せする地球温暖化対策税制）の課税開始。14年、16年にも段階的に課税強化。税収は、省エネや再生可能エネルギー対策に使用。
2014年	7月に、政府は、京都議定書の目標達成を公表。

図13　京都議定書に関する日本の歩み

戦略といった2分野統合的な政策の考え方自体は何らかの形で維持されると見込まれます。

地球温暖化対策というモーターの力が、（国際的には重要度が増しているにもかかわらず）国内的には弱まったとしても、原子力発電の取り扱いという難問がある以上、エネルギーと環境との統合的な政策運営に向けた歩みが引き続き進むのは間違いないといえます。

第六節　都市における諸活動を規制する事例

ここで、都市という舞台で行われる活動への環境保全の組み込みにかかわる新機軸政策を紹介します。まずは舞台である都市そのものの作り方に対する環境からの新機軸政策の例を見ていきましょう。

1　政策の要点

都市には人間が集中し、これに伴い事業などの諸活動が集中します。したがって、一つひとつの活動の環境負荷が小さくとも、集合すると、看過できない環境の汚染や破壊が生じることになりがちです。

ここでは、こうしたものの典型として自動車排気ガス問題を取り上げ、その克服にかかわる新機軸について考察してみましょう。

都市における粒子状物質（Particulate Matters、ＰＭ）、あるいは窒素酸化物（ＮＯ×）による大気汚染は、工場起因のものについては1980年代にはほぼ対策が終了し、専ら自動車排ガスやディーゼルトラックに起因するものへの対策がそれ以降焦点となっていました。自動車排ガス対策では、国が窒素酸化物対策に重点を置いて規制強化を図ってきたため、浮遊粒子状物質による大気汚染の改善が劣後してしまっていたのです。このことが、石原東京都知事（当時）が、ペットボトルに黒いディーゼル粒子を入れて、規制の不足を訴える、たびたび見ることのできた有名な場面の背景にありました。

ところで、自動車一台一台の対策強化によって都市の大気汚染を改善することはできますが、東京で一番汚染された交差点で環境基準を排ガス規制のみによって守ろうとすると、それ以外の場所では不必要な過剰規制となってしまいます。自動車は国際商品なので、国際的に必要な程度を超えて規制をすると、国際競争力も損なってしまうでしょう。他方、仮に車の使い方や、交通集中発生施設の配置や道路網などを環境政策の対象とすることができるなら、不要に厳しい自動車排ガス規制を避けることもできます。

このような代替的な対策が考えられるにもかかわらず、伝統的な環境政策は信号制御などを除き、事実上自動車排ガス規制一本で対応してきました。

こうした中、2005年にディーゼルトラック等の排ガス規制を、世界で一番厳しい水準に引き上げる規制強化（ポスト新長期規制と呼ばれる）が行われました。その一方で、2007年の「自動車から排出される窒素酸化物及び粒子状物質の特定地域における総量の削減等に関する特別措置法」（以下、大都市自動車NO×・PM法）の改正では、都市側での対策を初めて法律に位置付けるように図り、より新しいポリシーミックスが整備されました。

２　政策導入の障害

（１）自動車メーカーの利害の理解と調整

この政策の導入の際には、自動車製造業が規制強化を納得するに当たって、長期的な展望や内外の均衡、その実施時期などを巡って説明や調整が必要になりました。自動車排ガス規制の長期方針は、世界を睨んだ上での、優れて経営的な判断であるからです。

（２）環境の観点を明示して土地利用を行うことへの抵抗

都市政策は、総合的な行政であって、都市計画法による用途規制、住工分離や再開発等の事業、それらを担保する建築基準法の体系によって、都市の経済性や資産価値、利便性、防災、衛生、美観などを総合的に向上させる仕組みです。都市計画法の目的（第１条）には、「……都市の健全な発展と秩序ある整備を図り、……公共の福祉に寄与」することが謳われ、この目的を果たすための手段としての都市計画については、基本理念（第２条）として、「……健康で文化的な都市生活及び機能的な都市活動を確保すべきこと」、「このために、適正な制限のもとに土地の合理的な利用が図られるべきこと」を定めています。直接的な文言が入っているわけではありませんが、都市政策は本来、環境保全を内包し、内部目的化しているのです。

しかしながら、都市的な政策でどこまで都市環境の質を確保すべきかに関しては特に定まった基準がなく、都市政策当局の裁量に委ねられていました。たとえば事業の面ではすぐれた環境改善につながる事業があったり、道路等の開発に際する環境影響評価が行われて対策が講じられたりするにしても、最も中心に置かれた「土地の合理的な利用」に関する「適正な制限」の面では、あまり進歩がありませんでした。工場が建てられない住居地域や逆に住居が建てられない工業専用地域といった地域区分を設ける典型的な用途規制以外には見るべきものがなかったのです。総合行政への環境規制の組み込みの壁といったものがある、と考えるとわかりやすいでしょう（この類型に属する障害には、後述の自然公物管理も該当します）

都市行政部局から見れば、都市の土地利用などに対し、環境対策の不足の帳尻合わせを求めるのではなく、自動車公害問題があるのならば、自動車排ガス規制を厳格にすればいいではないか、という考えもあったと想像します。

これに対し環境部局からは、集中発生交通量が多くなるような開発を汚染の著しい交差点の近傍などでは行って欲しくない、汚染の著しい交差点などでは汚染された空気が滞留しないようにクリアランスをして欲しい、などの要望がありました。

3　障害の克服策

(1)　世界水準とのリンクによる規制の経済性の向上

都市側に政策強化を求めるにせよ、自動車一台ごとの規制の十分な強化がなければ納得を得られません。このため環境省では、ディーゼル自動車の排ガス対策の強化の可能性に関して技術評価を繰り返しました。この技術評価では、自動車メーカーは、世界市場で負けない環境性能の商品を持つ必要があることに着目し、欧米の規制強化の将来動向を踏まえても、日本車が、決して劣後しない必要十分な水準を実現するように数値を決めました。また、自動車規制で用いられるg／kmという数値は、車の走行モード（たとえば、発進から何分間で60キロ毎時まで加速し、次いで、何分間定速で走行……といった走らせ方）によって異なることになるので、この規制用の走行モードも、なるべく国際的なものとすりあわせていく工夫もしました。

これらによって、自動車メーカー各社も規制に適応できると見込まれたので、２００６年の中央環境審議会答申により、２００９年から10年においてディーゼル車が達成すべき排出ガスの基準（「ポスト新長期規制」と呼ばれ、ＮＯ×、ＰＭ双方について、改善が先行したガソリン車並みの水準に追い付くもの）が定められました。

（２）自動車排ガスで汚染されている地区に限った一定の開発規制を環境法で定める

環境省では、二酸化窒素（ＮＯ^{2}）や浮遊粒子状物質（ＳＰＭ。ＰＭより粒径が細かいものをいう）にかかわる環境基準を大都市でも２０１０年度には達成するべく、対策の強化を検討していました。汚染が基準を超えるのは、交通量の多い特定の交差点などに限られていること、そして、そのような局地的な汚染への寄与には、大都市自動車ＮＯ×・ＰＭ法で特別の規制を受ける地域の外に使用の本拠を置く車、いわゆる流入車の寄与が無視し得ないことが問題となっていました。前述したポスト新長期規制適合車への代替が進めば、高濃度の地区でも汚染が下がることを期待できますが、時間がかかる上、仮に自動車交通量が増えてしまうと削減効果が相殺されてしまうおそれがありました。また、前述の石原都知事（当時）の反ディーゼルキャンペーンでは、排出ガスの汚いディーゼル車の廃車の繰り上げ、東京などへの流入の制限が主張されていたのです。

ところで、同法の最も重要な内容は、東京や大阪といった大都市とその周辺地区では、古い規制に適合する年式の（＝排ガスが汚い）自動車については、一定の車齢以上は、道路運送車両法上義務付けられている車検証の更新を認めないことです。これにより、対象の車は廃車にするか、登録地を汚染の著しくない地区に移さなければいけなくなります。しかしこの手法でも、自動車の域外からの流入や交通量の増加といった問題は解決できませんでした。

そこで、国土交通省等の都市行政部局との調整が行われ、結果的に、この大都市自動車ＮＯ×・ＰＭ法を改正し、この法律において、都市の使い方に関する一連の規制的な措置を設けることとしました。改正は、２００７年に行われましたが、概要は以下のとおりです。

①高濃度の汚染のある交差点などは重点対策地区に指定し、対策計画を策定した上で、既存の再開発手法や公共事業なども活用して汚染が生じにくいように改造を行うこと

②重点対策地区内の交通需要などを増やす建築物に対しては、新築や増築に当たって、事前の届け出を求め、知事が必要な場合には排ガス対策に関して勧告が行える仕組み（さらに、建築主が約束した排ガス対策は、建物の所有者が変わっても承継される）を設けること

③大都市域外から一定以上の量で自動車を大都市内に流入させる事業者に対しては、特定の交差点を避けて運行させることなども含め、排ガス排出抑制計画を策定し、その遵守に関する定期報告を求めること

前述したエネルギー政策と環境政策との統合的な運用に関する諸段階区分に照らしてみると、環境法においてエネルギーを政策対象として言及する段階に相当する程度の措置が、都市政策分野でも取られたといえましょう。

4　その後の大気汚染改善のためにする都市活動規制政策の発展

都市政策として環境施策を行うべきことについては、以上のような伝統的な大気汚染物質への対策における連携の経験を踏まえ、次に述べる地球温暖化対策として一層の発展をしました。その意味で、この大都市自動車NO×・PM法における都市政策への言及は、よい連携基盤を整備したといえます。

また、この法律による施策強化だけが根拠になったわけではないものの、沿道の自動車排ガス被害の補償を求め、長い間にわたって裁判が続いていた東京大気汚染訴訟（原告100名弱のうち、一審では9名への賠償が認められた）を和解で解決することにも、本法改正は若干の貢献をしました。

なお、NO_2のような伝統的な大気汚染物質による大都市の汚染は、所期のとおりの改善を見せており、大都市自動車NO×・PM法対象地域の自動車沿道でのNO_2環境基準達成率は、2007年度には、90・6％であったのが、2012年度には98・6％にまで5ポイント以上改善しました【図14】。

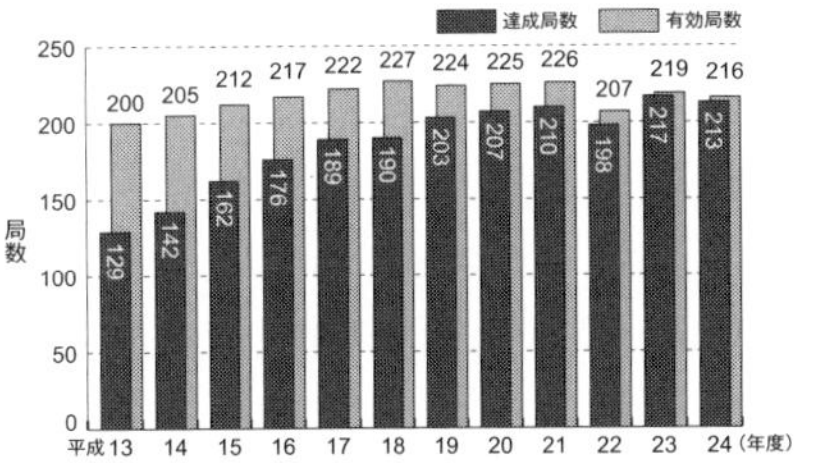

図14　二酸化窒素の環境基準達成状況（平成13～24年度）
出典：環境省「平成24年度大気汚染状況について（報道発表資料）」

第七節　都市づくりへ環境保全を組み込む事例

都市の規模によってNOxの排出量は異なりますが、CO_2の場合には、それに加え、都市の構造などによっても排出量は大きく左右されます。この意味で、CO_2の排出抑制のほうが、都市政策に期待されるところが大きいといえます。低炭素化という観点で、都市政策本体と環境政策とが統合的に運用されるようになった新機軸を見てみましょう。

1　政策の要点

CO_2の排出量（電力からの排出については、電力消費者に帰属するという、日本で標準的な見方による。以下同じ）を見ると、最大のシェアは工場ですが、事業所や家庭も合計すると工場に匹敵するほどの排出量になります。また、その伸び率は、工場が趨勢的には減少しているにもかかわらず、事業所や家庭からのものは、1990年比で見ると30%、40%といったオーダーで伸びていて、対策が避けて通れないところです。また、自動車からの排出量も、ここ5、6年は減少傾向に転じたものの、なお多いものがあります。これらの事業所、家庭、そして自動車は、都市に多く見られます。

そこで、都市的な手法によりこれを削減できないか、という機運が盛り上がってきました。特に2008年からは、京都議定書の目標期間に入るので、これらの都市的部門からの排出削減を図る措置の充実強化が喫緊《きっきん》の課題となりました。

そこで、具体的には、地球温暖化対策推進法の２００７年改正において、大規模な自治体に、当該区域からの温室効果ガスの排出を抑制するための計画を作ることを義務付け、その計画には、新エネルギーの利用促進や省エネなどに加え、公共交通機関の利便の増進、緑地の整備、その他の地域環境の整備・改善に関すること、循環型社会の形成に関することを盛り込むことが定められました。さらに、この区域に関し都市計画や農業振興地域整備計画といったフィジカルプランがある時には、これらの都市計画等では、温室効果ガス排出抑制にかかわる自治体の計画と連携して温室効果ガスの排出抑制を進めることとする旨も定められたのです。環境政策と、都市政策の本流であるまちづくりそのものとの間にかける橋に関する規定が設けられたことになります。

２　政策導入の障害

私が官房長として国土交通省との調整に当たったこのブリッジ規定の導入に関しては、以下のような障害がありました。

(1)　都市政策として、本格的に温暖化対策に取り組むとの認識の醸成に関する遅れ

土地所有権は私有権として最も重視されるものであり、そうした重要な財産の自由な使用を、温暖化対策を理由にして制限してよいものか、という点では、都市政策部局には逡巡があったように思われます。また、仮に行うとした場合、そのようなことを専ら環境政策部局に、NOx・PM対策同様に担当させてよいのか、といった疑問もあったと思われます。

(2) 都市政策は環境政策より権限配分的に地方分権化が進んでいることとの調整

都市計画に関する国の権限は少なく、ルールづくりなどに限られていて、ほとんどの都市計画は自治体によって定められていて、定める方法、内容についても地方自治体の発意が大きくなっています。また、低炭素化が大事だといっても、直ちに自治体に義務付けることはできません。そのような都市計画の制度との整合性、一層大きな目では、歴史の大きな流れになっている地方分権の考え方との整合性をどのように担保し、所期の制度を組み上げるかが、大きな問題となりました。この障害は、法制的な障害といえます。

3 障害の克服策

(1) 都市政策と環境政策との連携の下での役割分担

国土交通省の都市行政においては、環境保全は本来、内部目的の一つです。しかし、中央省庁改革基本法(1998年)の考え方では、環境保全が目的の一部にある施策は、環境省が共管することが基本となっています。

ところで、地球温暖化防止は、ますます大きくなる行政需要を抱える重要な分野であり、都市行政としても、将来的には国民の権利制限を視野に入れて、正面から取り組むべし、との判断に傾いたと思われます。こうした中で調整を続けるうちに、専ら環境の観点からの必要な施策に関しては環境行政のスキームの中で行い、その施策の実行局面で、都市行政として連携できることを都市行政のスキームを使って行っていく、という整理に賛同が得られました。このような連携の仕方は、後述の、自然公物管理の中ですでに導入されていたものでもあります。このようにして、本項冒頭の政策要点に掲げたような連携規定が実現したのです。

この政策上の新機軸は、都市というさまざまな価値を達成する舞台における国土交通省による永年の行政を積極的に認めることで成り立ったといえます。また、CO_2対策以前に、都市大気汚染にかかわる環境政策部局と都市政策部局の連携の歴史があったればこそ、その発展、あるいは進化が行われたことも見逃せません。

（2）「すでに義務付けられていることを詳細化する」という理解

地方自治体は基本的に自由であって、法律をもってこれに新たな義務付けを行うようなことは慎むという考えを単純に環境分野に当てはめれば、自治体市民に、地球に生きる地球市民としての務めを担わない自由すら与えてしまうことになります。地方分権の原則は大切ですが、事柄に応じた判断も必要です。とはいえ、地方分権との競合問題を解決せず避けて通り、地方の現場での温室効果ガス対策を国の権限で行うこととなっても、むしろこのほうが自治体の役割を減じ、自治を損なう可能性があるともいえましょう。適切な線引きが必要なのです。

そこで、地方自治体が地球温暖化対策推進法上の義務としてすでに引き受けている自治体実行計画を深堀りするものとして、この新たな地域低炭素化のための計画づくりも義務化するアイデアが生まれました。これであれば、義務が新設されたのではなく、詳しくなっただけであるともいえるのです。これまで、すべての自治体（国の各省も同じですが）は、自ら行う事務事業から生じる温室効果ガスについては、その排出抑制に計画を作った上で積極的に取り組むことが義務付けられていました。この計画の内容に、大きな自治体（数にして100強）にあっては、その区域の事業者や住民が排出する温室効果ガスについても排出抑制することも含むこととした改正が、2007年に行われました。

このような新機軸は、さまざまな主体の抱える利害得失にきちんと向き合うことによって可能になったものといえます。もっと具体的には、自治の価値と環境価値の同時達成といってもよいでしょう。

4　その後の低炭素都市づくり政策の発展

その後、以上のような連携関係の上に立って、環境政策サイドでは、2011年度末では、103の自治体で計画が立てられました。また、都市政策サイドでは、まずもって、都市計画における低炭素都市づくりの進め方に関するガイドラインが2011年末には作成され、さらに、2012年9月に、「都市の低炭素化の促進に関する法律」が国土交通省、経済産業省、環境省の共管法として制定され、これに基づく低炭素まちづくり計画の策定のためのマニュアルが、これら3省の連名で、同じく12年12月に策定されました。このように、各省連携のスキームの下で、低炭素のまちづくりの仕組みは、自律的、継続的な発展を進めているといえます。

なお、都市低炭素化促進法は、いかにも法律らしい罰則担保による義務創設法ではなく、よい事業の奨励法になっています。しかし、そのような事業を行う地区が広がっていくならば、特別に整備する低炭素の街区に立地するための事実上の集団規制のように、奨励上の環境性能基準が働いていくことも期待できるのではないでしょうか。さらに、省エネ法の体系下ではありますが、建築物の省エネ基準も、順次、強制基準化してきており、都市における低炭素化を目指す取り組みは、自律的な発展過程に入っているように思っています。

第八節　基本理念を転換する事例

わが国では、1960年代後半からの環境行政を支えた「公害対策基本法」が1993年には廃止されて、「環境基本法」が代わりにその位置を占めることとなりました。この制定に向けて私は、室長・企画官クラスの者として、環境基本計画や環境税の規定部分を主にして政府内外の調整を担当しました。

この新しい基本法の掲げる理念は、従来の、被害がないことを主眼とするものから、恵みを確保するものへ180度変わったものであり、制定過程では当然ながら大きな摩擦を生みました。どのような支障がなぜ生まれ、それをどのような知恵や対応で克服していったのかを、私の担当事項を中心に見てみましょう。

1　政策の要点

環境基本法とは、環境の恵みの維持と将来世代への継承、地球環境保全への役割の発揮、分権的な環境保全対策の実施を理念とし、そのような理念に沿って環境質を管理するため、規制などの従来の政策手段に加え、国レベルの閣議決定対象の計画づくりや経済的措置などの新たな政策手段を導入(以上の2点は私が調整を担当)するものでした。

2 政策導入の障害

公害対策基本法から環境基本法への転換は、地球サミット(1992年)の準備過程と併行して進められたので、持続可能な開発の考え方を国内へ適用するという大原則について理解は得られやすかったといえましょう。しかし理念が斬新であったため、具体化を図る新たな政策手段については、特に他の行政部局が大きな抵抗を示しました。そうしたものは、以下のとおりです(なお、ここに挙げた例の他にも「地球環境保全のための政策方針を法の文章にすることに関して外交の手を縛る」との批判や、「環境影響評価の条文について将来の個別法制定を予断させる」といった重要な抵抗もありました)。実体規制を直ちには伴わない基本法の制定にかかわる障害・抵抗なので、いずれも法制的な色彩、観念的な色彩の濃いものでした。

(1) 環境保全の公益と他の公益との関係をどのように律するか、という議論

基本法の元になった中央環境審議会の答申は、環境政策を具体的にどのように進めていくのかという点にかかわる長期的な方針を政府の高いレベルで決定するとともに、国民の前に広く明らかにすることによって、そうした方向への国民各界各層の力の結集を期待することとして、環境基本計画とい

う仕組みを提案していました。

この環境基本計画に関しては、その計画が法に根拠を置くものとして存在しなくては果たし得ない役割（法的効果）がどのようなものなのかわからない、という法制的な、あるいは制度的な批判的意見がなされました。また、同じように閣議決定するハイレベルの他分野の政策方針との関係は具体的にどうなるのかがわからない、といった批判も寄せられました。これは裏を返せば、閣議決定された専ら環境保全の立場に立つ計画が、他の公益を目指す政策に対して不当に介入してくるのではないかと懸念するものであります。政府が基本的には縦割りに詳細化された公益を追求する組織に分かたれていることから、複数の公益を同時達成するためには特別の工夫が要ることが実感されました。

(2) 財産権に制約を加える間接的な方法で環境負荷低減を促すことは許されるのか、という議論

これは、環境基本法に関して中央環境審議会が提案したことのうちにあった環境税についての議論です。一面的には、法制的な議論であり、もう一面としては、環境のためにする経済的な負担が増えるのは困るという被規制側の本音論が背景にありました。まず制度論について見ると、環境税に関する中央環境審議会における審議などを見ても、わが国では税とは、その歳入を国家の用に用いるためのもので、税の支払い能力に応じて国民が分担するものという保守的な考えが根強くあります。この考えに従うと、税を取ることによって税を取られるような行為を抑止しようということは、税収を先細りさせることになり、税の趣旨に合致しないので、（課徴金と称して、税務当局とはかかわりなく徴収するのであればともかく）用いるべき政策手段ではない、ということになります。

この議論については、わが国の租税哲学が保守的・守旧的過ぎるともいえますが、「(対策の結果として資金支出を迫るのならともかく)たかが環境のために、財産権そのものに手を入れようとするのは不遜だ」という経済優先の本音を反映していることも看過できないと、当時感じていたものです。

3　障害の克服策

(1) 基本計画策定時において基本計画の内容や効果を明らかにすることで合意を形成

環境基本計画の条文自体については、各省の調整を了することができました。さまざまな行政分野で、閣議決定を要するようなハイレベルの長期計画が定められることになっていることに照らせば、環境分野のような、裾野の広く、国民各界各層にかかわりの深い政策分野では、計画がないよりはあったほうがよいことに異論は立てにくいこと、さらに、法的効果(たとえば、ある特定の行為が、この計画に準拠しないとできなくなるといった法的仕掛けをいう)が条文上明定されてはいないので、おそらく「威力が少ない」と思われたこともあったのでしょう(ちなみに、内閣提出法案は、提出前に閣議決定を要するところ、閣議は、コンセンサス方式で決するので、正当な理由があれば、反対省庁には拒否権が発生します。したがって、事前の各省調整を了することは新法提出の必須要件となります)。要すれば、計画自体はその都度閣議決定されるので、その案の段階で協議し、必要なら反対すれば大丈夫だろうとの各省の判断があったのだと考えられます。

しかし、たとえば国土開発の方針、あるいは経済政策の方針といった、環境と同様に幅広い分野をカバーする政策（言い換えると横割りの政策）との関係を実質的に整理することが、法案協議段階でこそふさわしい議論であると考えられました。この協議は、環境庁（当時）と同様な総合調整官庁である経済企画庁（当時）や国土庁（当時）とによって行われました。調整の結果、「環境基本計画と国の他の計画との間では、環境の保全に関しては、環境基本計画との調和が保たれたものであることが重要である。国の他の計画であって、環境の保全に関する事項を定めるものについては、環境の保全に関しては環境基本計画の基本的な方向に沿ったものとなるものであり、このため、これらの計画と環境基本計画との相互の連携を図る」といった考え方が整理され、この趣旨は、閣議決定される具体的な基本計画自体の中に記述することで担保することとされました。

（2）経済的措置については、その意義や導入に際しての考慮事項を条文化することで決着

環境負荷へ課税することで負荷低減を促す環境税は本邦初だったので、調整には長い時間がかかりました。特に調整相手となった通産省（当時）は、産業活動への大きな負担となることを強く懸念していました。産業界は環境負荷を引き下げるために資金を支出し、対策後になお排出される環境負荷に対しても課税されることになるわけです。それも確かなのですが、環境税はすでに欧州諸国でポピュラーになりつつある手段でした。

そこで条文では、要旨に「環境税が有効性あるものと期待され、国際的に推奨されていることに鑑み、その活用に当たっては、環境上の効果と国民経済上の影響に関する調査研究、国民の理解と協力の確保、国際連携への配慮を行う」という手続き的な事項を書くこととなりました。玉虫色なので、マス

コミから「霞が関文学」といった批判もなされました。

規制的な手法についてもマクロ経済への影響が当然ありましたが、そうしたことは書き込まれず、経済的措置についてのみ、このような懸念が書き込まれたのです。いわば、大昔の経済調和条項（1967年制定時の公害対策基本法にあって、70年の同法改正時に削除された「生活環境の保全策は経済の健全な発展との調和を図る」との留意規定）が環境税について復活したような雰囲気を感じなくもありません（もちろん、調和を図るとはいっておらず、単に調査研究をすると述べているだけなので、気にしすぎかもしれません）。言い換えれば、「対策の結果お金を払うのはよいが、経済活動の進め方にまで環境が浸透して欲しくない」という価値観が現れていると、担当した私は感じたものでした。環境税が環境法制史上初めて位置付けられたことは画期的でしたが、他方で、経済に環境を統合することの拒否感、その実現までの長い距離を、この条文は如実に示すことになったともいえるのです。環境基本法は、理念としては環境負荷の少ない健全な経済の発展を謳っていますが、現実の個別の政策の話となると別だったのです。この拒否感の解消は、本書の執筆時点でもなお残された大きな課題といえましょう。

4　その後の発展

新基本法に結実した理念については、その後、多数の個別法が制定されました。環境と共生する形で経済を発展させようという点では、なお相当の割り切れなさを残していることを除いては、概ね着実に実行されつつあるといえます。

たとえば、以下のような法や議定書がそれぞれ制定されました。

①恵みを目指す：生態系サービスを確保するための生物多様性基本法（２００８年）や外来生物被害防止法（２００４年）

②地球環境保全：京都議定書（１９９７年）、名古屋議定書（２０１０年）や地球温暖化対策推進法（１９９８年）、フロン回収破壊法（２００１年）

③持続可能な経済づくり：政府活動が中心ですが、グリーン購入法（２０００年）や後述の環境配慮契約法（２００７年）

④分権的な環境保全ガバナンス：環境教育・環境活動法（２００３年）

また、この項で論点として考察した環境基本計画自体についても、２０１２年４月に第４回目を迎える計画が閣議決定されていて、すっかり定着したといえます。

さらに環境税についても、２００３年度の税制改正で化石燃料課税が石炭を含むものとして強化され、２０１２年度税制改正においては、税法において地球温暖化対策のためと明示して、同税の各種燃料に対する税率が、それぞれの含有炭素トン当たり一律の額を上乗せする形で値上げされました。まだまだ小規模とはいえ、わが国に初めて環境負荷課税が導入されたこととなります。

第九節　環境政策と他分野の政策との関係を再構築する事例

環境政策の実施の側面を見ると、分権型、すなわち、環境を利用する者すべてがそれぞれに環境を守る責任を担い、役割を果たす、ということが標榜されています。そうはいっても、環境保全の政策の司令塔や環境に関する公共事業を実施する主体は必要でしょう。こうした行政組織や実施機関はどう扱われたのでしょうか。また、そこに変革が加えられたとしたら、それは抵抗や障害に直面せずに、順調に発展しているのでしょうか。

1　政策の要点

1998年の中央省庁改革基本法等の一連の橋本（龍太郎）行政改革により、政府の諸省庁は、1府（内閣府）12省に大括りにまとめられることとなりました。旧総理府に相当数あった総合調整官庁は皆なくなり、また、単なる実施機関は民営化されるか、できないものも独立行政法人化（資金調達は市中から行い、納税もする）されることとなりました。

この中で、環境行政については、環境庁の設立にも当時の厚生政務次官として携わった橋本総理の強い意向を受けて、環境に関して独立して責任を負う環境省を設けることになりました。ここには、事業や所轄政策として、厚生省（当時）から廃棄物行政が、また、総理府本府が担当していた動物愛護行政が、それぞれ移管されました。

また、環境に関連する数多くの法律の中で登場する新生・環境省の権限も、この調整型でない、独立した環境省に見合うものに変更されていきました（橋本改革の趣旨に沿って環境庁〈当時〉所轄の特殊法人であった環境事業団の仕事は、民営化できるＰＣＢ等有害廃棄物の処理を行う専門会社と民営化はできない公害補償を給付等することが仕事の独立行政法人たる機構とに分割されました）。

２　政策導入の障害——さまざまな公益にからむ事業などの主体決めの困難

中央省庁再編の過程では、政府各府省と環境省との権限関係が改めて議論になりました。具体的には、環境保全が独立した行政分野となったため、各省との関係を次のように整理することとなりましたが、この考えを個別法令にも埋め込んでいく必要が生じたのです。

基本になったのは、専ら環境保全を目的とする事務や事業は、環境省の専管とし、目的の一部に環境保全を含む事務や事業は、環境省と共管とし、仮に、平等な共管がなじまない場合には、環境省が拒否権のある協議を受ける、といった考え方でした。

この前段の、専管にかかわるものとして、廃棄物の処理処分の事務事業、愛護動物（狩猟・保護などの対象になる野生動物や産業的に飼養されている動物ではなく、家庭などで飼われているもの）に関する事務事業が環境省に移管されました。しかし、他方の共管事務の整理は、なかなか困難なものだったのです。

一つとして、エネルギー関係の権限にかかわる争議が懸念されましたが、この１９９０年代末頃では、エネルギー政策は産業行政の世界で、CO_2については、温室効果ガスの排出抑制という切り口で（エネルギーという言葉を使わずに）環境政策の世界で、という具合に、バーチャルに棲み分けがなされていたため、条文の手直しはほとんどないということになりました。

環境目的を含んでいながら、環境庁の権限がなく、環境省の成立に当たって権限を挿入しなければならなくなったのが、自然公物（たとえば河川など）の管理でした。調整は私が担当しましたが、難航したのです。

これは、自然公物は、人間の都合では切り分けられない一体のものであって、さまざまな利益や不利益をもたらすので、特定の大臣が一括総合管理する建前になっていたからです。したがって、障害の本質は、安定供給、価格、環境の同時達成を狙いたいエネルギー行政とほぼ同様と考えられたものでした。

3　障害の克服策——他の公益と一体的に環境を扱える仕組みの整備

自然公物管理を共管とすると、たとえば洪水の時の緊急の対応などが「二頭立て」になって混乱する可能性があり、難しいといえましょう。さりとて、環境保全に十分な能力・識見を持たないままで、環境管理の責任を従来からの自然公物管理者が果たすのでは、環境政策としては不十分と言わざるを得ません。こうしたことから、自然公物管理の責任者に、その管理の仕方のうち環境にかかわることに関しては、環境基本計画に適合する形で方針を予め定めておくこととなりました。たとえば、河川法第16条では、「河川整備基本方針は、……河川環境の状況を考慮し、かつ、……環境基本計画との調整を図って、……水系ごとに、その水系に係る河川の総合的な管理が確保できるように定める」とされました。また、森林法第４条４項は、「全国森林計画は、……環境基本計画と調和するものでなければならない」とされました。

このような形で、環境基本計画は新たな法的効果を持つこととなり、環境保全に関しては分権的、かつ全体として整合性のある形で執行される旨の規定を置いて、無用な権限争いのない形で自然公物管理の仕組みが整備されたのです。

４　環境政策と他の公共政策との関係整理のその後の発展

環境保全を専ら目的とする事務は環境省が執行する、ということで２０００年の中央省庁改革は行われましたが、実は、その原則が徹底していたわけではなかった側面があります。具体的には、放射能汚染やその防止に関しては、環境汚染や環境対策ではあるものの、原子力災害対策基本法の体系で取り扱うとして、かつては、環境政策の世界からは除かれていたのです。

この部分に関しても、大変不幸な話ではありますが、２０１１年３月の大震災を契機にした原子力発電所の爆発と放射能汚染を契機に、原子力発電分野でも、チェック・アンド・バランスが徹底されることとなりました。除染の事業はもちろん、原子炉の規制についても環境省に移管されることとなったのです。

こうした意味で、専ら環境保全という形で切り分けることが適切な政策や事業は、引き続き、あるいはますますもって、環境政策当局が扱う体制が整備され定着してきているといえましょう。

なお、これらの進歩があった反面、１府12省に大括りされた政府の政策執行体制に関する今後の問題としては、複数の公益を同時に達成するようなタイプの政策が増える以上、これらをどのように設計し、実行していくか、という点に応える仕掛けが必要なのですが、これがまだまだ十分に開拓されないままに置かれていることを挙げなければならないと考えます。

第十節　環境経済政策の事例

これまでに述べてきたように、複数の公益を達成する政策の設計や執行に関する国レベルの仕掛けは、必ずしも十分に発達してきてはいません。特に、水と油のように環境に対して親和性が低いのが、これまで環境関連各分野を広く点検してきた中で自ずと明らかになってきたとおり、経済の分野です。

欧州諸国に相当に遅れて２０１２年、わが国にもようやく環境税制が導入されることになったことはすでに見ました。経済の中に環境保全を組み込むことで、実害がないどころか、よいことが経済的にもあるということを、いろいろなケースで積み重ねていくことのほかは、この離反状態を改めるための妙案はなかなかないのが実態です。

この意味で注目されるのが、環境にもよく、経済にもよいことを狙った環境経済政策の事例です。私が担当した例を中心に考察してみましょう。

1　政策の要点

政府は大きな消費者、経済主体です。自らが産み出す環境負荷を進んで削減する責務も負っていて、政府の行動如何では大きなグリーンな市場が形成されることになります。

このことに鑑み、政府は、日常的に消費する製品や役務に関し、その環境性能を調査し、ある一定以上の性能を満たすものしか購入しない、という政策を取っています。これがグリーン購入法（２０００年）です。結果としては、一般国民が購入する事務用品などの環境スペックをも決定し、また向上させる働きを果たしました。

さらに、大量生産品でなく契約の上で購入するような役務などについては、環境配慮契約法（２００７年）が制定されました。たとえば、電力の供給者を決める場合に、単純にｋＷｈ当たりの価格の安い電力供給者を選んでしまうと、石炭火力で発電した、安いけれどCO_2を多量に排出するものを購入することになってしまいます。そこで、こうした弊害を避けるために、価格が高くとも環境性能の優れたものを購入することが可能になる必要が出てくるのです。環境配慮契約法は、こうしたことに道を開く、会計法の特例法です。

このほか、一般消費者が、環境性能はよいが単価の高い家電製品などを選ぶことを促すため、金銭インセンティブとなるエコポイントを付与する事業も、景気対策を兼ねて実施され、大きな成果を収めました。

2　政策導入の障害——環境性能に見合う支払いを忌避・回避する傾向

環境によい製品や役務は、環境性能を別にすれば、同種同機能の製品よりむしろ価格が高いことが通例です。したがって、仮に政府が、環境性能の優れた製品や役務を選んで購入しようとすると、会計法の規定が障害となります。それは、同法が価額の最も安いものを提供する業者から購入することを求めているからです。実は、環境性能が異なるということは、同種同機能ではないことになるのですが、現実にはそのようには理解されていません。石炭火力で発電した電力も、風力で発電した電力も、単にｋＷｈ当たりの価格で比較されますが、それは、環境性能には支払いをしないとしていることと同義なのです。製品開発などに携わる技術者も、このような考えを無批判に受け入れ、価格低下に血道をあげていることも残念ながら事実です。

また、一般国民消費者に対し、環境性能の優れた物を政策的に普及しようと考えた場合にも、通常の物よりも高価格であることが通例なので、単純にスペックだけを明示したり、奨励したりしただけでは、消費者は選好してくれません。予算出動をする（つまり補助金を付ける）なり、税支出を増やす（つまり、減税）なりをしないと普及が図りにくいのです。これでは政府の財政節減策と衝突することが避けられません。

環境によいことを行うにはまずは支出が必要ですが、それが政府財政と矛盾し、抵抗に遭うことになるのです。

3　障害の克服策――会計法の特例に関する法律制定、景気振興という公益の相乗りの経済インセンティブの開発

グリーン購入法の場合は、対象が主に大量生産品であり、環境性能的にもトップランナーの水準ではなく、たとえばコピー用紙であれば、紙の環境性能の評価点数で80点以上であれば政府の購入対象になる、という具合であって、価格とのトレードオフが問題になる可能性はもともと高くはありません。環境省では、各種製品の環境性能の進歩を調査したり、民間からの提案を受け付けたりして、毎年、すべての製品の基準を見直して必要な物については改訂を行ったり、新しい物品の追加を行ったりして、適切な水準の物品等がグリーン購入の対象となるよう努めています。こうした方法で、価格トレードオフがない範囲で最善の環境性能の確保、引き上げをこれからも続けることは、最も違和感のない方法であることは間違いありません。

これに対し、電力購入や建築物の設計などに関して供給元となる相手方の選定では、価格と環境性能との間でトレードオフが生じる傾向が強いといえます。他方で、政府の支出を減らすために、随意契約を減らし、一般競争入札を増やすことに関しても、無駄撲滅や仕分けの文脈で、国会等からの強い意向が示されています。したがって、このようなトレードオフには正面から向き合って克服策を考えないと、到底行政官の裁量の範囲で適切な対応を取ることは難しいといえます。

そこで、この問題に関しては、会計法の特別規定になるような立法措置を講じることによって、環境性能のよい物資や役務の購入には、それに見合う高い価格の支払いを行える仕組みを設けることと

したのです。これは議員立法であり、与野党を越えた環境に熱心な国会議員の方々の努力の成果です。具体的にはこの立法により、環境性能を含めた総合評価方式や、ライフタイムの総価格（たとえば低燃費車の場合の車両価格と燃料代の合計額）、あるいは価格によらないプロポーザル方式（建築物設計契約の場合）などが活用可能となりました。

環境上の価値に対して喜んで対価を払ってもらえるようにするための手法の一例として、一般消費者が直面する環境・価格トレードオフの克服策を見てみましょう。消費者において環境性能の高い商品を選びやすくなるようにする手段としては、減税が一般的です。エコカー減税（重量税や自動車税などの減税）には長い歴史があり、相応の効果を収めてきています。ところで、家庭からのCO_2排出の増加を見ると、その原因は冷蔵庫やエアコンなどの家電製品です。この家電製品には、消費税しか課税されていませんが、消費税の政策減税はほぼ禁じ手（あるとしても食料品などでしょう）ですので、その環境性能の優れた物への買い替えを促進する経済的なインセンティブの設計は難しいのです。

そこで、折からの景気回復策との一石二鳥のアイデアとして（実際は、地デジ・テレビへの買い替え促進との一石三鳥）、環境性能が優れた製品にはポイントを付与する事業が浮上しました。２００８年末の予算再編成の中で認められ、２００９年度から始まった「家電エコポイント事業」です。この制度については、第二章第一節（54ページ～）で述べました。単なる値引きに等しい補助金などでは、補助対象の製品の売り上げがその分伸びるものの波及効果はそれに直接伴うもの止まりになります。仮にキャッシュバックをしても、預金に回ってしまえばやはり、補助対象製品の売り上げ増限りでの景気浮揚に終わってしまいます。これに対し、このエコポイント制度では、消費者が取得したポイントは、貯金不能で、有効期限があるため、必ず使わないとメリットがありません。このために、ポイント制では環境に優れた製品の売り上げ増に加え、消費者の手に渡ったポイントがさらにもう一回、消費者の購買行動を引き起こすという、二重の、強い景気浮揚効果が期待できるのです。

おそらく、これに投じた公費（約６９３０億円）の相当部分が税金として国庫や地方自治体に還流したはずです。政府にとってはほとんど持ち出しがない形で、景気浮揚、環境負荷削減、地デジ・テレビの確実な普及という政策目標を達成したことになります。三つの公益に照らし各省がそれぞれ補正予算の枠を持ち寄って、一つのインパクトのある事業を構成したことが、この事業の存在感を強め、投資効果を高めたのだともいえます。

４　その後の環境経済政策の発展

環境にも経済にもよい、という個別政策を積み重ねて、経済から見た環境保全への違和感（反経済的な印象）を解消していくことが重要だと考えられます。家電エコポイントに続いては、住宅エコポイント事業も行われました。これも、エコリフォームやエコハウス新築を強く刺激し、併せて大きな環境需要誘発効果すなわち景気浮揚効果を発揮したと言われています（ポイント対象となる工事は２０１２年10月末終了までのもの。なお、その後の２０１４年、省エネハウスや省エネリフォームに関してポイントを付与する事業が再開されました）。

また、公の法律に基づくものの公費の出動はない、料金設定の仕組みの中での消費者同士の相互補助のようなものとして、２０１２年からＦＩＴ（フィードイン・タリフ制度）が始まりました。これは再生可能エネルギーで発電した電力については、電力を一般に販売する会社に対して、優遇的な水準の価格で一定期間購入することを義務付けるもので、それに伴って電力販売会社に生じる支出増は、すべての電力購入者に転嫁し薄く広く負担して賄う仕組みです。この仕組みの下で、大規模なものを含め太陽光発電などが爆発的な勢いで、現在、伸びつつあります。

また、２０１１年には２０１２年の税制改正が決まり、２０１２年10月からは、化石燃料への税がそれぞれの燃料の炭素分に比例して上乗せになりました。そしてその税収は、低炭素化のための補助などに回るので、低炭素の取り組みをするのとしないのでは、大きな差（機会費用）が発生することになります。この仕組みも、納税者の中での環境取り組みをする者を、そうしたことのできない者がせめて資金的に助ける仕組みといえましょう。

環境性能のよい物は価格が高いのが通例です。たとえランニングコストが安くても、購入時の高い価格が購入の妨げになることが大いに考えられます。しかし、このハードルを超えて大きなお金が動けば、その分経済にも活気が出ます。高くてもよい物・サービスの選択を促す、魅力的な政策が引き続き開発され、実施されていくことが期待されます。そしてゆくゆくは、環境をよくすることで儲けるのが当たり前の経済につながっていくことを希望しています。

第十一節　多数主体の協働取り組みを奨励する事例

環境保全を、上命下達のコマンド・アンド・コントロールの仕組みに依存して進めるのではなく、環境を使う個々の経済社会主体が、自らの問題として、環境管理に力を尽くす、という分権的な仕組みで進めようとしたことは、環境基本法について評価されるべき重要なポイントです。

たとえば、従前の公害対策基本法の条文では、国民は、被害者であり、何か環境に役立つことをするとしても期待されていることは政府の施策に協力することしかありませんでした。環境基本法になると、国民は、自らが環境負荷を生じる主体であることを認識して、進んで環境負荷の抑制に向けた行動を取ることや、学習をし、団体などにより環境保全活動を進める、といったことが期待されるようになったのです。

このように、国民や企業には、環境によいことを自主的に進めることが期待されましたが、一般訓示的な規定で足る基本法の場合ならともかく、実体法の世界で、これを支える仕組みを法的に設けることは難しかったのです。この点に関し、どのような障害があり、どのように克服が図られたのか、私が担当した「環境教育・環境取組促進法」の制定及び改正（改正については、その条文準備段階までを担当）事例を通じて、考察してみましょう。

1　政策の要点

２００３年に制定され、２０１１年に改正された「環境教育・環境取組促進法」（本書では２０１１年改正後の名称の略称で統一）では、罰則で担保しているがゆえに（かろうじて）法律事項といえるのは、教室現場や野外で専門家として生徒指導に当たることのできる人材を育成しているとして関係大臣へその旨の登録をする民間団体等は、そうした登録を正しい情報に基づき行わなければならない（虚偽に基づく登録には罰則が適用）、といったことに限られていました。しかし、同法は議員立法であったので、もう少しおおらかに、多様な自主的取り組みに関しても、罰則付きではないルールを条文として規定することができています。

こうしたことが可能であった背景には、民間の良質な活動、その基礎となる良質な教育がなければ社会公益が実現できないことに対する社会の認識が、たとえば、姉葉建築士事件などで、高まっていたことがありました。

具体的なルールとしては、２００３年法に設けた体験活動リーダーの育成に関する品質管理の規定に加え、体験学習のために自らの土地や建物を開放、提供するオーナーを支援するため自治体による認定を行うこと、自治体において環境教育などを進めるために協議会を設けること、また、その決定事項は参加者が尊重して実行すること、公的な機関と民間団体などがパートナーシップの精神で行う協働の環境活動に形を与えこれを保護するため、協定を結べること、協定締結は民間側からも申し込めること、自治体などの発注する委託や請負の事業で、請負等先が自治体とパートナーシップの下で、その団体の専門性を発揮しつつ実施するものにあっては、自治体は、単に請負費や委託費の安いことをもって契約するのではなく、専門性などが活かされる形で相手方選定などを行うことを、同法の2012年改正法は規定しました。

2　政策導入の障害――内閣提出法の自縄自縛

前述のような、官民連携の、義務的でない環境活動を、公益上望ましい形で推進していくことを、内閣提出法案でルールとして規定し、サポートすることは大変に困難なのが実態です。それは、立法権は本来は国会に属するのであって、政府による法案の提案は必要最小限にすべきという暗黙の前提があり、どうしても法律をもってすることを要する政策に限り、慎重に絞った上で、法案の審議を国会に求めるのが習わしであるからでしょう。

この視点で見ると、国民の権利を制限し、あるいは義務を課することを可能にするのが法律の本態である以上、そのような内容がないものは、少なくとも政府提案の法律としてはふさわしくない、ということになってしまうのです。

ところで、分権的な環境保全のためのルールとは、必ずしも（いや、むしろ）禁止を本体とするものではありません。といって、逆に、公益にかなう行いを強制することもできません。前述の環境教育・環境取組促進法上の規定に例を取れば、たとえば、協定を結んで協働することを強制する、という訳にはいかないのです。

こうしたことで、国民同士が、互いに公益を高める行為を進んで行っていく、といったことは政府の政策になじみにくいと考えられています。せいぜい予算で補助する、税制で支援する、といったことに限られてしまいます。基本法が謳う環境政策の理念とその実現のための個別法的ツールとの間には、実はこのようなギャップがあるのです。

3　障害の克服策――議員立法における、公益増進行為のサポートのルール化

こうしたギャップを埋める方法は二つ考えられます。一つは、内閣提出法案で立派な法律事項のあるものに、いわばおまけとして、私人による公益増進行為をサポートするルールも埋め込んでおくという手法、もう一つは、立法権の体現者たる議員によって立法するという手法です。

ちなみに、前者では、大気汚染防止法に定める揮発性物質の削減政策において、絶対最小限の対策を法ルールとして定めることとした上で、さらに、業界の自主規制で一層きめ細かい対策をとることを位置付けた先例があります。後者では、自然再生推進法の規定により官民が参加する協議会を設け、ここにおいて自然再生計画の案を作成するとした例など、環境分野では少数ですが、先例がありました。付言すれば他の行政分野では、前者に関し、建築の規制において、民間が結んだ地区協定が公的規制によって保護される規定や都市計画改正を民間が発意できる規定などがあり、後者では、NPOに法人格を与えるNPO法（特定非営利活動促進法）の例があります。

特定の事象に特化した民間活動を組み込むルールであれば、内閣提出法案にその都度埋め込んでいくことは可能と思われますが、いろいろな事象に共通して使うべきルールに関しては、その手法では各種の細分化されたルールを乱立させ、かえって有害になる可能性があります。そこで、事象共通的

①基本理念等 自発的意志の尊重、多様な主体の参加と地域住民の副詞の維持向上等	充実	・法目的に、協働取組の推進を追加 ・基本理念・定義規定に、生命を尊ぶこと、経済社会との統合的発展等を追加
②地方自治体による推進枠組み 環境教育・環境保全の意欲の増進についての方針等〈訓示規定〉	具体化	・環境教育・協働取組推進の行動計画 ・推進協議会などの手続きを具体的に規定
③学校教育における環境教育 国・自治体は、学校教育等における体験学習等の充実、教員の資質向上の措置〈網羅的だが抽象的〉	充実	・学校施設の整備や教育活動での環境配慮の促進の規定を追加 ・学校教育で体系的な環境教育が行われるよう、教育開発、教員研修の充実等を追加するなど、詳細化
④環境教育等の基盤整備 人材認定等事業（環境教育人材を育成または認定する事業の登録制度 国・自治体における環境保全の意欲の増進に関する体制の整備	具体化	・人材認定等事業の登録対象に、協働取組のファシリテーターの認定等や環境教育の教材開発等を追加 ・環境教育等支援団体の指定
⑤体験の機械の場の提供の促進 国は、自然体験等の機会の場の提供を促進〈詳細規定なし〉	充実	・自然体験等の機会の場の都道府県による認定制度の導入
⑥協働取組のあり方の周知 国は、協働取組の方法等を周知〈詳細規定なし〉	充実	・環境行政への民間団体の参加および協働取組の推進 ・公共サービスへの民間団体の参入機会の増進にかかわる配慮 ・協働取組増進のための協定制度導入

図 15　環境保全を協働で進める枠組みの進化（環境教育・環境取組促進法の 2011 年改正の事例）
出典：環境省資料をもとに作成

に使えるルールを定めておくことが望ましいと判断されたのです。また、1992年地球サミットの10周年を記念したヨハネスブルグサミット（2002年）では、持続可能な開発のためには広汎な参加が重要で、そのためには人材資源の充実が必須であることが注目され、わが国などの提唱によって、その後に、国連持続可能な開発教育の10年の事業が始まりました。この国際的な潮流の中、提唱国として、人々の環境保全の意欲や活動を強化する取り組みを国内で実践する必要も高まったのです。

これらの考えや社会背景が合致し、2003年に「環境教育・環境取組促進法」が議員立法で策定されることとなりました。また、その施行後5年の見直しでは、一般訓示的な規定では、現場が動きにくいことが指摘され、新たな具体的なルールがそこに盛られることになり、民主党への政権交代直前には改正条文案についての与野党の合意に漕ぎ着けていました。本法のこの修正案は、その後、解散後の政権交代で審議できなくなりました。しかし、民主党政権下で議員立法が是認されるようになってすぐの2011年に、ようやく改正案が国会で可決されたのです。当初法と2011年改正法との間の、民間の環境保全に関する積極的な公益貢献行為を奨励し、支援するルールの追加状況は、**図15**のとおりです。

4　その後の協働取り組みの発展

もともと、小泉改革の中でも、橋本行革の中でも、「民間ができることは民間で」という考えがあり、さらに、民主党政権下では、「新しい公共」というスローガンの元で、民間の活動を通じて公益の増進を図ろうという動きがありました。

国内だけでなく、２００９年のノーベル経済学賞が、共有地のコミュニティ管理の有効性を示したオストロム教授に贈られたことに見るように、官民の協働活動は経済的にも意義が高いものです。民間の公益増進活動は、このように期待をされるものではありますが、これに実践力を付けていくためには、しかし、まだまだ仕掛けが足りないのが現状です。

こうした中で、特に、前掲の経済との絡みにも関係しますが、わが国の各種の金融機関（銀行等の間接金融、証券等の直接金融、保険、リースなど）が一堂に会して自主的に日本版環境金融行動原則を決めた（２０１１年10月）ことは極めて意義が高いといえましょう。環境分野の協働取り組みの進展として特掲したいものです。この原則がよく行われれば、環境公益増進に対して本業の営利活動を通じて取り組む企業がファイナンス上有利になり、社会全体としても持続可能な形で、環境質の向上が図られていく可能性が高いからです。

なお、金融機関のこうした取り組みとの協働ということなら、今後、政府においては、内閣提出法であった環境レポート法（環境配慮促進法。２００４年制定）の改正などを通じ、民間企業の財務情報開示の一環として、非財務の環境等の情報を統一的な様式で開示することを義務付けるなどを行い支援することが考えられるべきだと思っています。

第十二節　新政策設計アプローチの意義と有効性——過去の政策導入事例に照らして

ここでは、前節までで取り扱った8つの分野において、新政策を導入する際に生じた障害をまず取り上げます。次いで、そのような障害を克服でき、新規政策の導入やその後の定着、発展に役立った発想、着眼などと、第三世代の環境政策のための設計アプローチ（120ページ〜）とを照らし合わせることにより、有効性の検証を試みます。

1　新機軸政策を阻んだ障害

次ステップへの環境政策を阻む発想は、実際の政策導入場面ではどの程度見られるのでしょうか。

（1）法律が果たす役割に関する既存の考え方が障害として働くケース

法律が果たすことが得意とする役割と、直面する政策課題との間にはミスマッチがあります。このようなケースは極めて多いともいえます。

たとえば、国際法と国内法との適切な組み合わせ関係がないと、杓子定規な動きが生まれる可能性があります。これはオゾン層保護の初期にあったケースです。

また、法的なルールの中に多数のステークホルダーを登場させるとルールが明快でなくなり、法律としてはあまり好まれないものとなります。これはフロンの生産、消費の規制の場合に見られたケースです。

法律が国家組織に当てはめられると、自ずと縦割的な組織論が登場し、現実の複眼的に考えられるべき公益を無理に縦割に押しこめてしまう危険が生まれます。これは、フロン規制、エネルギー規制と温室効果ガス規制の不仲、自然公物の管理などに見られたところです。

法律が権利制限、義務創出を固有の権能としていることから、土地のような私権の中でも最も尊重される権利については、法的ルールの対象とするには消極的になる傾向も見られます。また、金銭についても、それを特に環境政策の直接の道具とすることには、まだまだ違和感が強いのが実態です。

一般に、法律を上記のように狭く解した場合、解決手法として適用できる場面は少なくなってしまいます。また、環境基本計画の法的効果、あるいは、協働取り組みの保護などでは、権利制限、義務創出というツールに無理に当てはめようとすると、問題を解くよう尽力すればするほど問題へのアプローチを偏ったものへとゆがませてしまうおそれもあります。

以上のような経験の整理を行った場合、権利制限・義務創出機能を重視した法律観の弊害は、現に相当程度に頻発しているといえます。また、多数主体の位置付けや、複眼的価値追求という点でも、現行の法律はあまり得意でない姿を見せていると感じます（なお、この後者の点は法律に内在する固有の問題で必ずしもないとは思います）。

（2）経済的な損失感が障害となるケース

環境政策のほとんどの分野で、経済的な抵抗は頻発し、極めて根強い抵抗根拠となっています。

環境上の価値追求と経済上の価値追求をうまく同時に進めるルールがないのも、経済優先の気持ちが働いた結果ともいえましょう。

環境への対策を強めると、支出が増え、企業の赤字が増え、競争力を失う、という消極的なだけ一方の発想がさまざまな分野で見られます。特に、経済活動の血液ともいうべきエネルギーに関し、安い石炭などのエネルギーの利用に制約が加わり、また、エネルギーを大事に使うことを強制されることを内容とするCO_2対策には、そもそもコミットしたくないといった行動もしばしば見られます。

そのような懸念は、自動車排ガス規制で見たように、国際競争にさらされている分野・業態では特に顕著です。

また、一般的に、製品・サービスの環境性能は、製品等の性能・スペックの一部と見なされていない傾向があり、したがって、環境性能がよくとも、それ以外の性能で同等の製品の価格より高いと、購入されない可能性が高くなってしまいます。

前述した法的な障害と重複しますが、欧州ではすでに普及している税や排出枠取引を通じた炭素の人為的な高価格付けに対しては、わが国では、財産権への直截な干渉とみなす感情もあります。

環境と経済との統合はほとんど具体化されていず、伝統的な経済観が環境政策への見方をなお支配しているといえましょう。

(3) 科学や技術のサポート不足が障害となるケース

環境問題の解決には科学技術が必須的に必要です。しかし、科学技術は、時の経過の中で、需要があって発達するものであり、待っているだけでは事態は改善しません。

たとえば、オゾン層の破壊に対する世界の対策も、南極オゾンホールの発見や代替品開発があるまでは進みませんでした。また、地球温暖化についても、執拗に、CO_2濡れ衣説や地球寒冷化説が流布されて、政策強化を妨げているのはご存知の通りです。

環境対策としては技術開発が一つのポイントになりますが、環境にツケを回す技術と環境を汚さない技術とが、費用の面でも同等になるべし、という期待が技術に寄せられることもあります。もちろんそれに越したことはありませんが、しかしこれはそもそも筋違いの期待、過剰な期待であって、政策の強化を妨げかねない期待ともいえます。

政策と技術は、にわとりと卵のような関係にあって、双方がダイナミックに発展するモーメンタムがないと、問題は解決されていかないことが、各事例を通じて読み取れます。

2　新機軸政策の導入につながった着想等

次に、新政策設計アプローチの考え方が現実の政策場面をどの程度カバーし、どの程度有効かなどに関し、数多くのケースを通観することによって、整理してみましょう。

(1) 複数価値の是認、それらの同時達成を図ること

世の中の活動には、複数の狙いや目指す価値があり、その一つにのみ着目するのではなく、その複数の価値の存在を是認し、複数の価値全体の利害得失を念頭に置いて政策を設計すると、障害が軽減

されたり、克服できたりする事例が実際の政策場面には数多くありました。

それらはたとえば、エネルギー管理と行政所管のケース、自然公物の管理と所管のケース、環境改善と経済発展の同時達成を目指すグリーン・グロースのケース、世界商品における環境規制のケース、経済価値に加えて環境価値も考慮に入れて契約相手先を決めるルールづくりのケースなどです。

地方自治体には、分権化し自治権を高めるという目標がありますが、こうした目標を損なわない形で環境の価値を高める政策を設計しなければ、結局、自治体の行いたい自治そのもの自体も増えてこなくなりましょう。こうした、一見矛盾して困ることは、複数の価値の同時実現を目指す経路を、知慧を絞って見つけ出せば、それが解決方法として採用されることを示唆しています。

(2) 多数主体の役割を考慮し、政策に位置付けること

責任主体の明確化、モニターのしやすさなどの観点では難点がありますが、多数の主体の登場を認め、その役割を積極的に位置付けることにより、軽減できたり、克服できたりする障害も多いということが経験の教えるところです。

たとえば、フロンの規制では生産規制に加え、使用に関する規制も併せて行い、政策の円滑な実施に貢献できました。エコポイント制度では、環境、景気回復、地デジ・テレビ普及という三つの価値を実現するために三つの省庁が一つの手段を集中的に使ったために大きなアピールが生まれたのです。

温暖化の政策の国際的なステップアップでも、科学者の声を独立して聞けるようにしたことが、透

明で説得力ある論議の展開に役立っています。

エネルギー政策当局や都市政策当局と環境政策当局とが、共同の行政を行う場を設けたり、連携の仕組みを作ったりしたことも、異種の行政間の齟齬を減じ、政策の効果を高めました。多数主体の連携は同時に、複数公益・価値の是認と、その総体としての達成という克服策を容易にすることにもつながりました。

環境基本計画も、他の多くの分野の政策当局が推進する政策の中でも登場することになって、初めて、その内容が社会に根付くことを通じて力を発揮するともいえましょう。

環境教育・環境取組促進法の協定制度、環境金融原則など、多数主体が協働することを支援するツールの整備は、多数主体の参加協力を容易にし、一層の弾みを付けると期待されています。この意味で法律の役割を、公益増進に向けた自発的行為を律することにも拡張することが強く望まれるところです。

(3) 政策の進化を促し、共進化プロセスを活用すること

科学的知見や技術は進歩するものです。このため、科学や技術の蓄積や向上を促しながら、その成果を踏まえて政策自身もステップアップしていく仕組みを設けることは有効です。典型例が、科学者の声を定期的に束ねて発信する、気候変動に関する政府間パネル（ＩＰＣＣ）でしょう。

政策自体も、まずは、誰にも反対の無い枠組みについて合意し、その下で、次のステップとして対策の内容の合意形成を図ることも有用です。オゾン層保護や地球温暖化防止の国際政策の形成に用い

られた手法です。

さらに、国際政策と国内政策の間のよい関係とは、相互支持的に強化が進むことであり、オゾン層保護において実際に見られた経過でもあります。

また、多様な主体が参加し、それぞれの有する多様な価値の実現を、互いの行動を調節しながら進めるような場ができると、取り組み全体が自発的自律的な成長、すなわち共進化というべきプロセスを始めると期待できます。こうしたことが現に低炭素都市づくりで始まっています。金融分野でも、期待できるかもしれません。ちなみに、グリーン経済を目指す政策に関していえば、諸外国、特に英国では、炭素の価格付け政策の下、環境建築や風力発電への民間投資が増加するプロセスが強化され、そのことがさらに政策への支持を増して政策強化につながる、という共進化というべきケースが出てきています。

3　総合的なまとめ

以上に述べたことに即し、これらの障害が、考察した8つの分野における政策導入事例においてどのように生じたのかに関して整理すると図16のとおりとなります。同時に、障害克服等に有効であった発想や着眼を、①多価値、②多主体、③共進化と簡単に表示して、ケースごとに、該当項目に印を付ける形で書き込んであります。

この図はあくまで定性的な俯瞰図にすぎないことに留意してください。しかし、ここに見るとおり、提案にかかわる第三世代の環境政策の設計アプローチは、それまでにあった政策を定着させ、発展さ

新政策導入事例のまとめ	困難の原因			成功の要因		
	法律	経済	技術	多価値	多主体	共進化
①フロンのケース	✔		✔		✔	✔
②エネルギーのケース	✔	✔	✔	✔	✔	✔
③自動車のケース	✔	✔		✔	✔	
④都市づくりケース	✔			✔	✔	✔
⑤理念転換ケース	✔	✔			✔	✔
⑥行政組織ケース	✔				✔	
⑦環境経済政策	✔	✔	✔	✔	✔	
⑧協働取組ケース	✔				✔	✔

図 16　新政策導入事例の障害要因と成功要因

せていく上で有効であった発想、着眼を新しい目で咀嚼し、現代に受け継いでいるものと評価しても差し支えないように思われます（しかしながら、「第三世代」と呼ばれるこの新しい環境政策は、それまでの政策が果たせなかった環境と経済との統合をいよいよ果たす必要があり、この課題への挑戦における有効性は、過去事例との対比だけからでは未知数と言わざるを得ません）。

第四章　グリーン経済に向けた戦略的課題

第一節　エコの目利きになろう

前章では、主に政策という視点から経済社会を地球の生態系の善い一部となるものに変えていくための鍵をさがしてみました。この章では、それを日常の仕事などに落とし込んでいくための発想や行動を紹介していきます。またその際、この目的に立って、特にこれからますます重要になっていくと思われるテーマを取り上げて論じてみました。

環境分野で働いている我々にとって、２０１３年のフランシスコ・ローマ法王の就任は一層の親近感を感じるものでした。それは、国際社会が改めて貧困撲滅を目指すミレニアム開発目標の改訂、あるいは地球環境との和解を目指す持続可能な開発目標の設定に動き始めたことと、シンクロナイズされているように思われたからです。今一度幸せを考え直し、地球の自然との位置関係も見直す。このまま進めば、待っているのはノルウェーでのレミング（タビネズミ）の道（大繁殖後に集団自殺のような行為に及ぶ生物）しかありません。転換を果たせなければ、人類の存続自体が危ぶまれるでしょう。環境を壊して得る利益で成り立つ経済から、環境に手入れをして利益を出す経済への転換が求められていると、はっきり言うことができます。フランシスコ法王も、就任後、米国に乗り込み、地球温暖化防止を議会に説いたりするなど、環境派の期待に応えてくださっています。

実は人類は、大昔にそうした大転換を経験しています。それは、狩猟採集文明から、農耕文明への転換です。「種子があるなら撒かずに食べてしまえ」という精神のままでは、農耕文明が起こることはありませんでした。工業文明も、地球から資源を取ってゴミを捨てる単線運転から脱却し、私たちの家である地球を修繕しながら使う道をそろそろ覚えるべきではないでしょうか。

こうした大転換を進めるには、環境によいものを安く売るというだけではなく、環境によいものを高く買うという需要側の力を得ることが不可欠です。今、時代を変える確かな方法は、「エコ目利き」を産み出すことである、といってもよいかもしれません。

適用満五年目に入った日本版「環境金融原則」

エコな目利きは、供給サイドにも需要サイドにも広く存在していることが望まれます。しかし、戦略的に重要なのは、資金の需給を仲介する金融部門が「エコ目利き」になることではないでしょうか。日本において、資金の最終的な出し手である国民はまだまだ消費者に留まっています。自分の金融資産でどのような世の中を作っていくかというセンスで資金運用をしている人はあまりいません。老後の不安も大きいので、流動性の高い形で保有すべく銀行に預けているだけというケースが一般的です。資金を預けられた銀行での資金運用が、どのように世の中とかかわっていくのかが、死活的に重要になってきます。

こうした日本の特殊性にも配慮しながら、２０１０年10月「日本版環境金融原則」（正式名称は、「持続可能な社会の形成に向けた金融行動原則」）が、広汎な形態の金融業界の専門家がこぞって参加する中で自主的にまとめられました。この原則には「持続可能な社会の形成に寄与する産業の発展と競争力の向上に資する金融商品・サービスを開発・提供」することがはっきりと謳い込まれています。

２０１５年３月現在では、１９３の金融機関や金融団体が署名してこれにコミットしています。署名団体が参加する年次総会では、署名組織の互選によってグッドプラクティスの選定も行われました。

その中には、エコ目利きの発露たる事例もいくつか含まれていますが、その一つに、日本政策投資銀行（以下、政投銀）が進める評価認証型融資があります。いろいろなタイプがありますが、要すれば、企業が熱心に環境経営に努めていると評価できる場合は、金利などを優遇した与信を行うような形のものです。環境分野ではすでに10年近い歴史があって、累計約８０００億円（２０１５年３月末現在）の融資が実行されています。環境は、普通に見れば成長制約要因となりますが、政投銀では、環境に正面から取り組むことでリスクが減り、成長につなげることもできると踏んで、非財務情報を積極的に可視化し、優れた与信を行っています。

同様の事例は、東京のローカルな金融機関である西武信金によっても行われています。同金庫では、「環境に取り組む企業には貸し倒れリスクも少ない」と喝破して、融資先の環境取り組みへの支援も行っています。仮に両機関の言う通りだとすると、環境に配慮した与信は環境に配慮した企業を有利にすることになり、ウィン・ウィンの発展を生む仕組みとなっていくことでしょう。

大和証券グループが展開するインパクト・インベストメントも、金融機関がエコな目利き機能を発揮するビジネスモデルの一つです。

たとえば、コロンビアのエネルギー効率のよい公共交通機関整備事業などに融資するための世銀債券を、日本の投資家も購入できるようにしたグリーン世銀債、同じくアジア開銀が安全な水供給を支援するためにアジア諸国に融資する原資となるウオーターボンドなどが対象です。グリーン世銀債自体の歴史も2008年からと浅いものですが、そうした中で、2010年からは、日本でも発売されるようになりました（この時は約100億円、ニュージーランド・ドル建て）。

このように「エコ商品やサービスを供給したいが、その資金が欲しい」という需要と、国民の資金供給とをうまく組み合わせることができれば、エコは儲からないという先入観を大きく変えることができるはずです。「エコに取り組めば、与信がよくなる、したがって、儲かりやすい」という好循環が生まれるからです。土地担保、個人保証などに依存した金融では、日本の未来はありません。金融機関が環境に関して優れた資金需要を選別し育てるという、「エコな目利き機能」を発揮することが技術立国日本の再生の鍵になるといえます。

三菱地所、「環境」テコに有力企業集め

私は長年、東京駅前の新丸ビル10階にある「エコッツェリア」で開かれている環境経営サロン（2015年からは「CSV経営サロン」と呼称）という場で、「道場主」の役割を務めています。環境経営を志す企業の経営者が参加され、その試みのポイントや成功・失敗の評価などを報告し、これまた環境経営に挑戦しつつある他企業の方々と議論しています。およそ2か月に一回程度の頻度で議論の場が持たれていますが、国際競争力ある中央業務地区として発展するには、環境に優れた有力企業に集まってもらうことが有効なのではないかという思いで、大手町、丸の内、有楽町地区の多くのオフィスビルを所有する三菱地所が事務局を務め勉強会を始めました。

いわば、「エコ目利き」力を鍛える道場です。開始から1年分の発表と議論、それらに基づく考察

などは、著書『環境でこそ儲ける』（東洋経済新報社）で紹介し、本書でもそのエッセンスを第二章第四節（70ページ～）で述べました。個別企業の事例に加え、それを素材にした考察、すなわち、どのような発想によれば環境性能の高い製品やサービスを作り込んでいけるのか、どのようにすれば需要サイドの力を得てビジネスが大きくなっていくのか、という内容を織り込んでいます。需要なくして経済の発展はありません。「安かろう・悪かろう」の供給で需要を無理に作らなくても、地球上には、まだまだ物的に恵まれない人々が多く、この人たちの需要を満たせば、経済活動は活発になります。ただし、その需要の満たし方が、地球を壊す形で行われたのでは、貧困を本当の意味でなくすことはできません。環境を貧困にさせず、壊さず、さらにはよくする、という価値にも支払いをしてもらえる形に、経済を築き直す必要があります。自然の声なき声を聞き、貧者に寄り添う、本節冒頭に述べた聖フランチェスコのような心がけが必要なのは、新法王だけではなく、私たちも、なのです。

第二節　真剣勝負となった世界省エネ競争にこそ環境の目利きを

京都議定書の基準年（１９９０年）から25年が経ちました。京都議定書発効時点での交渉で、わが国は環境対策上の優れた実績を反映して比較的緩い削減目標を掲げることに成功しましたが、25年経過してみると、供給エネルギーの低炭素化については、欧州主要国に横一線に並ばれてしまっているどころか、太陽光発電や風力発電の設備容量では、劣後してしまいました。

一般家庭だけでは足りない省エネ

CO_2対策のもう一方の柱である、省エネ面でもこの傾向は同様に見られます。図17は、GDPを一単位稼ぐにあたって排出してしまうCO_2の量を示しています。数値が少ないほど省エネの国といえます。この図を見ると、1990年頃のわが国は、ドイツやイギリスに比べてはるかに環境を汚さずに稼いでいたのが、最近ではすっかり欧州主要国に追い付かれてしまったことがわかります。京都議定書は日本の過去の努力に敬意を払う内容で、その意味で不平等条約ではありませんでした。その結果、日本の省エネ優位を解消させてしまったのです。

なぜ省エネ優位はなくなってしまったのでしょう。図18は、CO_2の排出量の内訳です。日本で慣れ親しんでいる間接排出ではなく、どの発生源から出されているかを見た、直接排出によるグラフです。発電に伴う排出量は見慣れたグラフよりもはるかに大きく見えますが、日本での発電所の占める割合、そして一般家庭の占める割合は欧州主要国に比べ決して大きくはありません。

むしろ多いのは、製造業からのものだということがわかります。日本においては、製造業におけるエネルギー消費量の削減が、まずは重要なのです。

図19は日本の主要な競争相手との間での、製造業＋建設業という広い範疇での省エネの進展を比較したものです。

IEA（国際エネルギー機関）のエネルギーバランス表によって、それぞれの自国通貨建ての製造業等の実質付加価値当たりでのこれら産業分野のCO_2排出量について、2000年以降の相対的な

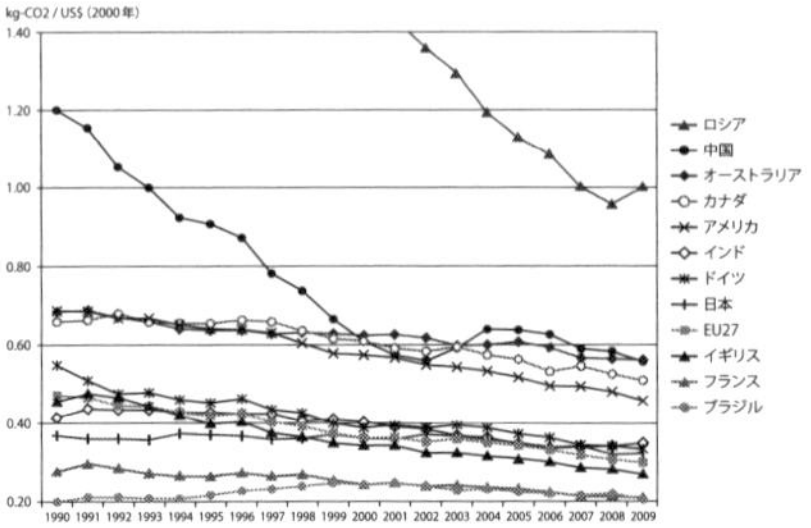

図 17　各国の GDP（購買力平価）あたりの CO_2 排出量の内訳
出典：IEA (2011) *CO_2 Emissions from Fuel Combustion (2011 Edition)*, OECD/IEA

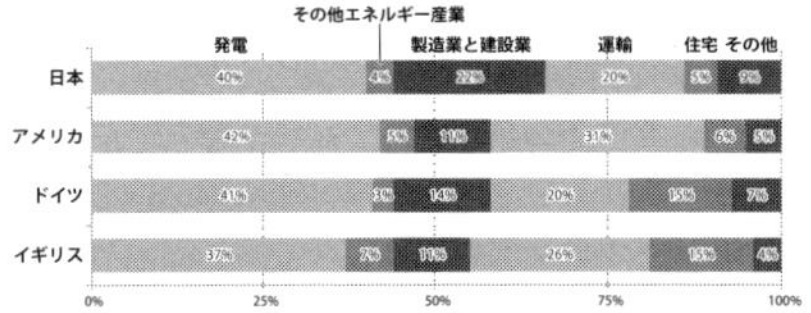

図 18　日米独英の CO_2 排出量の内訳（2009 年）
出典：IEA (2011) *CO_2 Emissions from Fuel Combustion (2011 Edition)*, OECD/IEA

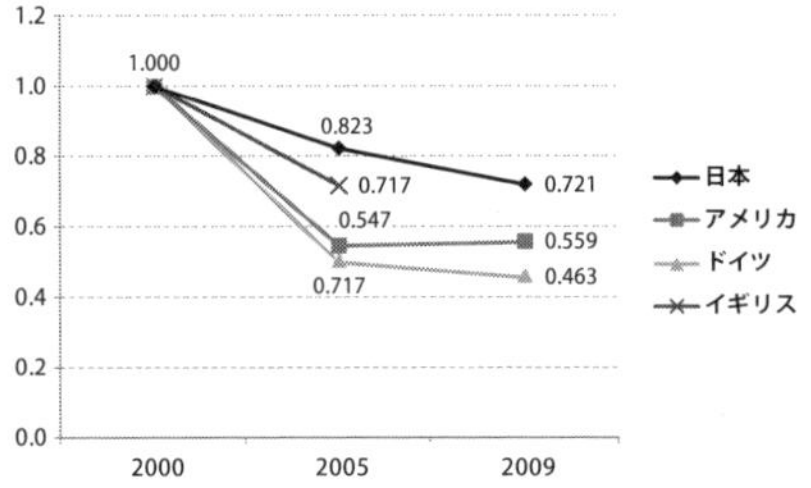

図 19　日米独英の実質付加価値あたりの CO_2 排出量の推移（製造業等）
出典：IEA (2003/2008/2011) *Energy Balances of OECD Countries (2003, 2008, 2011 Editions)*, IEA

変化を見たところ、米国やイギリスはほぼ5割におよぶ省エネ（あるいは生産性の向上）を果たしている一方、日本の改善はその半分程度しかありませんでした。

日本では家庭部門の排出増加が揶揄されることが多いように感じます。それももちろん問題ではありますが、日本において競争相手に比較して大きな排出シェアを占めている製造部門において、省エネ対策が相対的に遅れていることが、日本がかつての省エネ優位を失った大きな原因ではないでしょうか。

今日では、日欧の間にはほぼ平等の環境パフォーマンスが作られました。したがって、日本にはもうアドバンテージはありません。これからの競争は真剣勝負となります。日本が世界市場に対して環境性能の優れた製品やサービスを提供して利益を得ようとすれば、そのヒンターランド（後背地）たる国内市場での環境戦略は、自ずからこれまで以上に高度なものでなければならないでしょう。環境の目利きはこの省エネ分野でこそまず必要になります。

第三節　省エネグッズ、省エネビジネス

日本列島は今年（２０１５年）の７月半ばから８月半ばまで炎暑の中にありました。高温記録はもとより、短時間の集中豪雨の記録も次々と塗り替えられていき、地球温暖化、気候変動を誰もが実感せざるを得ません。しかし「炎暑、地獄夜」でも、国民や企業の節電意識は堅固なようで、電力消費は思いのほか高まらずにすんでいます。東日本大震災とそれ以降の停電の記憶が鮮烈で、電力の浪費がカタストロフにつながると腑に落ちてしまったのもありますが、国民は、ひたすら暑さを耐え忍んでいるわけではなく、新しい克暑グッズが登場、節電ビジネスも生まれているのです。

扇風機にも省エネ余地――わが家のケース

東京の世田谷区にある自宅を舞台にした「節電」の試みは、すでに15年以上を数えます。「もう節電の余地はない」と思っていましたが、７、８月の実質電力購入量（購入電力量から太陽光パネルで発電した電気を東電に売却した電力量を差し引いたもの）について、震災前後を比べると、震災前が５７７

kWhであったのが、486kWh、363kWh、そして348kWhという具合に趨勢的に減っていることがわかりました。地球温暖化が進んでいる一方で、4年間で4割、200kWh分以上も節電が進んでいたのには、自分でも驚きました。

さまざまな原因があって、節電へのそれぞれの寄与を切り分けるのが難しいので、定量的な分析はできませんが、わが家の場合は小規模の太陽光発電パネルを新たに導入し、これから生まれる電力を独立に、すなわち商用電源とは混じらない形で使って、商用電源を節約するようにした効果が最も大きかったようです。140Wと70Wの二つのパネルで発電した電気をうまく使い切れば、2か月で35kWh程度の節電になります。さらに、各所の照明をLEDに替えたことも効果がありました。仮に30Wの電球を月間300時間点灯するケースでは、置き換えを一か所行っただけでも2か月間当たりで14kWhの節電になります。

これらに加え、直流モーター扇風機を導入し、交流モーターの扇風機と置き換えました。扇風機は、節電と克暑を両立させるカギです。28℃程度の室温でも湿度が低く、風があれば、それなりに過ごせるため（最近は、熱帯夜と呼ばれる25℃が涼しく感じるほどですが）、扇風機への需要が高まっています。この取り組みを一層節電に有効な形にするのが直流モーター駆動の扇風機なのです。

直流モーター扇風機は、見た目では従来の交流モーター扇風機と違うところはわずかしかありませ

写真8　わが家の直流モーター扇風機（筆者撮影）

ん【写真8】。目に見える違いは、プラグがインバーターになっていて、そこからモーター部分に電力を供給する電線が細くなっていることくらいです。実際に動かしてみると、モーター音が小さくほとんど熱をもたず、回転数の調節が細かくできます。そして驚くのは、電力消費量の少なさ。家に昔からある交流モーターのものと比べると、直流駆動は7割も消費電力が少なくてすみました。仮に一家で4台の扇風機が一日それぞれ7時間使われると、2か月間での交流モーター駆動の電力消費は約61kWhとなりますが、直流駆動では約18kWhとなり、差し引き43kWhという侮れない節電量を稼ぎ出します。やり尽くしたはずの自宅・エコハウスの節電にもまだ余地があり、さらなる節電の過程で、新たな製品需要が生まれたのです。

直流ワールドに大きなビジネスチャンス

直流モーター扇風機は量販店によると、売れ筋商品の一つのようです。直流モーターが節電になる仕組みは、交流モーターでは電磁石がいつも通電されているのに対し、直流モーターでは、電磁石の極性を変える瞬間だけ通電するところにあるといいます。

扇風機のモーター以外にも最近は直流で駆動している家電は数多くあります。パナソニックの資料によると、高電圧の直流駆動機器の家庭の電力消費量に占める割合は、すでに約50%に達し、情報機器など低圧の直流で動くものが同様に約40%を占め、合計は90%にもなるそうです。そうであれば、わざわざ交流電源をインバーターによって直流に直すよりも、最近は家庭に普及著しい太陽光パネルや蓄電池から直接に直流を供給し、インバーターによる変換ロス（5〜30%と言われている）をスキップするのがよいように思われます。

ただ、直流扇風機は、従来型の扇風機より価格が2倍近くするのが現状です。わが国には、快適性と節電などの低環境負荷性能とを高いレベルで求める消費者が育っているので、供給側はこの市場の利を踏まえ、家庭の直流化に対して世界で一番乗りを果たして欲しいと思います。

「節電所」の普及・拡大にも期待

節電という需要をビジネスチャンスにしてしまうものは省エネ家電だけではありません。設備を改善する、という一層手の込んだビジネスには省エネルギー支援サービス（ESCO）があり、また、もっと臨機応変なビジネスモデルに節電所というものが登場してきています。時刻に応じた電力の需給ひっ迫を踏まえて節電して、高い電力料金を回避し、節電量に見合うボーナスを電力会社から得たり、あるいは節電量を買い上げてもらったりする仕組みです。

ESCOにはわが国でもすでにある程度の歴史がありますが、節電所はまだ耳慣れない言葉です。このような商売の離陸も近いといえます。

節電所が商売として成り立ち得るのは、電力需要がピークとなる時間帯での発電コストが高いからです。ベースロードの発電には、連続フル稼働で利益幅の大きい新鋭の発電所が使われますが、需要が大きくなるにつれ、発電コストの高い発電所を順次動かしていくことになり、利幅が少なくなります。電力会社にとって、めったに動かすことのない発電所を維持しておくには大きな費用がかかります。不要不急の発電所を維持したり、そうした発電所で発電したりするよりは安い費用であれば、節電量を買い上げても電力会社は儲かることとなります。節電量があたかも発電量のように取り引きされるため、節電量のことを「ネガワット」ということもあります。

もちろん、このビジネスが機能するためには、追加的な節電がなければ、どれだけの電力需要が生じるか、正確な予測が必要です。期待される節電を確実に成し遂げる組織力、技術力はもちろん、検証の仕組みも欠かせない、専門性が必要なビジネスです。

電力会社と電力需要家との間に立ち、節電をいろいろな需要家にさせて必要な節電量を総体として確保する専門企業や組織をアグリゲーターといいますが、欧米ではすでにこうした組織が活躍しています。わが国でも、節電量買い上げの入札などが試みられようとしたことがあり、このようなビジネスの意義はますます高まってくるでしょう。

節電所の生きたひな型は、北九州市に存在します。ここでは、特定供給の対象となる東田地区の数百世帯に対し、電力需給の強弱予測に応じて時間帯別に高低のある電力料金が設定され、需要のダイナミックな制御を試みて、習熟の度合いを高めつつあります。

節電が、単にカタストロフを避けるためだけでなく、お金をも生むということになれば、今度は、新しい克暑グッズへの需要も生まれるでしょう。こうしてビジネスがビジネスを生んで、好循環が始まります。温暖化に対して指をくわえて我慢するのではなく、温暖化を食い止めつつ、その中で少しでも快適性の高い暮らしを維持しようとする努力が、新しいビジネスのチャンスを生むことは間違いないのです。

温暖化を恨みながら汗を出すのではなく、どうせ出すなら知慧を出そうではありませんか。扇風機のような、一見進歩しようもないと思われた伝統的な商品にも新しい商機が訪れたことを見て、そう感じました。

第四節　環境取り組みを成功させるためには視野をもっと広く

世界はいま、京都議定書第二約束期間以降（２０２０年以降）の地球を温暖化から守る新しいルールを模索しています。

長い時間をかけて発展してきた国際制度についての研究では、国際社会をきちんと機能させるには威嚇や武力制裁に頼り切るわけにもいかず、かといって単なる相互依存の強化だけでは、国際関係が安定的なものにはならないことも明らかにされてきています。

このため、最近では国際関係を安定的で発展的なものにするために、ルールなどの仕組みをいかに適切に設計するかに関して、研究や政策の中心が移ってきています。さらに、国際的なルールや仕組みの当事者としては、主権国家だけではなく、積極的に業界団体や市民団体などの参画も図られるようになっています。

日本企業は国際ルールづくりに積極的関与を

地球温暖化対策の充実強化に向けて、日本はもっと国際ルールづくりに積極的に関与すべきだと私は思っています。そしてそのルールの中身としては、日本が省エネや創エネに元気が出せるようになるものをどしどし提案すべきだと考えます。

京都議定書は一国の政策動向や経済の盛衰に国際ルールの作り方が大きな影響を与えることを示しました。世界人口の伸びという確実なトレンドに照らせば、省エネや創エネには大きな世界市場が開けていて、ポスト京都のルールが何を推奨するかは見過ごすことのできない経済インパクトを持たざるを得ません。

京都の後の目標をどのようなものにするかを考える際には、日本の今後の発展経路の選択が問題となります。エネルギー集約型の産業によって国民を養うのか、それとも省エネ型の産業で国民を養うのか、という選択です。

１９９０年頃にあったわが国の先進的な省エネなどのパフォーマンスに公平な配慮を払い、対策が遅れていたヨーロッパにこそ相対的に重く、わが国には比較的緩い対策努力を求めた「差異化」された京都目標は、わが国に「省エネ」への努力を惜しませ（目標がなくても努力してもよかったのですが、そうはせずに）、20％や10％のオーダーの削減といった厳しい目標を掲げたドイツやイギリスなどは省エネへの一層の努力が進み、結果としてマクロの省エネパフォーマンスでのわが国の優位は解消されてしまいました【198ページ図17】。この体験からみると、次の国際約束でまたもやわが国が欧州より緩い目標を望み、それを実現させれば、今度はわが国の省エネ性能は欧州に対してそれこそ劣後することになってしまうといっても過言ではないのです。

新しいルールの種

世界ではSCOPE3（たとえば、国内にある工場から排出されるCO_2量だけでなく、国外で原料を採取した時に出されたCO_2量や、部品の製造時のCO_2量を加え、さらに製品が使われる時に消費者が出すCO_2量や廃棄の時に出されるCO_2量も合算して製品などの全生涯の排出量を明らかにするのがSCOPE3排出量）といった言い方でバウンダリーが定められ、その中でのCO_2排出量定量化の動きが進み、日本の産業界も貢献しています。日本の産業界は、中国にある製品製造委託先などにおける公害や有害化学物質管理を丁寧に行っていて、そのノウハウはCO_2の管理や削減に十分に活用できます。

わが国の製造業のCO_2排出量あたりの付加価値額の推移を見ると、産業分野によって付加価値が大きく違うことがわかります。中国などにサプライチェーンを持つ産業部門と、根っこから日本で製造する部門とではこれほどまでに炭素生産性に違いがあるのです**【図20】**。

日本の産業の防衛や発展のためには、いかに少ない投入エネルギーで付加価値を稼ぐか、そのことに知慧を使うべきだと私は主張してきました。その知慧は日本の十八番ともいえ

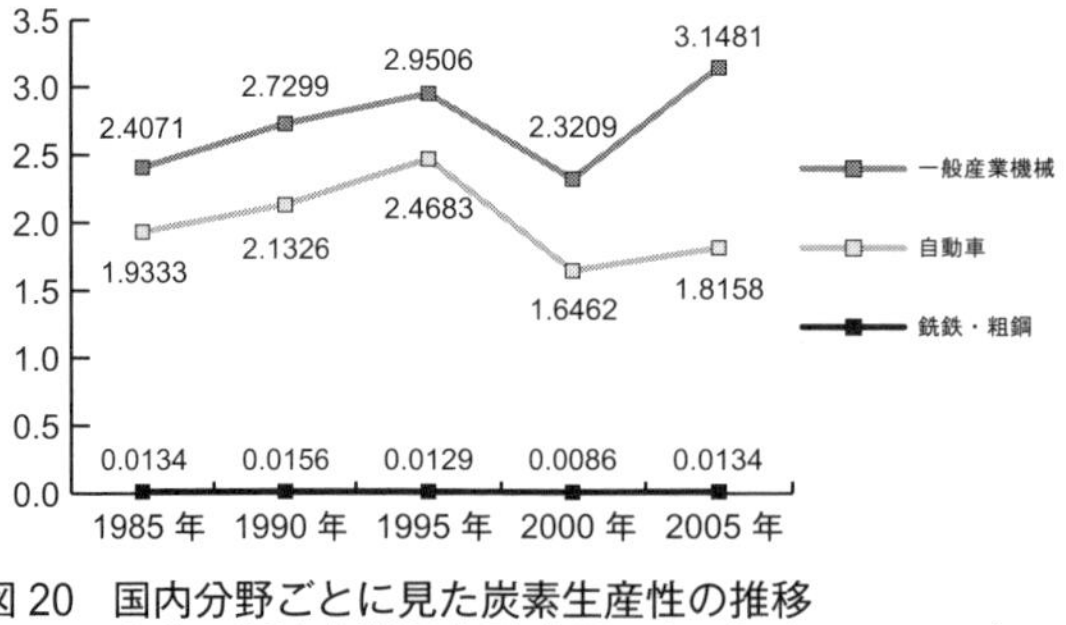

図 20　国内分野ごとに見た炭素生産性の推移
出典：経済産業研究所「JIP データベース 2011」、国立環境研究所「産業連関表による環境負荷単位データブック（3EID）」より作成

る社会的なチームワークの中にこそあるのではないでしょうか。産業機械などの産業部門に属する企業が、中国などにある自社のサプライチェーンの中でCO_2の削減対策を進め、その一部が日本の削減量の一部になれば、中国の削減にも日本の削減にも一挙に貢献できます。新しい環境保全により発展する社会経済では、それを運営する新しいルールが必要です。ある一つの主体を特定して多くの責任を担わせることは大きな困難があります。そこで、一つの環境取り組みにかかわるステークホルダーが皆参画し、建設的に力を合わせることができるようになることが重要視されるべきで、このような参加を支えるしくみが構想されるべきでしょう。

公益の実現と企業利益の確保

最近よく経営分野で耳にする「CSV」という言葉は、米ハーバード・ビジネス・スクールのマイケル・ポーター教授が2011年に提唱した〝Creating Shared Value〟の頭文字を取ったもので、共通価値の創造などと訳されています。企業は、社会的価値を実現する中でこそ経済的価値の創出と長期的な利益確保ができるという考えです。ポーター教授は1990年に提唱した有名な「ポーター仮説」において、専ら公益実現を目指すのが信条な環境規制の下でも、規制が適切に設計されていれば、企業の資源生産性は向上し、競争力を高めることができる、と主張しました。この主張は日本やドイツの環境規制をクリアして発展した自動車産業などの研究を下敷きにしていました。私のような環境行政経験者にとっては大恩ある名前です。ポーター教授の2011年の研究では、必ずしも環境だけではなく、健康や福祉など一層広い公益の実現と企業利益確保が相反するどころか、煎じ詰めれば、「社に貢献する形を取ったほうが市場は広がり、企業が成長できるという主張が展開されています。

社会との共生、日本の経営の伝統

企業経営と公益との間の相互支持的な関係をポーター教授から説いていただいたからといって日本人は驚かないでしょう。日本には「企業は社会の公器」と喝破した松下幸之助や、買い手・売り手・世間の「三方よし」を家訓と考えた、中村治兵衛などの近江商人がいたからです。残念なのはこうした日本流企業哲学を、環境の世紀である21世紀に、日本人経営者ではなく米国人の学者が語っていることです。CSVは現代の日本でも意識的に取り組まれています。環境に取り組む各企業が、内発的に社会価値の向上に自社の本業を通じてしっかりと取り組んでいる姿は、拙著『環境でこそ儲ける』で多数紹介させていただきましたので、ぜひそうした事実を知って欲しいと思います。

ポーター教授は、社会価値を高めるという大きな市場で企業が役割を果たそうとする場合の着眼点を三つに整理しています。いわく、①供給する製品・サービスの社会的性能のアップ、②企業のバリューチェーン全体を見渡した社会との関係改善、③地域社会や住民なども含めた企業の活動基盤との積極的な連携の三つです。

他方、本家日本企業が環境経営サロンで自ら紡いだ現代版の環境経営指南は、①環境経営の5要素、②要素を社内で具体化する5ポイント、③環境経営の共通基盤的な発想を盛り込んだ環境経営のための鍵の三層構造としていますが、一言でいえば、両者ともに、売り手の都合ではなく、企業を買い手や世間に開き、これら需要家側の都合やそれらとの連携を重視していることがわかります。

出でよ、現代の伊庭貞剛

この三層構造の知慧は、環境経営サロンの発表のうち２０１１年度分の12企業の経験を論じて紡がれたものですが、具体化のための5ポイントの中でも、もっとも注目したいのは「社長のイニシアチブ」です。戦後70年も経つと、サプライサイドの内側だけをみて、組織の仲間話だけをするような傾向が強く、敗戦の廃墟からゼロベースで始めたことが今や重い伝統となって変えがたくなってきているように思います。しかし、今、求められているのは、企業を社会に再び開くことなのではないでしょうか。

つまり、社会のニーズ、ディマンドをもう一度新しい目で見据え、企業の可能性に関する思い込みを改め、企業の活動の方向付けを変えていくことが必要で、そのためには経営者自らが旗振りをすることが重要であると思われます。

明治の経営者は、こうしたときには気骨を発揮しました。私がいつも頭に描くのは、住友中興の祖、二代目の総支配人にして四国・別子銅山の鉱害問題に立ち向かった伊庭《いば》貞剛《ていごう》です。伊庭は近江の出身ですが、鉱害に苦しむ別子に着任して早々に、精錬所の遠距離移転、汚染物質の根元での処理と有用な物資への転換（排煙脱硫をして得た硫黄酸化物から肥料を生産）、鉱山元の完全緑化と持続可能な林業の導入という方針を立てて、実行に移しました。これはまだ、排煙脱硫などがドイツで特許はあっても実機のない19世紀の話です。公害の抜本解決に至るには、昭和10年代（１９３５年以降）まで待たなければなりませんでしたが、その間、公害対策を積み重ねる一方で、地元と契約を結び、生産量自体の制限や農業支援にまで踏み込む約束を取り交わして実行しています。

１８９４年から１９０５年の、伊庭が別子銅山の経営に当たった時の投資額４６２万円（当時）のうち、環境関係投資は、約半分（四阪島への移転費約１７３万円、山元の植林約19万円、精錬排水線用排水路と処理施設設置約22万円など）に及んだといいます。こうした環境対策が、別子の年々５０００トンにも及ぶ当時の日本最大規模の銅産出を可能にしたのです。

今や日本は、好むと好まざるとを問わず、国際社会経営の一翼を与っています。そうであれば、現代の日本の家訓は、「買い手よし、売り手よし、世間よし、そして地球よし」の四方よしとなるべきです。日本企業の経営者陣は、これを横文字を使わずに、旗印に織り上げて高く掲げてもらいたい、と切に願っています。

第五節　多主体の協力関係が共進化する仕組みづくり

地球生態系の健全な一部になるために、私たち人類は、地球上で生物を繁栄させてきた原理を学び、それに従いながら自らの一層の繁栄を果たしていかなければなりません。弱肉強食、適者生存の競争原理を、荒々しく適用することが生物界の繁栄の原理だとは言えなくなってきていますが、その理由の一つに、生態学の分野で今重要視されている考え方である「共進化」という見方があります。

「環境を悪くしかねない、特定の立場の人々にのみ環境保全の役割を与える」という考えでは、新しい社会、すなわち環境保全によって発展する経済社会はもはや築けないことは明らかです。この共進化の考えを援用することによって多主体の協力関係が肯定・支持されることはもとより、それを一層幅広く、強固なものへと発展させることができます。私は環境ビジネスの促進に関する政策を通じて、共進化の発想がいき渡ることの有用性を実感しています。

生態学の教え

多種の生物が系として存在することで生まれる「共進化」のようなダイナミズムはすでに第二章第六節（84ページ〜）で見ましたが、ここでそのエッセンスを振り返りましょう。

生態学が我々にさらに深い知慧を授けてくれるのは、生態系が自らの力で進化してきたという背景にあります。協力の網の目があったればこそ、一つの生物が生存し得た、というスタティックな利益だけでなく、さらにダイナミックな利益が生まれたのです。つまり、生態系は生物を分化させつつ、地球に固定される炭素などのエネルギーを大きくし、秩序を生んでエントロピーを下げ、そしてまた、人間を含む一層多くの生物種を登場させ、地球環境をより一層豊かなものへと、ダイナミックに変化させるという利益を生んできたのです。

共進化という言葉は、狭義では特定の形状の花が特定の口吻《こうふん》を持つ動物種とともに、その特定度合いを強め、互いの繁殖を一層確実にしていくことなどの例をいいます。広義には、生態系全体が共進化していると見ることもできるでしょう。私たち人間を含む動物が地上で繁栄できるのも、光合成し、廃物として酸素を生み出した植物があればこそ、なのです。

最近議論を呼んだ生態学の研究成果では、相互報酬的な種間関係の網の目が豊かであるほどそれぞれの種の生存確率が高まるという指摘もなされています。生物の世界で特徴的なことは、それぞれの種が目指す利益が相互に異なることです。植物の廃物である酸素は、動物にとっては有用物です。このように、全体として多様な価値を追求することで、極めて多数のさまざまな交換が、意義あるものとして成り立つのです。

環境ビジネス振興政策等の実務から見た実感

こうした多価値の相互達成を通じて実現する、広い意味での共進化、すなわち系全体の相互支持的な進化を意識的に追求することこそ、環境と共生し得る人類の経済社会を築く上での、最強兵器であると私は思っています。

たとえば、環境ビジネスを行う企業には、環境をタダで使う旧弊を克服していくという挑戦が待ち構えています。企業はそうした、旧弊に悩む他の多くのステークホルダーが、同じ挑戦を突破していくことを自覚的に助けることによってこそ発展していける、と悟ることが重要です。

もちろん、「悟る」は単なる第一歩で、悟りが実りを生む仕掛けや土台、いわば人間生態系の共進化ルールを発明していかなければいけません。

2種の生物が単一の資源を同じように消費する形で依存していたのでは、勝つか負けるかの勝負になってしまいます。人間社会の場合は、多価値でさまざまな交換を行う相互報酬的な網の目を、自ら設計して作り出すことができるのです。

ここにおいて、米国の著名な経営学者サイモンの主著『経営行動』の中での指摘が想起されるべきでしょう。それはたとえば、治水を専らとしてついでに発電もする河川管理と、逆に、発電を専らに考えた上で治水も目指す河川管理とは、結局、互いに全く違うものだという指摘です。主目的として経済を据え、その範囲の中で環境保全を考えたのでは、環境と共生するグリーンな経済は作れません。経済政策の主目的として、環境をよくしていくような経済を考えることが重要なのです。

最初は野放図な経済発展の弊害を戒める制約条件に過ぎなかった環境保全は、その後次第に地位を高め、２０１０年に政府が定めた「新成長戦略」では、エネルギー・環境大国づくりが、経済政策の一つの目標になるようにまで成長しました。今後とも、経済政策全体の中での環境の立ち位置の向上に注意を向けていくことが期待されます。

さらに、個々の政策や環境取り組みの中で、共進化を促す相互報酬的な網の目を作ることが重要でしょう。

私が注目し、深くかかわった事例の中でも、特に日本らしさを感じるケースは、民間銀行による環境格付け融資です。

第一節（192ページ～）でも紹介しましたが、銀行に「目利き」機能が十分あれば、環境に取り組む企業は成長性が高い、あるいは安全性が高いと見てよい与信をする。すなわち、低利で融資をする、といったことが考えられます。金融機関によって、環境への取り組み度合いが審査され、格付けを受け、格付けのよい企業は低利の融資を受けることになりますが、こうした低利融資を受けた企業の環境上の取り組みはますます成功しやすいものになるといった好循環が生まれます。これは言葉を変えれば、政策・金融機関・融資先の共進化なのです。

国際的な地球温暖化対策でこそ共進化を加速させる好機

多数のステークホルダーの共進化を可能にする仕掛けが強く求められるのが、今まさに、第三のステップへ移行しつつある地球温暖化対策です。そして、これを睨み、2020年以降の国際的な地球温暖化対策に関し、米国や中国といった二大経済大国はもちろん、海外各国では地球温暖化対策が、今や、世界市場の争奪戦の旗印と化しています。

欧州も国内の斜陽産業の雇用異動先として、再生エネルギー産業に的を絞ってその振興を進めています。たとえば英国などでは北海油田の労働力を洋上風力発電事業に振り向け、空になった油田、ガス田はCO_2ガスの捨て場に使うという、一石二鳥を目指しているように思われます。

しかし日本国内では、目立った環境対策の打ち出しが、まだ見られません。かつて鳩山政権時代、国会や国民との相談もないまま、就任早々突然に2020年25%削減を国際舞台で提唱したとして、当時野党だった自民党が強く反発しました。その結果、わが国の地球温暖化対策の長期的な方向を定めるはずだった温暖化対策基本法（仮称）の国会審議はまったく進まなくなりました。当時野党だった自民党も与党時代にそうした法案を用意していたにもかかわらず、国会での議論を通じ、与野党が一致できる成案を得る見込みが立たなくなったのです。

麻生政権時代には、国際舞台で温室効果ガスの90年実績比でいえば、少なくとも8%の削減を国内で実施することも表明していました。鳩山元総理は、世界が一致するのであれば2020年に90年比

25%削減を目標とする用意があると述べましたが、これは麻生元総理が下限を述べたこととは異なり、上限を述べたのであり、国内で必ず果たす削減がどれほどのものであるかについては、そもそも触れていませんでした。つまり、それぞれが下限と上限を述べたものであり、決して矛盾するものではなく、与野党で議論する余地は十分にあったはずです。しかし、当時の与党・民主党は、25%の旗の独り歩きをどうコントロールしてよいかに定見がなく、頑なになり、また当時野党だった自民党にとっても、与党攻撃の材料として有用であったように見受けられます。

いま、自民党政権になって、ふたたび温暖化対策が政争の種に使われるのはぜひとも避けなければいけません。米国も中国も、そして欧州も、地球温暖化対策を単に環境政策として進めるのではなく、経済政策としても進めているのであって、これに劣後すると日本は大きな市場を失うおそれが強いからです。

地球環境の経営のためには、もはや国内での政局をしている暇はありません。国内産業界に対し、地球温暖化対策への政府の強いコミットメントを示し、政策技術の強化や新製品の上市に向けた信頼できるゴーサインを出すべきです。他方、石炭火力発電のように、低炭素化した経済には不向きな技術への投資には黄信号を出していくべきでしょう。日本が一流の産業国家であることを放棄するならともかく、そうでないなら2050年の80%削減に向けた国内の温室効果ガス排出量削減のロードマップなどを、諸外国以上に技術促進的なものとして定め、国内市場を整備することがまずは急務ではないでしょうか。日本でもようやくF-T制度が動き出し、3000億円弱の低炭素イニシアチブとなる温暖化対策税制（石油石炭税に上乗せする炭素比例税）が導入されましたが、この点は国際的にも評価されてしかるべきでしょう。

目の間にある旗揚げの機会の活用と元気の出る目標づくり

図21は2020年以降の国際対策の検討作業と並行して、国際的な交渉の対象となる、なすべき課題を示したものです。

途上国支援のメニューが目白押しで、座視していては、日本はただの資金提供国になってしまいかねません。ドーハのCOP18では、報道によれば、日本の外交団の存在感は希薄だったと言われています。それは、はやばやと「京都議定書第二約束期間の目標は登録しない」として、交渉相手たり得る価値を自ら減じ、交渉の場から退いたからでしょう。幸か不幸か、この後すぐに起きた東日本大震災の大ニュースに隠れて、こうした日本の姿勢は目立たずにすみましたが、このまま、環境対策技術の世界大競争時代のプレーヤーとしての役割も忘れ去られてしまいかねない深刻な状況です。

そこで、結果的には負担が避けられない途上国支援などに関しては、日本の顔が見えるものとして構成するといった対策を今こそ行うべき絶好の機会ではないでしょうか。そうでなければ、たとえば、太陽光パネルの製造がダブついている中国などの進出に好機を与えることになると理解すべきです。

日本が、途上国における温暖化対策の強力な支援国であることを示すには、日本が先進国としての義務をきちんと果たしている姿勢を併せて示さないとなりません。差異ある責任の原則を強く意識しているインドを先頭にした途上国は、先進国の義務の肩代わりを途上国にさせようとしているのではないかと心配しているからです。そのためには、前の民主党政権が、京都議定書の第二約束期間にコミットしなかったことを改め、自民党政権はこれにコミットすることが新鮮であり有効です。その数字は大きい必要はありません。将来の途上国の義務が現段階でわからない以上、日本も京都議定書第一約束期間以上の責任を負う必要はありません。環境派の方々には怒られそうですが、90年比6%削減という今までとおりの責任で、第二約束期間に入ればそれでよいのではないでしょうか。

このようにして日本は失うものなく、温暖化対策世界市場争奪戦に堂々と参戦できるでしょう。好機はすぐに去ってしまいます。2020年以降の国際対策レジームの検討は、日本が何もしなくても本書公刊に先立つ2015年末には結論が出てしまうでしょう。もっとも、その後にも、新しい国際的約束のパリ合意の運用細則に関する国際交渉は長く続きましょう。パリ合意の形成にあたって日本がなにがしかの貢献が果たせれば、この、パリ以降の国際交渉における日本の発言力も

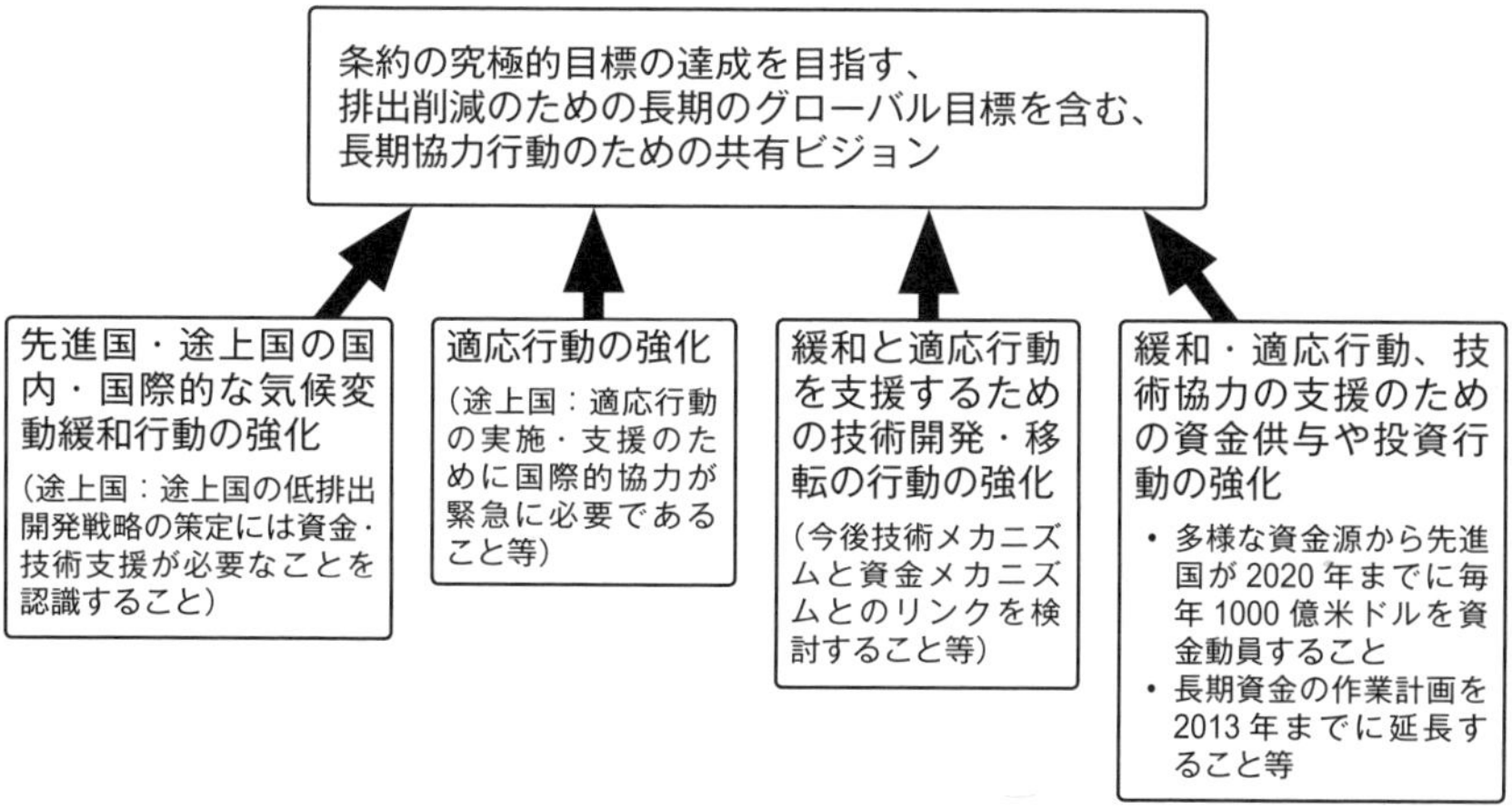
条約の究極的目標の達成を目指す、
排出削減のための長期のグローバル目標を含む、
長期協力行動のための共有ビジョン
先進国・途上国の国内・国際的な気候変動緩和行動の強化
（途上国：途上国の低排出開発戦略の策定には資金・技術支援が必要なことを認識すること）
適応行動の強化
（途上国：適応行動の実施・支援のために国際的協力が緊急に必要であること等）
緩和と適応行動を支援するための技術開発・移転の行動の強化
（今後技術メカニズムと資金メカニズムとのリンクを検討すること等）
緩和・適応行動、技術協力の支援のための資金供与や投資行動の強化
・多様な資金源から先進国が2020年までに毎年1000億米ドルを資金動員すること
・長期資金の作業計画を2013年までに延長すること等

図21　国際的な交渉の対象となる、なすべき課題
出典：慶応義塾大学・小林、森田、白が作成

確保できるに違いありません。

日本国内で原子力規制や除染のために環境省を強化したのは評価できますが、国際温暖化対策での地位確保のためにも、国内の環境エネルギー行政を飛躍的に強くしてほしいと願います。

ところで、日本政府は２０３０年に関しては、２０１３年比26％国内で削減をするという目標案を提出しました。大変残念なことに、エネルギーの供給側で低炭素化を大きく進めるとの考えには乏しいもので、石炭火力発電所を使い続けるとの考えが打ち出されました。他方、省エネについては比較的意欲的な内容ということはできます。しかし、２０１３年比26％削減を２０３０年に具体化するというのは、米国よりも弱い目標です。これでは、日本の低炭素化技術やそのマーケットが十分育つか心許ないといえましょう。もう一頑張りを期待します。

国境なき地球環境のニーズに応えられる大学を

地球環境保全には重大な使命があり、大きなニーズがある一方、その担い手は十分には育っていません。共進化が期待されるステークホルダーの足元の強化が必要です。

２０１１年８月に行われた環境省の調査（「大学及び企業等における環境教育の現状と課題」環境省）によれば、大学で行われている環境教育の内容の多くは、環境に関する基礎知識の獲得や環境問題への関心の涵養《かんよう》といった、比較的初歩的な内容に留まっていて、その限りでは成果を収めているようではあるものの、問題解決策の考察といった、さらに実践力を養う教育までを視野に入れると、「フィールドワークなどが組み込まれていない」（課題ありとした大学の47％が指摘）、「学生の能動性を引き出せていない」（同23％が指摘）といった具合に課題が山積していることを示していました。

私はかねてより「国境なき環境大学」という考えを提唱しています。これは、学習の現場やフィールドを国内外の各大学に公開し、国際的に活用、教員や学生の、個々の大学を超えた広範な交換、そして履修単位の広範な互換といったことを進めることを内容としています。環境に国境はありませんが、その現場は、気象や経済発展段階などに応じて独自なので、実践力を養う教育や研究となると、現場を広く国際的に開かれたものにし、内外の大学が互いに皆で活用し、多様な現場を踏むことが欠かせないのです。また、そうしたほうが、学生の国際的な実践力も強力に開発されるといえます。

さらに、途上国を中心とした環境人材の開発、環境能力のキャパシティビルディングは、すでに国際的な要請ともなっています。

地球温暖化の防止を進める「国連気候変動枠組条約」の第6条は、教育、訓練に関する条約締約国の義務を定め、その第4条では、先進締約国に対して、この第6条などを受けて途上国が取り組むさまざまな対策へ支援を行うことを義務付けています。さらに、先進締約国は1年間に1000億ドル（各国の合計額）もの官民資金を、途上国の対策支援へ使うとの方針も決定されています。私の個人的な考えになりますが、この国境なき環境大学を日本でまずは率先的に具体化し、世界の若者に日本の環境のフィールドをどしどしと訪れて貰うことは、この1000億ドルに算入してもよいはずです。現在でもごく細々と、ODAにより、途上国政府の職員を日本の大学院に学生として招聘する仕組みは設けられていますが、こうしたものをもっと大々的、戦略的に展開していくのです。

たとえば私は、行政官時代以来コミットしている水俣において、そこでの国際的な環境大学構想に参加し、その具体化に尽力しています。水銀汚染対策や公害で疲弊した地域の、環境保全的なブランディングによる地域経済の再生などは、途上国から大きな関心を集めているからです。

安倍総理の成長戦略にある、国内大学・大学院の国際的なオープン化は、この温暖化対策や水銀対策を始めとする世界の地球環境政策の流れに大いに合致するものといえるでしょう。

大学・大学院の環境教育・研究を変革する方向と課題

しかし、日本の大学・大学院の国際化には課題も多くあります。国の環境行政経験者で大学に移った人々を対象にアンケートをしてみたところ、約9割が、国内大学等での環境留学生受け入れ拡大に賛意を示したものの、ほぼ7割の環境教員が、国外環境留学生を受け入れるに当たって課題があると答えました。共通的に指摘された課題には、教員の外国語能力の不足、教材の英語化の不十分、一緒に学ぶ日本人学生の英語能力の不足、留学生の生活サポート体制の弱さなどがあげられています。留学生の存在は、安倍総理が発言したように、刺激的な学内環境づくりに有益である一方（日本語で留学してきた外国学生の指導はともかくも）、英語で留学してくる外国人留学生を、英語で指導し、あるいは生活サポートすることには大きな困難が伴うのが国内大学・大学院の現実の姿であるように思われました。

留学生への奨学金を増やしたり、日本人学生の海外留学を経費的に支援するといった学生相手の給付はもちろん増やすべきですが、それだけでなく、国内諸大学・大学院の国際化の基盤整備に要する費用の確保を容易にする算段も重要であるように思われます。たとえば外国人教員の増員や英語で授業を行う日本人教員への手当の支給、邦文教材の大々的な英語化と継続的な更新などが役立つでしょう。日本人学生の就職先からの英語能力に関する要請の強化も、大学教育への強いインパクトになるでしょうし、水俣や国内に存在する世界に通用する価値を内包する現場における施設設備支援も有効なのは確実です。津波被害や放射能汚染から災害にレジリエントな地域として再生を果たしつつある東北地方も、世界に貢献するフィールドとしての役割を果たせるはずです。

このように、大学レベル以上の環境教育の国際化を、アベノミクスの一環として政策的に推進していくことを期待しています。

第五章　環境共生は地域から

第一節　環境共生の地域づくりを各地に訪ねて

デフレから脱却し、格差を是正しつつ働き場所を皆が得られる経済への移行、東京オリンピック／パラリンピックの実行、少子高齢化・人口減少への対応、地球温暖化対策と福島原発事故を踏まえたエネルギー政策の一体的な展開といった具合に、わが国には課題が山積しています。私たちは、これらの課題に受け身的、対症療法的に取り組むのではなく、むしろ、こうした課題を積極的に克服でき、禍を転じて福となすような形での新しい持続可能な日本づくり、経済社会づくりに力を注ぐ必要に迫られています。その鍵となるのが、すでに述べてきました、人類が地球の生態系の善き一部になることです。そして、そのことは頭の中で考えられただけでは仕方ありません。私たちの住むまちや地域で実現されるべきものです。以下では、そのような経済や地域への移行を目指して行われている各地の具体的な取り組みを紹介しつつ、今後に期待される新しい発想のまちづくりの方向を考察してみましょう。

温暖化が世界に迫る、低環境負荷のまちづくり

今、国際社会をにぎわす話題としては、イスラム圏の一部から起こるテロリズム、アメリカでのシェール・ガスやオイルの発見に伴って国際的に政策化されつつある石炭離れ、ギリシャや中国を震源地として相変わらず繰り返される国際経済不況といったことがありますが、そうした眼先の課題以

外に、基底的な問題、大きなトレンドとして懸念を集めているものに、地球の温暖化があります。産業革命前に比較し気温はすでに０・８℃以上上昇し（全球平均）、気候災害の頻発が実感されています。前述した国際社会の諸課題にもこの気候変動問題が色濃く影を落としているともいえましょう。国連を中心に、国際的な気候変動対策の強化が俎上に載せられ、外交交渉が進んでいることは、よく知られています。そうした中、２０１４年９月には、ニューヨークの国連本部で、潘基文事務総長のリーダーシップの下、国連史上最多数の首脳級代表を迎え、気候サミットが開かれました。これは、２０１５年12月にパリで開かれる国連気候変動枠組条約（ＵＮＦＣＣ）締約国会議への道固めを狙ったもので、この会議の機会に、京都議定書の跡を継ぐ新たな国際約束が採択されるよう後押しするものでした。

この気候サミットでは、首脳スピーチ以外にさまざまな動きがあり、実務的な国際合意が積み重ねられました。その中でも比較的に多くの具体的な取り組みが打ち出されたのが、都市分野でした。

国連事務総長が任命した気候変動対策特使のマイケル・ブルームバーグ氏によれば、世界の諸都市が講ずる政策や対策には、２０５０年時点では、毎年、80億トンの温室効果ガス、すなわち、世界中の石炭消費に伴う排出量の半分相当を削減するポテンシャルがあるとのことです。そして、この気候サミットにおいては、「市長たちの世界協定」（Global Compact of Mayors）という、ユニークな発想の協定が結ばれました。普通の国際約束は、「国際」という言葉があるように、国の政府どうしが結ぶものです。しかし、このコンパクトは、国が当事者ではなく、地方政府が、いわば地球市民として、地球を守る役割を連帯して果たすことを世界に対して約束する性格のものでした。

この協定には、各都市がそれぞれに参加している、既存の都市間協力グループのＣ40（大都市気候変動先導グループ）気候対策イニシアチブ、持続可能な都市づくりをサポートするICLEI、あるいは都市や地方政府の連合体のUnited Cities and Local Governmentsを介して、参加する形になっています。既存の都市間協力グループがそっくり参加する仕掛けのお蔭で、このコンパクトは、発足時から大きな力を発揮できる組織になりました。具体的には、数量的な排出量目標を持つ200以上の都市を含む2000以上の都市によるムーブメントとなったのです。この取り組みによって、2020年時点で、4億5000万トン以上のCO_2削減を果たすことが目指されています。

都市をどのように改善し、運営していくかは、気候変動対策の文脈で人類的な課題になっているのです。

東京オリンピック／パラリンピックが促す東京のエコ改造

世界の都市が温暖化対応を進めています。いうまでもなく、都市からの環境負荷低減は日本にとっても避けて通れないものですが、二度目のオリンピックをホストする東京には、とりわけ必要性が高まっています。

人口の絶対数で頂点を打ち、縮退の中での新しい生き方の模索が始まったわが国にとっては、2020年のオリンピック／パラリンピックは、歴史の大きな節目となる出来事になりましょう。ちょうど、1964年の東京オリンピックが、脱戦災復興・高度成長する工業国家づくり、といった時代を開くモニュメントとなり、新幹線や高速道路といった今日に続くインフラを整備する契機となったのと同じように、新しい時代の日本のドアを開けるのがこのオリンピック／パラリンピックであると思われます。

縮退の中での新しい日本の生き方とは、しからば、何でしょう。その答えはまだ出されていませんが、少なくとも、量的な拡大が目標でなくなる社会を切り開かなければならないことは間違いありません。私としては、人類が地球上で永遠の拡大を続けて行けるはずがない以上、人類全体にとっても意義ある社会モデルの開拓が、オリンピックを迎える日本の取り組みの中で進められることを期待しています。

非拡大的な、新しい社会モデルの下では、インフラも、都市の姿も変わってしまうでしょう。なぜかといえば、資源や資本、労働に制約が強まっていく社会では、当然に、作っては壊しではなく、リサイクルし、大事に修繕しながら、しかし機能や満足を高めていくような仕掛けや構造が大事になってくるからです。そして、そうした仕掛けの中では、すべてを人為でなすのではなく、自然の営みを積極的に活用するとともに、人類の側でも自然の働きに順応する設備や暮らしを導入していくといったことも必須になっていくと思います。こうした考えは、まだ、オリンピックの具体的な理念となるまでの姿かたちを整えていませんが、財政もシュリンクしていく日本としては、頭に置いておかなければならない基礎的発想といえましょう。

オリンピックでは、大別三つのことが目指されています。すなわち、諸民族の平和の祭典、人間の生物としての力の極限への挑戦といったことを目指す肉体・頭脳的な「スポーツ・ゲームの安全な運営」ということはもちろん、それにとどまらず、後世の文化にも継承される有益な「レガシーづくり」が目指されています。さらに、三つ目の柱として新しく加わったのが、環境です。１９９４年の１０

C百周年の節目にパリで開催された第12回オリンピックコングレスと同年のリレハンメル冬季大会以来は、憲章も変えられ、「環境保全」が（配慮事項ではなく）目的になったのです。

このような流れの中、前回の夏季オリンピックであるロンドン大会は、最も環境に取り組んだ大会との評判を得ました【図22】【図23】。

２０２０年の東京オリンピックでは、暑熱の真っ最中に開かれる競技会ということからも、また文化レガシーづくりや環境保全という目的達成からも、前述した、資源循環的な、そして自然親和・順応的な発想は、２０２０年東京オリンピックの理念の母胎となるに違いありません。

すでにわが国は、オリンピック招致立候補の際のファイルにおいて、環境ガイドラインの形で、環

ロンドンから学ぶべきこと

- □ 地球一つ分のオリンピック、という理念
- □ 汚染地区を、オリンピック施設に、そしてさらに生物多様性の豊かな公園に
- □ イベントについてのサスティナビリティの国際規格（ISO20121）の制定
- □ 責任ある資材調達（リサイクル品、製造時 CO_2 など）
- □ CO_2 排出量目標の設定と達成（再生エネ目標は立てられなかった）
- □ 97% のごみを埋め立てずに処理、利用
- □ 組織委員会の中に、権限ある環境責任組織を設置。独立の監視委員会も活動
- □ 閉会後も追跡調査、成果公表

図 22　ロンドンから学ぶべきこと

ロンドン大会の環境パフォーマンスの例

□ 二酸化炭素排出抑制量	40 万トン
□ 大会中のすべてのごみを通じた再生利用率	62%
□ 終了後の建設解体ゴミの再生利用率	99%
□ 生ごみの埋め立て	0
□ オリンピックパークへ来た観客の列車利用率	85%
□ 納入業者の中小企業比率	70%
□ 大会時雇用スタッフの失業者比率	39%
□ 供給された食事の材料のうち持続可能な方法で生産された比率	15.5%

図 23　ロンドン大会の環境パフォーマンスの例

境保全に力強いコミットをすることを方針的に示しています。たとえば、東京都が定めているようにCO_2等の温室効果ガスについては、２０２０年には、２０００年比25％の削減を行うこと、会場での電力は、証書によるものを含め再生可能エネルギー１００％とすること、観客は１００％大量公共交通機関か徒歩で会場に来ること、カーボン・ニュートラルな大会とすること、会場と都心とは生物多様性に配慮した緑の回廊で結ぶことなどです。なお、大会の環境理念を「環境を優先する大会」としているのは、オウム返しで中身がないので、微苦笑してしまいます。今後、環境をどう優先するかをシャープに描き出し、かつ、それを大会全体の理念としていくべきでしょう。

　オリンピックを契機にした都市の一層の整備については、民間での議論もようやく盛んになってきました。たとえば、広く民間企業が今後の環境分野への投資のあり方を自由に議論する「低炭素社会

環境に関して日本がすでに約束したこと

招致ファイルの中に掲げた「環境ガイドライン」(2016年招致の際にまとめたものの改訂版)は、抽象的だが、重要なことを約束している。

↓

- 世界初のカーボンマイナス・オリンピック(パッシブ設計＋自然エネの現場利用に加え、遠隔地から託送、証書購入)
- 会場と中心街区を緑で結ぶなどの、自然共生
- スポーツを通じた持続可能性の向上

その他
- 2000年比2020年でCO_2を25％削減
- 個々の建物のエネ消費を現状より35％削減
- グリーンエネルギー100％
- 廃棄物をなくす大会
- 100％の観客が公共交通機関で来場

……などなど

図24　環境に関して日本がすでに約束したこと

に向けたビジネス・投資に関する懇談会」（主催は日本気候リーダーズ・パートナーシップ〈ＪＣＬＰ〉。会長はリコーの櫻井最高顧問）が開いた第３回目の会合では、オリンピックへの取り組みが議題の一つとなりました。このオリンピックについての議論のファシリテーターは私が務めました。プレオリンピックの２０１８年を事実上のゴールと考えると、残された期間が極めて少ない中で、方針の、地面、事業への落とし込みを早急にしかも組織的に始めるべきとの認識が共有されたほか、オリンピックゲームの会場ではないものの中心街区の価値向上が欠かせないこと、そして、東京周辺の運輸網の向上にも取り組むべきことなどに関心が集まっていました。

２０２０年にはまだ時間があるように見えて、実は、もうすぐです。私は、国際公約となったカーボン・ニュートラル、再生エネルギー１００％といった事柄を現実の都市でどう具体化させるのか、正直、気が気でならないのです。

都市ならではの知慧の集積――エコをバネとした中心街区の刷新

ところで、オリンピックを契機に、縮退時代の新たな都市像を拓くとして、その鍵になるのは、先進的なエネルギー施設といったハードだけではありません。ソフトも問題なのです。

恒例となった、世界の都市総合力ランキングでは、２０１４年には、東京は世界四位で、三位のパリには特に文化力で劣っているとされています。しかし、勃興するアジアにあって、アジア全体を見据えた拠点をシンガポールや香港に置く会社がほとんどであることに見るように、経済面での東京の競争力には翳りが見えてきています。東京と五位のシンガポールとの差は縮まってきているといいます。こうしたことを特に心配するのは、三井不動産や三菱地所、森ビルといった賃貸ビルを都心に多く持つ企業です。稼ぎのよい企業がテナントになってくれないと賃料収入が確保できないからです。そこで、これらの会社では、どのようにしたら強い企業をまちが育てられるのかを考え、実践しています。三井不動産の柏でのインキュベーションの取り組みは有名です。また、三菱地所は、エコッツェリア（一財）大丸有環境共生型まちづくり推進協会）やその傘下の３×３ラボといった場で、特に企業の横つながりによるビジネスの創発を目論んでいます。

第二章第四節（70ページ〜）でも紹介しましたが、ここで改めて、私が参加しているエコッツェリアの例を紹介します。

エコッツェリアでは、大丸有地区に立地する企業やその社員が参加するさまざまな取り組み、集まりを組織しています。社員相手には、就業時刻前を利用した丸の内朝大学といったものや、この地区ならではの情報を流すローカルテレビ放送などがあり、企業の役員などを対象としたものには環境経営サロンといったものがあります。

環境経営サロン（現在は、ＣＳＶ経営サロン、と広い構えにしました）では、私が、怖そうな名前で恐縮ですが、道場主という名前で、普通でいえば、ディスカッサントの役割を果たしながら、各企業による、本業上の環境への取り組みをヒアリングし、そこで得られた知慧の引き出しと共有化を図っています。この環境経営サロンでの経験を踏まえ、三菱地所では、横つながりがビジネスを創発する可能性を強く感じ取り、最近には、エコッツェリアの機能を物理的に強化し、ビジネス化の行動を引き出すべく、３×３ラボという場を立ち上げるに至りました。３がかけ合わさっているのは、企業でも自宅でもない第3の場所で、環境・経済・社会のトリプルボトムラインを一挙達成する取り組みを創発させようという趣旨を字にしたものだということです。この場は、さらに面白いことに、建て替え前のビルの空きフロアの時限的な有効利用、すなわち、ビルの3R（リデュース・リユース・リサイクル）によって生まれています（したがって、場は転々とすることになり、2014年10月に二代目の3×3ラボが開所されています）。

都市は、多様な主体を擁し、その間にさまざまな組み合わせのつながりを生み、新しい融合を可能にする場所です。そして、そこから新たな知慧が生まれるのです。都市とは、知慧が創造される場といえます。

そして、その知慧が今度は新しいビジネスやハードを生んでいく、そうしたハードとソフトのダイナミックな共進化も強く期待されています。たとえば大丸有地区では、従来は事務所に特化していた域内に、積極的に商業施設などを呼び込んで、多様性と新たな出会いの可能性を高めつつあります。域外に向けては、山梨県の過疎地区との連携による農業興しも行っています。さらに、東北地方の風力発電の託送受電が行われています。オリンピックを契機として、それまでに、そしてその後も、大丸有地区は、環境の魅力を高め、多様な主体を呼び込み、それらの出会いの場を提供することで、知慧の創発を加速化させて都市としての競争力を高める道を進むものと期待しています。

ブレークスルーが待たれる、住宅地区のエコ改造

都市の要素としては、交易・商業は中心的なものですが、それだけでなく、都市には、他の要素が

あります。住む場所、そして作る場所としての側面も重要です。これらの側面に関しても、新たな取り組みが、エコに着目して行われています。わが国で著名なエコ都市づくりの取り組みとしては、環境モデル都市、そして環境未来都市、という名称で、集中的な取り組みによってモデルとなる都市を作り、横展開を図ろうとする政策があります。前者は、２００８年、09年、13年、14年に選定された合計23都市で、いわば国内モデルであり、理想的な都市を作る上での基盤となる低炭素化に力点を置くものです。一方、後者の環境未来都市は、２０１１年に指定された11都市（前期のモデル都市から5都市、震災復興を通じて未来都市を築く6都市〈うち1つは複数自治体を擁する広域〉）であり、環境への対応と併せて、超高齢化対応を含めた社会的、経済的な側面への対応に優れた高レベルの持続可能な都市であって、いわば、世界モデルを目指すものです。

以下では、これら環境モデル都市や未来都市の一部を含め、筆者がこれまでにかかわってきた環境まちづくりの中から、住む場所としての側面を重視してエコ改造に取り組んでいる事例を紹介してみようと思います。

すでに見た中心業務地区には、企業という、明確な行動目標、すなわち収益獲得によって動機付けられたアクターがいて、その取り組みがまちのハードやソフトウェアに反映されていきます。しかし、そのヒンターランドである住宅地区を見ると、結論的には、環境側面で見た望ましいまちづくりの像は、まだまだシャープなものとはなっていない、といえましょう。

私は、勤務先の大学の地元という意味で神奈川県、また、住民という意味で、世田谷区の環境関係の審議会に席を置いています。現在、多くの自治体は、地球温暖化対策計画の見直し時期にあり、それぞれに改定作業を進めていて、私もそうした取り組みに参画しています。自治体は、パリでの新しい国際約束に基づく2020年以降の目標がまだ見えない一方、2050年については、温室効果ガスの80％削減という方針が、すでに前の自民党政権時代から決められ国際的なコンセンサスになっていて、対策は強いものでなくてはならない中、現実と理想のギャップに苦しみ、大変に悩みの深い状況に置かれています。

神奈川県でも、世田谷区でも、温暖化対策のためには民生部門、すなわち、家庭や商店、事務所といった主体において長期的には相当に大幅な温室効果ガスの削減を果たさないとならないことは強く意識されています。しかし、そもそも、家庭などから排出されるCO_2排出量を正確に把握することは行われていないのです。たとえば、都道府県といったある程度広い範囲で得られた世帯当たり排出量、すなわち原単位を、当該自治体の世帯数に乗じて排出量を推計したりしているのです。これでは、その自治体が、有効な家庭対策を熱心にしていたとしても、計算上の排出量は減らないことになります。論理的にいえば、世帯数を減らすことが確実な対策だ、という倒錯したことになってしまいます。やはり、住民が行った対策の効果が自治体レベルで集計されて手応え感が出てこないと、取り組みは進みません。具体的にいえば、相当数の規模の住民にモニターなどとして委嘱した上で、相互の交流、電力やガスなどの消費データの収集、解析とその積極的な開示・住民へのフィードバックなどがルーチンとして長期間行われる必要があります。

家庭だけではなく、交通関係の政策の効果も、十分に把握されていません。名義を自治体の区域に置いている車両によって平均の燃費を推計し、自治体内各所の交通量に乗じて、交通系の排出量を計算している例もあります。これでは、せっかくの道路交通対策の効果はわからず、家庭と同様に手応え感が生まれません。多数の主体毎にそれぞれの取り組みの効果を測定し、対策を取った主体に成果を還元するような仕組みの整備が望まれます。

住宅地などの緑化も、成果が不分明になっています。緑には、吸収効果、冷熱効果、バイオ燃料製造効果、延焼防止効果などの多面的な機能があるので、それらの測定やそれらが弾みを付けて高まっていく仕掛けづくり（たとえば、複数の住宅が庭の緑を寄せ合う場合の容積率の特例など）が望まれます。もちろん、住宅一軒一軒の低環境負荷化は進んでいます。そういう私自身、自宅ではエコハウスを実践し、建て替え前と比べて80％程度のCO_2削減を果たしています。詳しい紹介はこの書物の関心事項ではないので、ここでは割愛しますが、住宅がたくさん集まった住宅地というレベルでの環境対策、自然共生の取り組みは残念ながら未発達なのです。

多少とも成果が生まれつつある例には、たとえば、湘南藤沢のサスティナブル・スマート・タウンがあります（本書66ページ参照）。ここは、パナソニックが自社の工場跡地を住宅地として再開発したもので、広さは19ヘクタール、１０００世帯、という大規模な町です。一つひとつの住宅が十分な断熱性や太陽光発電パネルなどを備えエネルギー消費はゼロを目指すほか、住宅地全体のCO_2排出量を90年技術の住宅地に比べ70％削減することとしています。このため、住宅の配置も太陽エネルギーをそれぞれの家が使う上で支障が生じないように適切に配置されています。車の交通と人の歩行とが錯綜しないように街路の配置も工夫されています。まちには、共用の電気自動車が備えられています。植栽も在来種を中心にして計画的にデザインされ、さらに、塀などがないので、広々とした緑の空間を生み出しています。まち全体の管理が、プロフェッショナルなコミュニティ会社によって行われているのも大きな特色です。各所にある街灯には防犯カメラが取り付けられていて、映像による街区全体の安全管理をコミュニティ会社が行うなど、ICTも積極的に活用されています。ゆくゆくは、災害によるライフライン途絶時には、街区が最小限のエネルギーを自給する仕組みを組み込むことが企画されています。

このような住宅地は、工場跡地といった広い土地があったからできたことで、一般の住宅地をどのようにしてこのようなエコ住宅街区に変えていくかが、まだ挑戦事例すら少ない、今後の課題です。

成果が生まれつつある工業地区のエコ改造

住宅や商業を中心としたまちに比べ、仕掛けが作りやすいのが、工業都市です。その経験を住宅都市へ直ちに移転することはできませんが、それにしても、学ぶべき成果がすでに生まれつつあるのです。北九州市については、私が１９８５～87年に産業廃棄物規制の担当課長として勤務した縁で、今日まで、自治体の環境政策の代表例として、同市の歩みをいわば定点観測しています。

同市では、新日鉄の製鉄所に置かれた天然ガスコージェネレーションからの電力や（工程の副生品である）水素ガスを特定の街区（東田地区）に供給し、当該街区では、さらに、太陽光発電パネル、太陽熱採取パネル、水素ガスを使った燃料電池コージェネレーションなどの地産エネルギーを組み込んだグリッドが形成されています。このグリッドは、当然ながら、スマート化されていて、自然エネルギーの最大活用などの供給側のコントロールに活かされるのはもちろん、さらに、電力の価格を需要抑制の目的で大胆に変える「ダイナミック・プライシング」を始めており、需給の両面にわたる制御を行う域にまで達しているのです。目標は、通常の街区に比べた50％のCO_2削減です。そして、すでに、相当程度これに手の届くまでの実績を上げています。

東田街区は、かつては工場内でありましたが、現在は、土地区画整理を経て、市街化が進んでおり、ゆくゆくは１０００世帯規模の居住が見込まれる広さ１２０ヘクタールもの土地であり、実規模のスマートシティの国内一番乗りを果たす候補です。東田地区のグリッドの中央指令所は、なんと「節電所」と名付けられています【写真９】。節電量を保証する、いわゆるアグリゲーターとしての働きも担える仕組みとなっているからです。このような大胆なソリューションは、実際には、隣接する大きな工場から提供される廉価豊富で低炭素な電力に依存しています。一般の街区のように、自由に劣後させることは難しい系統電力に依存しながら、乏しい生産量の地産自然エネルギーを最大活用する、という程度では、残念ながらなかなかに大きな環境負荷削減はできないのです。同市の次のステップに対する悩みもそこにあります。同市では、東田地区から東南方向にかなり離れた小倉北区にある城野地区（自衛隊の分屯地跡）で、主にＵＲ都市機構が市開発事業を行っていますが、ここにおいても、スマートシティ化の目論見を持っています。しかし、需要側のコントロールにどのように踏み込み、その場合の、住民側のメリットをどう組成させる

写真９　北九州市のスマートグリッド中央指令所（筆者撮影）

かになお悩んでいます。供給側でも、供給量を相当に柔軟に調節でき、かつ低炭素・低廉な電力を託送、特定供給することができるかに大きな困難があるようです。このような点にブレークスルーがあれば、新規の開発地とはいえ、住宅地を面的にスマートシティ化する上での大きな刺激になると期待されます。

エネルギーを巡る福島以降の新しい流れの中で盛んになる地産地消の動き

エネルギーに恵まれた工業地区だけでなく、わが国では広く各地で、別の要因によってまちの仕組みを変えていかなければならなくなっています。その要因とは、一層自立的な、レジリアントなエネルギー需給の仕組みを地域に実装するとの要請です。福島の原発事故以来、大規模な発電所からの電力供給にすっかり依存してしまうと、災害時や事故時には、被害地では対応のすべがないことが痛感され、多くの住民、そして自治体が、安全面からエネルギーの地産地消に重要性を見出すようになりました。

私の勤め先があって、身近な藤沢市も、そうした自治体の一つです。鈴木市長のイニシアチブの下、エネルギーの一層の地産地消に取り組んでいます。ここでは、たとえば、極力多くの太陽光パネルからの電力や、自前の廃棄物焼却施設からの電力を合わせて、地域発のPPS（新電力会社）を作り、そして、地域の大口電力消費者に売るなどの発想の導入が検討されています。これは、少し前まで各地を席巻していたFIT制度活用のビジネスモデルと一線を画しています。

また、太陽熱利用のようなもともと分散的な利用こそが費用対効果に優れた仕組みも見直されつつあります。

電力のグリッドは、系統電力のものを借用することが可能ではありますが、熱の共用は、専用の配管などを要し、ハードルが高いのが現状です。しかし、老人施設、病院、学校の寄宿舎などといった熱需要も電気需要もある施設がまとまって立地しているような街区であれば、熱電併給のコージェネレーションで、高い熱効率が達成できて、それゆえに、比較的高額な初期投資をペイバックできる可能性もあります。藤沢市においても、たとえば、湘南台からの相鉄線延伸に伴って新設される駅の周辺で、コージェネレーションを備えた一体的な街区開発が可能ではないかと、検討が進められています。

総合エネルギー調査会では、現在、熱供給事業のあり方の見直し作業をしています。その結論は予断できず、熱供給義務付け、熱電併給の禁止といった事業の根幹はそのままに単に価格競争のみが自由化され、採算性に優れた箇所のみが熱供給事業として生き残るような道に進むのか、それとも、熱と電気を含めた地域の総合エネルギー産業として柔軟な発展の可能性が生まれるのか、岐路に差しかかっているともいえましょう。

デンマークなどの先進地域では、たとえば、住宅地域でも、消費生活協同組合が運営する、需要家1450世帯、熱供給40GWh／年規模の熱供給システム（2007年稼働開始。Breadstrup Fjernvarme社）が、コージェネレーション発電所の熱と1・8ヘクタールの太陽熱集熱装置、ボイラー、蓄熱槽などを組み合わせて順調に事業を営んでいます。さらに、一層都市化されたコペンハーゲンでは、コージェネ発電所や廃棄物焼却施設などをグリッドに取り込んだ、広域・大規模な熱電併給の地域エネルギー事業（50万世帯・企業を対象）が稼働しています。その背景には、都市計画のゾーニングごとのエネルギー選択が義務化されていることなど、社会的な工夫があり、単なる自由競争が効率を達成させたのではないことが見て取れます。イギリス、ドイツ、フランス、そしてお隣の韓国においても、さまざまに工夫を凝らした、地域熱供給の奨励策が設けられています。わが国においても、単に規制をするのではなく、戦略的に、省資源・省エネの都市を作っていく、という観点で、社会ルール上の積極的な知慧出しが求められています。

自然共生をバネにしたまちづくり

前述したように、環境モデル都市は、内閣が始めた奨励的な取り組みで、環境性能の高いまちづくりを国内各地で進める上での模範例を産みだすことがその眼目です。こうした中には、自然を活かすことで新しい発想のまちづくりを進めるタイプもあります。ここで、北海道に三つあるモデル都市の一つであるニセコ町を見てみましょう。

ニセコ町の環境取り組みは、市長のリーダーシップによるところが大きい、といえます。廃棄物事業や環境政策を担当してきた職員の経験もお持ちなので、片山町長は、かねてより環境に優れたまちを作ることに強いモチベーションを持っていました。その上で、国際的なスキー場としての高いクオリティを目指す中で、国際環境リゾートという方向性が見えてきた、と聞きます。実際に町にお邪魔した時は、そろそろスキー場開きの頃なので、もうすでに多くの外国人観光客が入っていました。スキーに限らず、長期に滞在する方々も多い、と聞きます。クオリティ高い観光がブランド化されたため、町の雇用は増え、特に冬シーズンは人手不足が顕著である、という嬉しい悲鳴も聞くことができました。

このような作り込みに大いに貢献しているのが、低炭素化であり、それも当地ならではの寒さなどを活かした自然エネルギーの地産地消なのです。

たとえば、長くおいしい味を保てるお米の低温貯蔵（10〜15℃位）には、電気ヒートポンプなどを使わず、冬の間に倉庫前に積もった雪をシャーベット状にして断熱倉庫に蓄え、そこからの冷熱を空気と熱交換してお米の倉庫に吹き込む仕組みが２０１３年にできました。２０１４年に初めて稼働しましたが、従来型の冷蔵米倉庫に比べ、使用エネルギーは従来の４割で済んだそうです（ちなみに、雪は、新米入荷までに使いきれなかったそうです）。

また、多くの施設で、地中熱ヒートポンプが活躍しています。冬でも地中には、その場所の年平均気温程度の暖かさがあります。これを、熱媒を入れた長いパイプを差し込んで汲み上げ、さらに、ヒートポンプで集めて昇温し、暖房に使っています。同町では冷房はほとんど要りませんが、人が多く集まる公共ホールなどでは、このシステムが冷房にも使われています。稼働の実績から見ると、投入エネルギーやＣＯ^2、そして燃料等の費用も、通常のヒートポンプエアコンに比べ大幅に節約できることになったとのことです。同町によれば、しかし、初期投資額が大きいため、その回収にはまだまだ長い年数がかかるそうです。長い目では確実に儲かるにしても民間ベースでの普及には難しい面があります。しかし、同町では、さらに、リゾート施設、冬も稼働させる場合の農業用ビニールハウスなどへの地中熱ヒートポンプ導入を目指しています。

同町を、CO_2排出量で見ると、現時点では、1990年比およそ40％増になっていますが、2050年には、国の目標を上回る85％削減を目指していて、頼もしい限りです。寒さと素晴らしい景観、という当地ならではの自然を活かして、環境の質の高いまちを作ることが観光の振興につながる手応えがあること、そして実際に報われてきていることがニセコの強みであり、一層の弾みの背景にあるように思えました。

「環境との共生」、日本ならではの生き方の実装を

以上、いくつかのまちづくりの実例を見てきましたが、私として強調したいことは、環境との共生が、人間の生き方、暮らし方を変える真実のモーメンタムになってきつつあるということです。

人類は、おそらく2050年には100億人近くまで膨れ上がると予想されており、その過半が都市に住むことになるでしょう。そうなると、今日の人口60億人時代でも地球の限界が叫ばれる中、さらにそれを5割も凌駕する膨大な環境負荷が生じることとなるのは火を見るよりも明らかです。人類の棲家である都市を抜本的に作り変えて、あるいは一歩進んで都市をこそ環境を守る装置としてレバレッジを効かせて、人類が地球の生態系の善き一部としてそれに包摂されるようにならないとなりません。逆にいえば、それに成功しなければ人類の未来はないともいえましょう。そうした人類の存続を賭けた取り組みの中で、日本人は、持って生まれた、あるいは血肉化した自然共生の知慧を積極的に活かし、国際社会において他にない役割を果たすことができるのではないでしょうか。要すれば、宇宙船地球号乗組員としての暮らしを足元で築くことが、今、求められているといえるのです。

第二節　水俣病地域のエコ再生

本節では、生態系の善き一部となる経済社会づくりという考え方を、具体的な地域づくりの問題に実装しようと試みた一つの事例を少し深く考察します。

事例とは、水俣病問題です。この問題は、昨日、今日に起きた問題ではなく、極めて長い経緯があって複雑な様相を呈している問題であり、かつ、公式発見以来すでに60年近い歳月が経っているにもかかわらず、現在も解決を見たわけでなく、大きく動きつつある問題でもあります。私は２００８年から２０１１年まで環境省事務方の指揮を執る立場にあり、また、現地の数多くのステークホルダーとの交渉役を担いました。こうした難解な問題に取り組むに当たって強く意識したのが、第三世代の環境政策を実現すると私なりに思っていたアプローチでした（120ページ〜）。

本節では、この問題の発生の経緯と提案したアプローチを適用するに至った背景、そして、そのような取り組みを始めたことによる今日までの問題点や成果の評価を、それぞれに紹介・考察します。

水俣病問題が解決できない背景・経緯

水俣病は、世界でも最も知られた公害病の一つです。

メチル水銀に汚染された魚介類を多食した漁民や住民が、神経細胞を侵され、発症します。多くの場合、手足の先端部を中心とした知覚の鈍麻や喪失、見える範囲が狭くなる、歩行障害や言葉のもつれなど、協調運動に障害が生じることなどの症状が現れたり、これらの症状に伴う日常生活上の障害を生じたりします。水俣病発見の初期にしばしば見られた劇症型の被害者は、発作を起こし、悶絶して死に至るような悲惨な病態でした。

さらに、この病気は伝染病であるとの誤解を受けたり、あるいは、企業城下町の秩序を乱す者とされたり、汚染のカミングアウトは風評被害を呼びかねない行為であるなどとして社会的な差別を受けたりしたこと、また、行政施策が逐次的に追加される形で実施されたために、その過程でさまざまな紛争を招きがちであったことなどによって、この地域では数多くの社会的な摩擦が生じました。これらのために、被害者の苦痛は、ますます増すことになったのです。

水俣病、すなわち水俣及び新潟（注:阿賀野川流域の水俣病問題に関しても熊本水俣病と同様のアプローチで臨みましたが、本書では割愛します）におけるメチル水銀中毒は、半世紀以上も前、日本の高度経済成長期の初期に起きました。このため、環境に関する科学的な理解や測定技術も、汚染除去技術も、また、公害防止行政も、皆それぞれ、いかにも未発達であって、経済成長を優先する判断に抗することができず、問題を早期に解決することはできなかったといえます。

そして不完全な初期対応であったがゆえに、今なお、いろいろな形の解決困難な問題に我々は直面しているのです。しかし反省だけがあるのではありません。これらの今も存在する課題や軋轢への取り組みが進められている一方、被害者や加害者、自治体などによって、地域の和解と再生を目指した取り組みも同時に進められています。

以下ではまず、「水俣病被害者の救済及び水俣病問題の解決に係る特別措置法」の立案が要請されるに至った経緯を時系列的に考察してみます。

なお、水俣病問題、特に2004年の水俣病関西訴訟にかかわる最高裁判決を含むまでの期間の問題の所在等については、これまで極めて多数の論文、単行本が発行されています。しかしながら、これらのほとんどは、政府の政策を批判する立場のものであって、政府の政策当事者であった者によって著されたものは、極めて少ないのが現状です。この意味で、以下は少数の論考に属するものです。

公害の背景

汚染原因者の現在のチッソ株式会社は、1908年に、日本窒素肥料株式会社が建設したカーバイド製造工場に源を持ちます。そのエネルギー源は、鹿児島県北西端の曽木に1906年に設けられた水力発電所です。カーバイド原料の石灰岩は熊本県に豊富に産するものであって、いわば資源立地の工場でありました。同社は、明治維新後のベンチャーキャピタルであり、数多くの先駆的な製品製造やインフラ建設に意欲的に取り組んで、朝鮮半島にも巨大ダムやコンビナートを築くような大企業に成長しました。

しかし、敗戦になって様子は大きく変わりました。敗戦を受け、半島から創業地水俣への技術者の引き揚げと工場の再興があり、そして戦後の財閥解体の中で、同社は、1956年に新日本窒素肥料株式会社（新日窒と略称）となり、さらに、1965年に、チッソ株式会社（チッソ）と名を変えていきましたが、こうした中、同社は、引き続き各種の化学製品を積極的に産み出していったのです。

水俣病の原因となるメチル水銀の排出につながったのは、アセトアルデヒドの製造工程です【図25】。

アセトアルデヒドは、戦後に用途が急速に広がった塩化ビニル等のプラスチックに対して、可塑剤として使われる物質（オクタノール）の原料となり、また、合成繊維アセテートの製造に使われる酢酸の原料になるなど、有用性の高い素材です。戦前からその製造は行われてきましたが、戦後急速にその製造量は拡大し【図26】、チッソ（当時は新日窒）の収益を支える商品となっていきました。これに随伴して排水も増えていったと思われます。

この製造工程で硫酸水銀が触媒として使われていました（なお、当時以降には、新日窒〈当時〉が行っていたカーバイドによる製法とは異なったアセトアルデヒドの製法も登場しました）。この硫酸水銀の一部が猛毒のメチル水銀に変化し、最終的には排水に混じって環境中に出されていたのです。

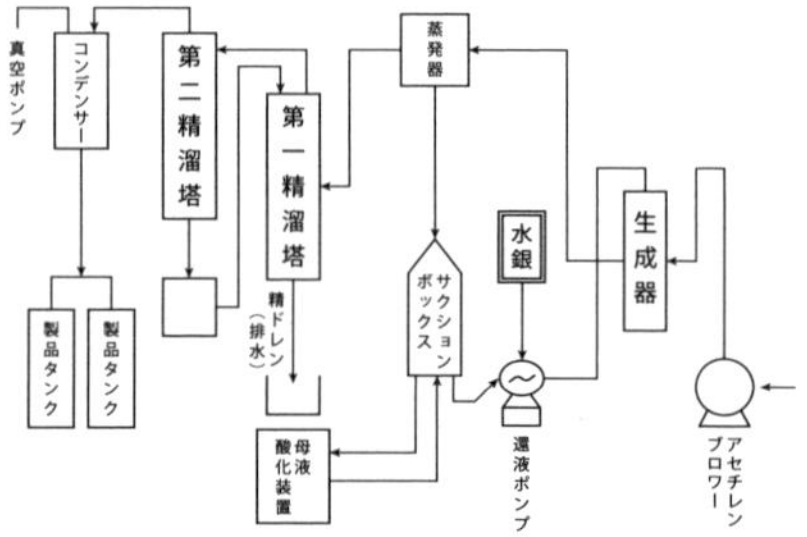

図25　日窒、新日窒のアセトアルデヒド製造工程
出典：JNC 株式会社資料

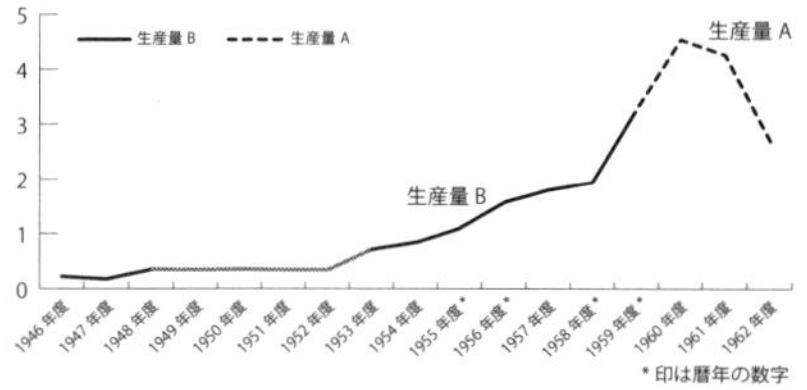

図26　日窒、新日窒によるアセトアルデヒド生産量の推移
出典：カーバイド協会「カーバイド・アセチレン産業と石油化学工業」、酢酸工業会（1978）「日本酢酸業界史」

当時の化学の常識では、無機の水銀は安定していてメチル水銀等の有機水銀に変化することはないと考えられていました。また、水銀は触媒として使われた後に一定の量が失われていましたが、これが金属水銀であれば、その蒸気を吸わない限り（仮に飲んでしまっても）人に強い毒性はないのも事実です。もちろん、メチル水銀などの有機水銀については、古くから毒性は認識されてはいましたが、微量のメチル水銀等の確実な測定方法は未開発だったのです。新日窒の排水と被害者の食材との双方におけるメチル水銀含有量を測って、両者を結び付けることはなかなかできず、さまざまな科学論争があり、また、企業内の実験の結果が敢えて公開されなかったことなどもあり、科学的な因果関係は長い間確定されませんでした（水俣病のような深刻な健康被害に関して、その原因が確定されずに放置された過程からは学ぶべきことは多いのですが、本書ではその過程の一歩先、すなわち、放置されたがゆえの悲惨な状況と、そこからの精一杯の復興・回復を考えます）。

こうして、メチル水銀は対策が取られないままに、被害者の公式発見以降10年を越える長年にわたり排出され、底泥、各種の底生生物を汚染し、さらに、食物連鎖のピラミッドを上がり、魚などに蓄積して、人に摂取されるところとなったのです。

ここで水俣を離れ、最近までにわかってきた科学的知見のいくつかを紹介しましょう。

微量なメチル水銀含有量を正確に分析することが、日本の研究者の努力によってできるようになりました。

これによる魚貝など各種水生生物についての分析結果によれば、これら生物中の水銀、特にその肉質部の水銀は、ほぼ全量がメチル水銀でありました。環境中のメチル水銀は、化学プロセスの中で無機水銀が反応した結果に由来するもの（もちろん、水俣病は、こうしたメチル水銀が原因です）というよりは、自然界に、無機水銀を有機化させる微生物が広く分布しているため、この微生物の活動の結果生みだされたものであることもわかりました。こうして、微生物から動物への食物連鎖を通じ、大型生物の体には、今でもメチル水銀が入るのです。メチル水銀は、生体内で代謝・排出されるものではありますが、食物連鎖の上位に位置し、肉食、長寿命で、体躯の大きな、たとえば、マグロなどでは、有機水銀の蓄積量は極めて大きくなっています。他方で、寿命の短い、小さな魚の有機水銀蓄積量は相当程度に小さいのです。

人間の場合は魚に比べ、メチル水銀の排出は比較的良好で、これを摂取した場合の体内蓄積量の半減期は70日と言われています。今日の一般的な食生活の下では、メチル水銀の人体内の濃度は、３ｐｐｍ（人体中で最も濃度が高くなる毛髪の場合）程度となります。ところで、これに比べますと、典型的な水俣病被害者の場合には、この毛髪中の有機水銀濃度は数百ｐｐｍといった高い数値になっていた事例が相当数ありました。

メチル水銀は、一旦、人など動物の体内に取り込まれると、システインというアミノ酸と結合します。その結合後の形態は、必須アミノ酸の一種（メチオニン）と酷似しているため、血液脳関門や胎盤といった、通常は毒物を通さない働きをしている組織をも容易に通過し、神経細胞、特に、大脳皮質及び小脳の神経細胞に、その死滅を含めた顕著な悪影響・障害を与えることになります。このため、人間の視覚や痛覚などに異常をきたし、人間の正常な行動を妨げます。一旦死滅した脳の神経細胞は再生されないため、他の神経細胞で働きが補われるものの、重篤な場合は、狂死に至ることすらあったのです（脳の神経細胞の働き具合は、ごく最近では脳磁計によって、患者への侵襲なく観察できるようになっていますが、かつては、脳神経の損傷状況を客観的に確かめるため、被害者の死後に解剖する方法も取られ、その結果、脳が委縮しているような所見が得られる事例もあったほどです）。

人類も、食物連鎖を通じ、地球の生態系の一部になっている、このことを如実に示しているのが、水銀による汚染です（なお、ＷＨＯが注意喚起しているように、マグロなど魚には健康によい成分が多く含まれており、魚食は奨励されるべきではあります。有害物をただひたすら遠ざけるのではなく、妊婦など、人生の特定のステージには、大型魚を多量に摂取することを注意して避けるなど、賢明な対処が望まれます）。

今日では、途上国で砂金からの簡易な金採取の方法として水銀アマルガム法が広く使われており、アマルガムから金を分離させるために揮発させた水銀が大気の中を巡り巡って、極地域の生態系に、メチル水銀として蓄積するものと懸念されています。水銀による生態系の汚染は、今日なお現実の問題なのです。

今日わかっている科学的知見の紹介は以上のとおりとして水俣に戻りましょう。水俣周辺で生まれた子どもたちの臍帯中の水銀濃度のかつての経年変化と、新日室アセトアルデヒドの製造量と対比して示すと、図27のようになります。

最初の被害者が報告されたのは、１９５６年の5月1日です。この日に、チッソ水俣工場附属病院の細川院長が水俣保健所に対して特異な神経症状の患者の発生を届け出ました。この被害者（幼い姉妹）の住所近辺は漁師集落でしたが、そこにはすでに同様の症状の者が発生していたと言われています。

その後も10年以上にわたって、有害な工場排水の放出は止められませんでした。このことによって、メチル水銀による水俣周辺地域での被害がどこまで大きくなったかを見てみましょう。

公害健康被害補償法という、裁判によらず定型的かつ比較的迅速に、公害被害者としての認定を行い補償をする、政府が運営する制度によって、水俣病の被害者の認定が行われています。また、こうした行政措置の誕生以前に、先駆的な長い間の闘争の結果として被害者として補償を受けた方や、裁判において個別の事情、症状を汲んで、補償されるべき被害者であるとの判決を得た方々もいらっしゃいます。これらのうち最も人数の多い、公害健康被害補償法によって補償を受けた方々について見ると、**図28**の被害者分布図に示したとおり、その地理的な分布は、東京湾とおよそ同じ面積と言われる

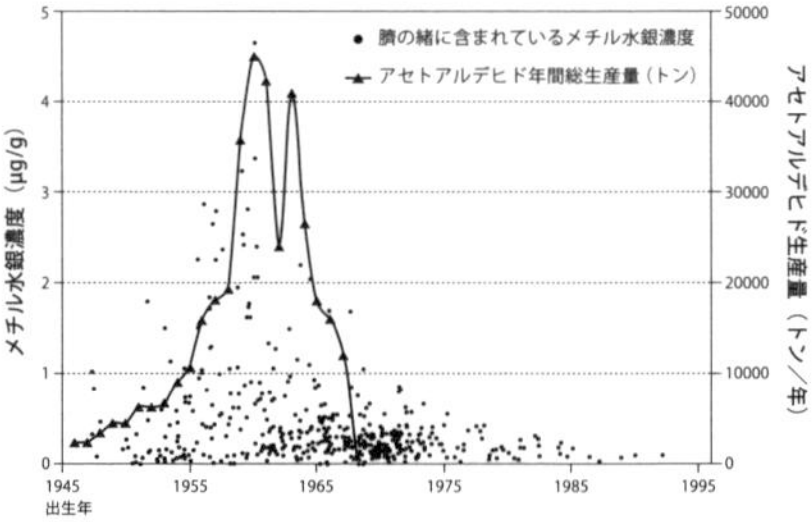

図 27　水俣地域で出生した子どもの臍帯中メチル水銀濃度とチッソにおけるアセトアルデヒド生産量の推移
出典：Murata et al. (2010)

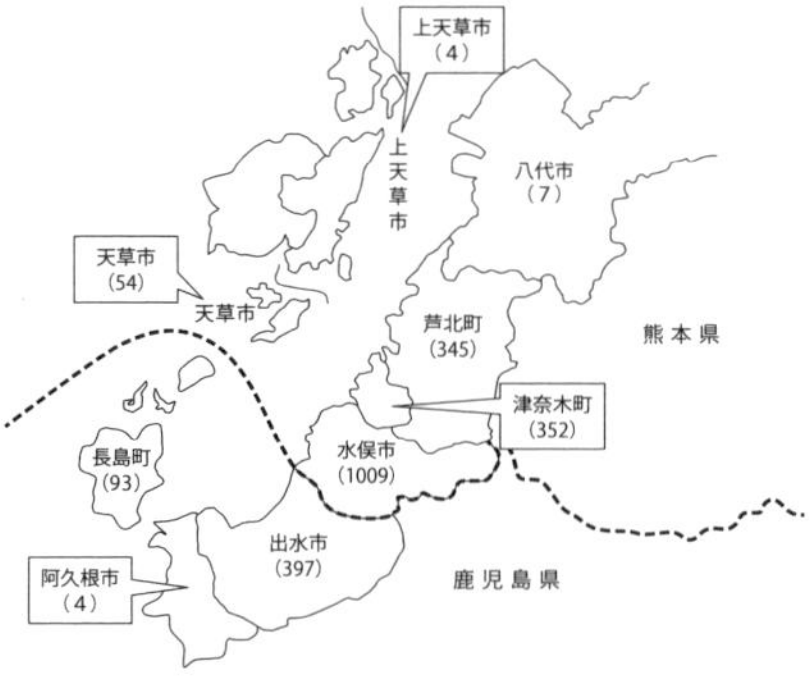

図 28　公害健康被害補償法により補償を受けた水俣病被害者分布図（2006 年 9 月末時点）
出典：環境省資料

不知火海の極めて広い範囲にわたっており、被害が広範囲に発生していたことがわかります。

また、被害を受けた方々の人数から見ると、この法律による補償を受けた被害者の方々は、2015年3月末現在で、2979名（うち生存者は594名。なお、新潟水俣病に関して、この内数として、702名〈うち生存者172名〉が同法により補償を受けている）に達しています。これらの方々に加え、水俣病と共通する症状を持っている方々について、1995年に決定された措置による救済を受けた方、2010年の水俣病被害者の救済等に係る特別措置法により救済を受けた方々がいらっしゃり、これらを総合計すると、被害者は少なくとも6万人以上の多数に及ぶものと見込まれます。

メチル水銀のような強力な毒物が環境中のいろいろな生物の生体に蓄積すると、食物連鎖の頂点に位置する人間は、濃縮された毒物による甚大な悪影響を受け、被害を免れません。被害は健康上のものにとどまらず、漁業や観光といった地場産業の沈滞、コミュニティの反目や分断など極めて幅広いものであったことも見逃してはなりません。

水俣病の解決を困難にしたさまざまな原因と社会問題としての公害の悲惨さ、深刻さ

こうした環境の広範な汚染による被害（すなわち公害）では、それが一旦生じると、その影響は極めて根深く深刻なものになります。その深刻さは、水俣病問題が今日なお解決されずに問題であり続けている、その過程を振り返ることでこそよく理解できます。

(1) 繰り返される軋轢

1956年の水俣病公式発見の後、この病気の原因の究明は極めて難航しました。社会的な支援が乏しい中で、地元大学として熊本大学医学部が研究を積み重ねていった結果などにより、当時の厚生省の食品衛生調査会水俣食中毒特別部会（当時の代表は鰐淵熊本大学前学長）は、1959年11月には、発生源には言及しなかったものの、原因物質はある種の有機水銀である旨の答申を行いました。しかし直ちに解散となって、経済企画庁において引き続き原因究明を行うこととされました。その後も、熊本大学医学部は地道な研究を続け、この病気の原因をチッソ水俣工場の排水中の有機化した水銀であるとした報告書をまとめたのが1963年、そして、国（当時の厚生省）が原因を確定させ、危険な排水行為が実際に止められたのは1968年、さらに、後追いで排水に対して厳格な法的規制がかけられたのがようやく1970年でした。

2004年にチッソの責任に加え、国や県の不作為違法責任が最高裁判所まで争われたケース（いわゆる水俣病関西訴訟）の最高裁判決が出されましたが、この判決によれば、国は1959年末頃には規制権限を行使できたはずだと判示されました。しかし、実際の排水停止までには、そのような認定をされた時期からさらに10年近くの歳月を要し、防げたはずの被害者を多く生んでしまったのです。

汚染原因者や政府などによる対策が後手に回った理由についてはさまざまに議論され、研究されています。

化学学界の中でもチッソ排水原因説に対するさまざまな異論や反論があったこと、行政は、産業の利益を優先する風潮の中で、工程を止めるには科学的因果関係の完全な解明が必要であるとして、対策を先送りしたこと、チッソにあっても、抜本的な対策よりは、汚染物質の拡散による軽減を試みた（その結果、被害はかえって広域化）ほか被害者慰藉《いしゃ》策を講じたものの、その視野が重症・劇症の被害者に限定されがちであったりしたことなどが指摘されています。

公害対策へ抵抗する理由としては、序章（17ページ）で見たように、今日なお、科学的知見の不足、科学的コンセンサスの欠如が挙げられることが多くあります。水俣病の経験に照らせば、科学的に見て不確実性がある場合でも不作為に徹するのではない、賢明な対処が必要なことがよく理解できます。

このほか、症状の理解に関しても、知見が重なるにつれ変化がありました。

死に至るような重症・劇症型の被害者とは異なるタイプの方が、医学者や被害者自身の運動を通じて見つかってきたのです。魚の直接の経口摂取だけではなく、胎児が母胎を通じて有機水銀による障害を受けることもあること（胎児性水俣病）、重い被害ではあるものの死に至る程ではない症状の者（結果的には、他の疾患などと区別の難しいことにもなる）が存在することなどが明らかになっていきました。

こうした知見の蓄積に追従する中で、被害の回復や慰藉の取り組みも、逐次的に拡張されることになりました。被害者をできる限り迅速に救済することにつながるなど、取り組みが拡張されなかった場合よりよい面はもちろんありましたが、逐次的になされることで、対象となる方を定める要件や受けられる措置の内容が細かく分かれていき、かえって補償などの慰藉の仕組みが理解されにくいものとなることにもつながりました。

さらに、汚染された魚の漁獲制限にも、真剣度合い、実効度合いに波があったことが指摘されています。

要すれば、満点の対策が50年、60年前の最初から取られたわけでは全くなかったのです。そして、対策を改善していこうとするその過程自体が、結果的に配慮が不十分となって新たな社会問題を生みかねない危険を孕むものだったのです。

このように、知見の充実に応じて逐次の対策を積み重ねていかざるを得なかったため、水俣病を巡る紛争が沈静化したように見えても、たとえば、新たに被害を訴える方が現れると、そうした方々への対応を巡って原因企業や行政と被害者やその支援者との間に摩擦が生じるといったことが繰り返されました。

水俣病問題では、大きな節目を何回か経験しています。

一つ目は、1959年のチッソによる「見舞金」の支給決定です。これにより、水俣病公式発見後、約80名の重症者等が、加害者と目されるチッソに対し補償を求めた運動が終息することとなりました。当時知られていた劇症、重症の被害者に対して（認定のプロセスを経た上ではありますが）、死亡者に30万円の一時金を支給する内容でした（生存の成人には年額10万円の年金を支給）。ただし、金銭の支払いがなされた代わりに、将来、病気の原因がチッソの排水であることが判明しても、新たな補償は求めないことを約束させるものでもありました（ちなみに、この約束については、後日の判決により、公序良俗に反し無効とされました）。これで一旦は、問題は沈静化したかに見えました。

しかし、1965年、今度は新潟で水俣病患者が発見され、1967年には原因者の昭和電工を相手取って裁判が起こされたのです。これに伴い、水俣でも、水俣病問題が再燃しました。1969年には補償を求める裁判が熊本地方裁判所において起こされます（新潟水俣病の訴訟については1971

年、熊本水俣病の訴訟については、１９７３年に、それぞれ原告勝訴の判決が係属した地方裁判所によってくだされました）。さらに、70年代初頭には、行政施策としても、公害健康被害救済特別措置法（１９６９年制定、１９７０年施行）や同法を発展させた公害健康被害補償法（１９７３年制定）によって水俣病は補償を受けられる公害病とされました。また、裁判によらずチッソとの直接交渉によって補償を求めていた被害者団体との間で補償協定が結ばれる（１９７３年）にも至りました。

この補償協定や行政上の補償制度による補償が始まったことによって、症状の比較的はっきりした、いわば典型的な水俣病被害者の方々の救済の道が開かれました。これが、水俣病問題の第二の節目となり、その後一旦は水俣病問題は沈静化しました。

しかし、こうした制度の下で補償などが進められていくにつれ、行政上の補償制度の対象となる患者の範囲が狭いのではないかとの思いの下、隠れた被害者の掘り起こしが進み、こうした方々や行政制度の対象とされなかった方々を原告として、１９８０年代には、チッソの責任はもとより、国や県の被害拡大を防止できなかった責任を追及し、国家賠償を求める訴訟などが提起されるようになりました。

この動きは大規模、先鋭化していきましたが、これに対しては１９９５年に、当時の村山内閣の与党である日本社会党、自由民主党及び新党さきがけの三党の政治的なイニシアチブにより、原告や被害者団体とチッソや国などとの調整が果たされることとなりました。その後に「政治解決」と言われるようになった措置です。

この措置では、水俣病とも共通する症状を持っている方で、かつ汚染された魚を多食したと考えられる方々に対し、相当に迅速なプロセスで、一時金（260万円）の支払いなどが行われました。一時金の対象者は、1万1千人以上（うち、熊本水俣病関係は1万353人）を数えました。他方で、裁判は取り下げられました。裁判を続け、原告の個別の事情を確かめていたのでは、膨大な歳月がかかることを考え、原告も苦渋の決断をしたのです。この、いわゆる「政治解決」が、水俣病問題において、三度目の大きな節目となりました。

（2）最高裁判決を受けて始まった、広い症状の人々が救済を求める運動

この政治解決を契機に、一時は、公害健康被害補償法による補償を申請する方々はほとんどいなくなりました【図29】。

その後に、またまた混迷が始まったのは、2004年の最高裁判決の後です。最高裁判決とは、1995年の政治解決に賛同せず、唯一裁判を続けた水俣病関西訴訟にかかわるものです。

この裁判は、行政（国）が、裁判によらずとも補償を受けられる仕組みとして運営をしていた公害健康被害補償法による水俣病の被害者としての認定のための定型的な基準とは別に、司法ならではの役割を正面から果たすこととして、つまりは、原告を個別的に扱い、損害賠償の必要の有無をそれぞれに吟味した上で、判決をくだしたものでした。1982年に大阪地裁に提訴されてから、都合22年の歳月が流れました。原告の個別事情の吟味を行った結果、判決は、原告58名中51名について、賠償を受けるべきメチル水銀中毒による被害を認めたのです。しかしながら、この判決により認容された、被害全額を填補するものとしての賠償額（つまり、医療費補助や療養手当のない一時金）は、公害健康

被害補償法やチッソとの補償協定による補償給付の額をかなり下回るものでした。

ところで、この51名の中には、従前来は水俣病に特徴的に見られる症状として行政上の補償制度でも必須的なメルクマールの一つとして扱われていた四肢末梢優位の神経障害（手足の先端部の感覚が鈍い症状）を必ずしも有しない方々が含まれていました。つまり、こうした方々をもメチル水銀中毒被害者として賠償されるべきものとしたのです。一方、何らかの症状があるにせよ、その発現が一定年月を隔てていて遅かった原告などについては、メチル水銀中毒を認めませんでした。

いずれにしても、この関西訴訟最高裁判決は、公害健康被害補償法に基づき補償を受ける水俣病被害者に比べて広い病状の方をメチル水銀中毒被害者として認めたので、水俣周辺地域では、自分も被害者ではないかと考える方々が急増したのです。95年のいわゆる政治解決においては、公害健康被害補償法の下で比較的手厚い補償を受けられる被害者の要件よりも広い範囲の症状の方々が救済措置の対象になったもの

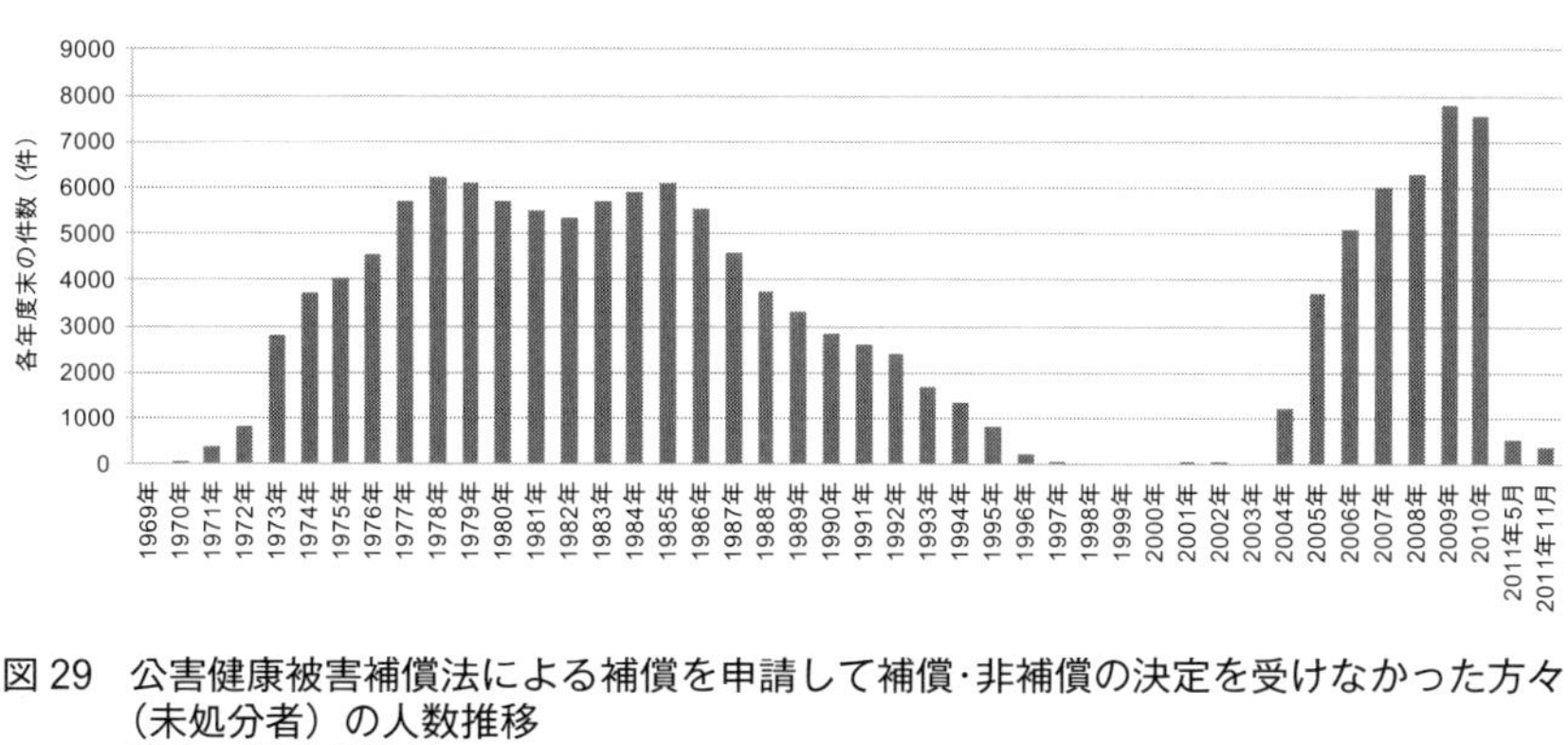

図 29　公害健康被害補償法による補償を申請して補償･非補償の決定を受けなかった方々（未処分者）の人数推移
出典：環境省資料

の、それでも、典型的な水俣病症状に近い症状を持つ方に限られていたため、たとえば、四つの手足のうち、三つのみが先端で顕著な神経障害があっても、一つの手足では、その全部の感覚が冒されている方などは救済の外に置かれていました。こうした方々は、被害者団体を結成し、新たな救済を実施するよう求めて、熱心に運動を進めたのです。

図29に見るとおり、多くの方々が、取りあえず公害健康被害補償法に基づき被害者としての認定を申請しましたが、それは、認定される症状の範囲が広がるのではないかと想像したからでした。すでに述べたように、２００４年の最高裁判決以前には、公害健康被害補償法による補償を新たに申し立てる方はほとんどいなくなっていたので、最高裁判決以降、地域社会の雰囲気は大きく変わった、といえます。

さらに、新しい動きが起きました。この最高裁判決により行政府は不作為違法のゆえに加害者に列することになったのですが、こうした行政によって補償して貰うのではなく、中立的な司法の判断によって加害者に賠償をさせるために、マンモス訴訟（ノーモア・ミナマタ訴訟。熊本、東京、大阪、新潟に提訴され、原告は最終的に３０００人規模となった）が提起されたのです。

行政が設ける救済制度、たとえば、この公害健康被害補償制度や労働災害の補償などでは、比較的迅速な判断を得るために定型的な基準を設けることが常であり、被害を受けた方の個別的な判定が必要な場合には、行政上の基準に縛られることのない、司法による救済が求められることになります（このほかに、行政上の救済制度の適用の誤りを訴えることもできます）。したがって、司法による救済が行われるということをもって、直ちに、行政上の救済制度の制度設計自体が誤っているということにはならず、司法には司法のみが果たすことのできる、個別救済という重要な役割がある、というべきです。しかしそうはいっても、あまりに多くの方々について、その救済の個別的な是非の判断を司法プロセスに委ねることには大きな困難が伴うのも事実です。なお、立法に基づき行政制度として運営される補償制度が、どのような症状の方までを補償の対象とすべきかという点については、立法政策あるいはその下での行政施策のあり方として重要な論点ですが、本書は医学にかかわる研究をカバーしていないので、この論点を直接取り上げることはしていません。知見が充実していくに応じて、行政制度が変遷を重ね、その内容に応じ、新たな紛争がさらに引き起こされた点のみをここでは触れています。

こうして、水俣病問題は、四度目の軋轢を経験することとなりました。

このような状勢を受け、当時の与党（自由民主党と公明党）は、水俣病対策のプロジェクトチームを動かし、対応策の検討を始めました。２００７年、同チームは、前例となる95年の政治解決後に遅れて補償を求めるものであることも考慮し、１９９５年の場合よりも少額の一時金（１５０万円）の給付などを含む救済策の提案を行いました。

しかしながら、この案は、いくつかの被害者団体にあっては受け入れる意向を非公式に示すところもあったとされるものの、大規模な訴訟を続ける原告団体にとっては、賠償を受ける症状の範囲をいわば加害者が決めるものと映り、加害者の責任がうやむやになっているとともに、賠償の額もその期待をはるかに下回る内容であると受け止めざるを得ないものでした。つまり、この内容では、すべての係争を解決できるものではないことが明らかだったのです。

他方、一時金の支払いを期待されるチッソから見ても、この提案は承認しがたいものでした。すなわち、その前までの状態であっても完済には100年を要すると言われるまでに積み上がった長期債務（公害の弁済のために自ら工面し支払ったもののほかに、被害補償の一時金や手当、漁業補償、水銀浚渫《しゅんせつ》埋立工事の費用など、主に、公的に立て替えてもらったものがあり、自力で一部は償還されたものの、相当部分がなお償還できずに長期債務となっている）に新たな一時金債務が加えられることを思えば、到底、ファイナンス不能の、さらなる重い負担となるものであって、やはり承服できないものでした。

そこで、与党プロジェクトチームは、チッソの、これまでに抱えた特別損失・長期債務の処理に関し、同社を、補償債務を負う会社と、健全財務の会社とに分けた上で、健全財務の会社の株式を上場、売却し、その益金によって特別損失を埋め合わせたり、将来に計算される補償用資金の確保を行ったりし、その後の補償債務はチッソではなく、熊本県に委ね、補償債務を負う原因会社は清算する、との内容の提案も行いました（2008年6月）。

しかし、これではチッソは満足できたとしても、加害者による補償の完遂は必ずしも保証されなくなるほか、最高裁判決を踏まえて自らを被害者ではないかと思うに至った一万人規模（当時）の方々を救済していく展望は全く持てないものであって、強い反発を各方面から受けました。

交渉に応じないチッソを当時の環境大臣が非難するなどしましたが、閉塞した状勢は長く続きました。

水俣病被害者の救済及び水俣病問題の解決に係る特別措置法が採用したアプローチとその後の進展

水俣病関西訴訟最高裁判決後3年以上が経過した2008年に至っても、前述のように、事態打開の動きはなく、混迷の度が高まっていきました。単に一時金の額や給付の範囲を決めるだけでは、解決ができない、いわば多数の変数からなる連立方程式が、事態を膠着させていたのです。

この事態が変わっていくのは、以下のような経緯からです。

閉塞した事態を打開するため、2008年末から2009年初頭になると、与党チームは、新たな一時金に焦点を絞ったそれまでの考えから、新しい方針へと舵を切りました。すなわち、各方面から期待される課題を皆取り上げ、これらに一括して取り組むことができ、かつ、皆に尊重されながら進められるようにする枠組み、すなわち、国会による立法措置を行い、これに基づいて行う行政施策によって多方面にわたる取り組みを整合的に進める、との方針を決断したのです。

具体的には、この立法措置には、①新たな救済を求め、一時金等の措置を受ける方々を（実際には、紆余曲折があったものの、結果的には）被害者として位置付け、これらの方々に対し丁寧な手続きであるが一定期間に限った迅速な救済を行う方針を明定すること（ただし、一時金の額や給付を受ける症状の範囲などは、政府が各方面の意見を聞き、交渉・調整して定めるところに委ねる）、他方で、②新たな一時金を負担することになるチッソについて、その財務体質を強化するため、水俣病賠償責任を有するチッソ持ち株会社の下に、特別損失のない健全財務の事業子会社（現在のＪＮＣ）を作って、積極的に投資し収益できるように図ることを含む、企業再生にかかわるいくつかの、法律でないと設けられない特別の規定を置くこと、そして、③チッソがこれまでの補償を継続することに加え、新たな一時金の支払いを含めた賠償責任を全体として完遂することに至るまでの過程を明記し、これを支える規定を設けること、さらに、補償などにかかわるこれらの措置に加え、水俣病問題の解決に向け、④地域の福祉の向上や、⑤地域経済の再生などのために国を始めとした関係者が、継続的にコミットし続けていくことに関しても明文の規定を置くこと、などが決められました。

法律ならではの重みを持ち、内容的には関係者が期待し、関心を持つことをすべて網羅する全方位的な政策方針を決めるとの考えです。

与党によるこうした政策方針の策定に当たっては、私も参画しましたが、その時に強く意識した点は（当時、字にしたものはありませんが）、思い起こせば概要は以下のとおりです。

① 被害の埋め合わせ、回復を迅速に行う、というだけでなく、被害者以外を含めた地域のさまざまなステークホルダーのニーズを把握し、それぞれの利益を高めること

② 被害者に対する慰藉の措置、加害企業における補償等の実行を遺漏なく進めるための措置、国や県における被害拡大防止を果たせなかった責任に見合う措置、地域の福祉を高める措置、地域の経済を振興する措置などのうち、どれかに先行的に専念するのではなく、バランスよく併行的に進めることにより、各ステークホルダーの取り組みが互いに組み合わさって地域の様子全体が変わっていく姿の「見える化」を図ること

③ 立法措置自体は、救済の仕組みや、加害企業の債務履行を確実にするさまざまな措置といった

法律でなければ定められない事項がほとんどを占めることはやむを得ないが、法律以外の政策や関係方面の取り組みなども書き込むことができ、また、これらに尊重されるステータスを与える、適切な仕組みも設けること

④　法律制定以降の各種の措置の実施に当たっては、関係方面のニーズの把握や取り組みの意向に関して広く意見聴取をするため、全体の素案の提示や地元説明などを行う。また、その際には、被害者団体はもとより訴訟の原告団体とも意見交換をすることにより、訴訟当事者を、同法に基づく施策内容の決定から疎外するようなことがないようにすること

などでした。

野党（当時）の民主党も、同趣旨の法案を提出した上で、与野党協議が始まりました。当時は、総選挙も近い情勢であったため、選挙期間中や新内閣を組み上げる間もこの問題を放置することは政治的に許されないと判断されたのでしょう。当時の野党（総選挙後の与党の民主党、国民新党）との間の条文についての調整も急速に進み、特に、民主党の意見は大幅に取り入れられました。たとえば、当時の与党（自民・公明）案には、この法律による救済措置の終了後、公害健康被害補償法による補償の認定も終了する旨の条文案もありましたが、与野党協議で削除されました。政治家の活動、判断とは大変ダイナミックなものだと、当時感銘を受けたことを記憶しています。

このような調整を経て、法案は、衆議院の環境委員長提案として起草されるに至りました。その後、参議院に付議され、審議された上で２００９年７月に、「水俣病被害者の救済及び水俣病問題の解決に関する特別措置法」（以下では、水俣病特措法という）が可決成立することとなったのです。

水俣病特措法とマンモス訴訟の解決との間の相互作用

マンモス訴訟となっていた熊本、東京、大阪や新潟の各地裁に係属していた各訴訟においては、この水俣病特措法の検討が与野党で行われる事態になったところで、原告団からは反対が示されました。それは、加害企業であるチッソが健全財務会社と補償義務を引き継ぐ会社に分かれた後で、補償義務を引き継ぐ会社の消滅が許されることになって、結果的に加害者チッソを免責することになるのではないか、との懸念に立つものでした。

しかしながら、こうした懸念も考慮に入れて、与野党の調整が行われ、補償義務会社清算のはるか前のプロセス（補償義務を有するチッソ持ち株会社が健全財務の子会社の株を売却する場合など）から環境大臣の認可が必要とした上で、この認可は救済の完遂まで暫時凍結するとの規定が置かれました（同法第13条）。こうして、懸念には当たらないように条文上の手当てがなされた形でこの水俣病特措法が制定されましたが、このことによって、結果的には原告以外の被害者も迅速に救済される目途が立つこととなったことを意味しました。

ノーモア・ミナマタ訴訟は、原告になった方々以外も含め、被害者全員の救済を求める趣旨の訴訟でありましたが、水俣病特措法によって救済の目途が立つことになったことになるので、このことを睨み、２００９年９月以降、原告・被告双方から、和解による解決の考えが表明されるに至りました。

原告・被告の意向を踏まえ、２０１０年１月、熊本地裁は和解を勧告しました。

その後は、原告・被告がこれに従い、裁判所が進行を管理するような形で和解の細目が、原告・被告の協議で詰められていったのです。

協議の中で、曝露要件の判定の仕方、一時金の該当者の有する症状の範囲、そしてその判定方法などについては、概ねの合意が可能な状態になりました。たとえば、注目の、一時金対象となるような被害者の方の有する症状の範囲は、最高裁判所の判決においてメチル水銀中毒被害者とされた範囲に準拠した広いものとすることで合意が形成されました。しかし、個々人への一時金の額や団体として活動してきたことの費用弁済に当たる団体一時金の額など、和解の金銭的な側面についての歩み寄りは当事者だけでは困難でした。

そこで、原告・被告双方の要請により、裁判所が和解方針を勧告することとなりました。要請を受け、熊本地裁は、２０１０年３月15日、和解によって一時金を受ける方が有する症状の範囲やその判定の手続きなどに加え、金銭面での機微に渡る点について、個人一時金２１０万円などとする和解に関する所見を明らかにしました。

この所見は、原告・被告双方の部内で検討され、同年３月29日に受け入れられることとなって、原告・被告間で和解の基本合意がなされました。他の裁判所での裁判も同内容で急速に和解が進んでいきました。

この和解では、一時金などに加え、裁判の判決では難しいこととして、さまざまな行政施策の実施に関する約束事も盛り込まれました。それらは、原告以外の潜在的な被害者に対しても効果が及ぶものです。

たとえば、原告らを含めた地域の関係者の協力や参加の下で、メチル水銀と健康影響との関係を客観的に明らかにする目的で、最新の医学的知見を踏まえた調査研究を行うこと、さらに、健康に不安を覚える方々を対象に健康診査、保健指導の実施に努めること、などがあります。こうした和解内容になったのは、健康維持、福祉の増進が、原告だけでなく地域住民の共通の願いになっているからだといえましょう。

マンモス訴訟の和解を受けて、訴訟外の被害者を含めた取り組み方針の決定に至る過程、及びこの過程の、それまでの水俣病政策と大いに異なる性格について

環境省は原告との和解に向けた協議を行うことと並行して、水俣病特措法に基づく一時金対象者の判別の方法や一時金の額などを、他の被害者団体や自治体の意見を聞きつつ、またそれだけでなく、現地で説明会を開き市民と直接に対話し、質疑応答することなどを通じて検討していきました。これらの事項は、水俣病特措法に根拠を持って閣議決定をされる基本的な方針（正確には、「水俣病被害者の救済及び水俣病問題の解決に係る特別措置法に定める救済措置の方針」）に収められる予定だったので、異例でありますが、政府では素案などを積極的に公表して意見交換を進めていました。

政府は、地域でのこうした対話や検討を反映するとともに、さらにノーモア・ミナマタ訴訟の和解を受けて、救済対象となる症状の範囲、対象となる方々を判別する手続き、一時金の額などにつき、その内容をほぼそっくりそのまま水俣病特措法に基づく手続きや給付の内容とすることとしました。

さらに、地域福祉の充実や地域振興についての方針も、閣議決定の参考資料として詳しく書き込まれました。こうした取り組み（実際の基本方針及び参考資料はあらゆるステークホルダーが直接読み、円

滑に理解できるよう「ですます調」で記述されるなど表現まで配意しています）の上で、同法に基づく救済の方針は、２０１０年4月16日に閣議決定されたのです。

以上の過程を振り返ると、

① 裁判内外のすべての被害者を対象にした取り組みの大枠を定める法律の制定

② 裁判原告との、一般行政施策の執行のあり方までを含む詳細な条件に合意した上での和解

③ その和解内容を含め、地域との相談の結果を裁判外の被害者に広く適用するための行政施策の執行方針の閣議決定

という三段階に分けて、長く膠着していた事態の解消の方針が策定されたことになります。これまでの水俣病関係施策が、霞が関で、すなわち、政府と与党で決められてきたことに比べると、その立案・決定プロセスが、与野党の国会議員から訴訟原告や弁護団、その他の非訴訟被害者団体、自治体、地域の住民組織や経済組織など極めて幅広いステークホルダーを正面から巻き込んだ意見交換・調整を通じて遂行されたことは、際立った特色となっています。

また、水俣病問題を解決に導くことが期待される取り組みの主体や内容としても、一時金などの救済のための措置を極力迅速に行うことにとどまらず、福祉にかかわる措置、地域の経済の再生のための措置などを掲げ、これらの増進に関係する広範なステークホルダーを呼び込んだものとして定められたことも、それまでの水俣病関係施策と比べ、この水俣病特措法の実行過程の際立った特色となっています。

ちなみに、水俣特措法というアプローチと水俣病問題へのこれまでのアプローチとを敢えて類型的

に比較すれば、図30のとおりとなります。

以上のような、環境価値（公害で失われた健康の慰藉・治療や名誉・尊厳の回復）だけでなく、他の価値実現への一体的な配慮、多数の参加者がかかわったダイナミックな協働とその発展、ということは、まさしく私の訴えたい「第三世代の環境政策の設計アプローチ」そのものといえるでしょう。

このような考え方は、しかし、私の行政官（当時は担当局長や事務次官）としてのリーダーシップにより実地に具体化されたものではありません。私はそれが実現される上で一定の役割を果たしましたが、むしろこうした、まさに第三世代環境政策設計アプローチ的な発想は、永年の疲弊や争いを経験することによって、地域の中で熟成されてきたものであったことを指摘したいのです。

それは長年月、地域の分断やいさかいに苦しんだ末に、地元自治体の市長が至った考えであり、現地では以前から、この問題へ携わる上での「態度」「立居振舞」の、いわばレファレンスとなってきた事項でなのです。

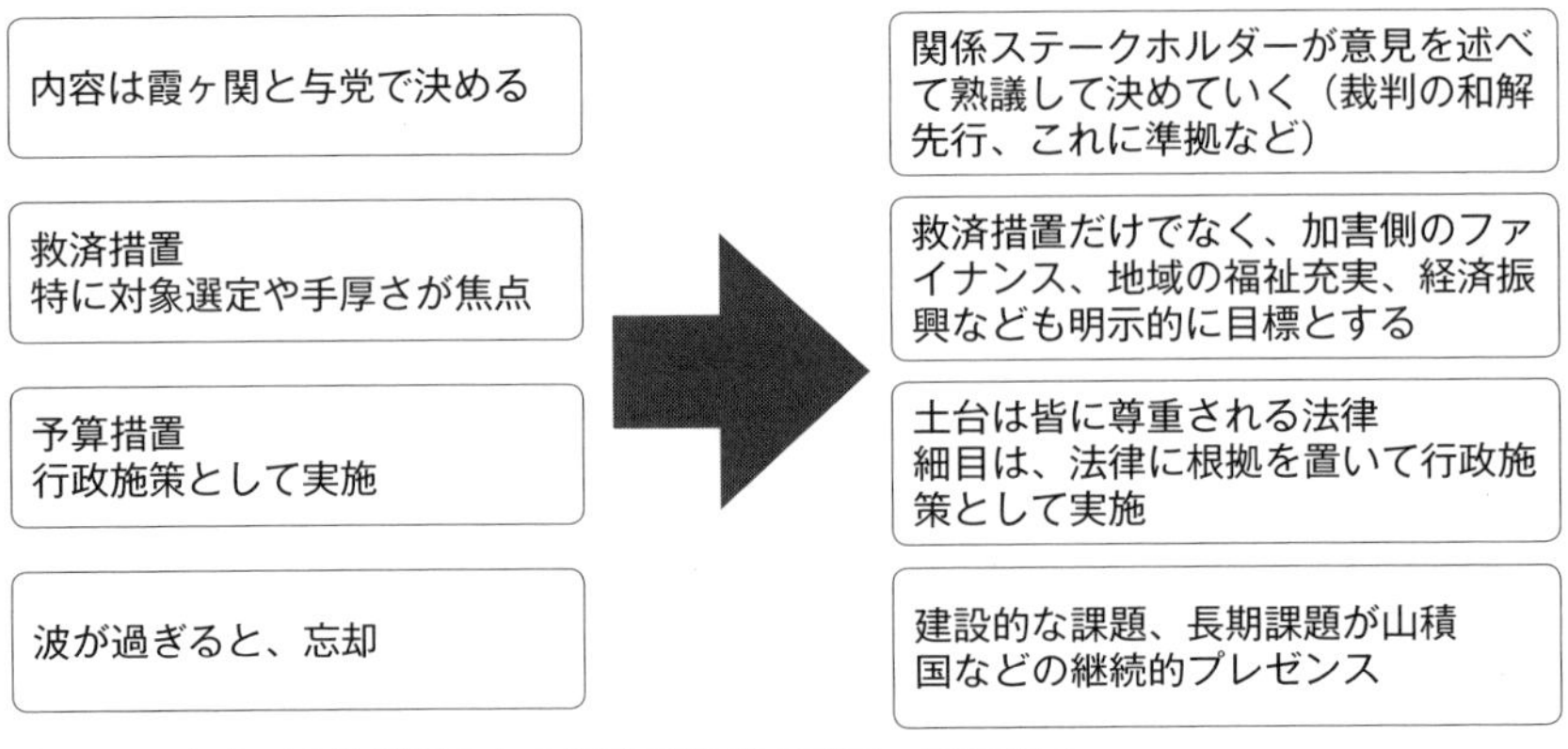

内容は霞ヶ関と与党で決める
救済措置
特に対象選定や手厚さが焦点
予算措置
行政施策として実施
波が過ぎると、忘却
関係ステークホルダーが意見を述べて熟議して決めていく（裁判の和解先行、これに準拠など）
救済措置だけでなく、加害側のファイナンス、地域の福祉充実、経済振興なども明示的に目標とする
土台は皆に尊重される法律
細目は、法律に根拠を置いて行政施策として実施
建設的な課題、長期課題が山積
国などの継続的プレゼンス

図30　これまでの取り組みと水俣病特措法アプローチの違い

その考えとは、地域の当事者の気持ち、たとえば自らの抱える健康上の不安に加え、どこまでが救済されるべきか、あるいは個人的に受忍するべきかの線引きにかかわる社会ルールの変遷に引きずられ、長い間心を無用に揺さぶられてきた被害者の切ない気持ち、また、被害者への暖かい配慮を期待しつつ、他方で、加害者であるチッソにも経済的に元気な活動を期待する一般市民の気持ちといったそれぞれの気持ちを、各取り組み当事者がしっかりと受け止め、互いを尊重する行動を取る、いわゆる「もやい直し」こそが不可欠である、との考えでした。

公害で大きな被害を受けた地域において、その被害を埋め合わせ、地域の再生を図っていく上では、適切な補償とともに、地域経済の活性化そして地域の福祉の向上といった優れた政策的取り組みが必要であることは論を待ちません。しかし、これらの取り組みを実際の地域の和解・再生につなげていくためには、地域社会の成員、加害企業や国、自治体など皆が互いに建設的に配慮し合う気持ちや行動でもって、具体の取り組みを裏打ちし、行動を継続的に高めていかないとならないのです。

他者の理解と受容こそが本当の鍵、これが、当たり前のようですが、50年以上もの時間を費やして、水俣病という深刻な汚染事例にかかわってきた人々の、今日までの到達点なのです。このような心の受け皿があったればこそ、前述したような複雑で長期を要する意見交換や調整も可能になり、そして、ダイナミックな問題解決過程へとつながっていくことができたと強く感じるところです。

水俣病特措法の実施の現段階と中間評価、成果と課題

（1）全体の進捗状況の概観

２０１０年春には、現地（水俣地域、そして新潟地域）では、新たな枠組みの下で、取り組みが始まりました。なお、熊本地裁でも、新潟地裁でも、汚染原因者の賠償に加え、国による賠償をも求める訴訟がなお進行中であり、すべての訴訟が解決されたわけではないことには留意してください。

現地では、その後、救済・補償といった被害を慰藉し、回復するための措置、これと同時並行的に行われる、チッソをして責任をしっかりと果たさせるための措置が進められていきました。

そして、被害回復等にかかわるこれらの措置だけではなく、救済措置の方針に明確に書き込まれた事項、すなわち、老齢化する患者の方々や胎児性等の患者の方々の福祉の確保、水俣病で疲弊してしまった地域を蘇生させ元気にさせる地域振興の措置が併せて講じられていくことが死活的に重要であり、これらについても、精力的な取り組みが図られていきましたし、今なお続けられています。

以上の点を、年表形式で総覧できるような資料を、環境省は時に応じて作成し、公表していますが、２０１１年８月時点のものは**図31**のとおりでした。各主体の目的毎に取り組みがどのように進捗しているかを鳥瞰的に見られるようにすることは、各主体の建設的な努力を呼び込む上で重要な仕掛けです。こうした整理が今後も折に触れて続けられることをまずもって期待します。

内容を見ると、救済措置では、救済措置の申請が締め切られて、次のステップ、すなわち、一時金の対象になり、また、被害者手帳を取得して安んじて医療を受けられる対象になるのかの判定が行わ

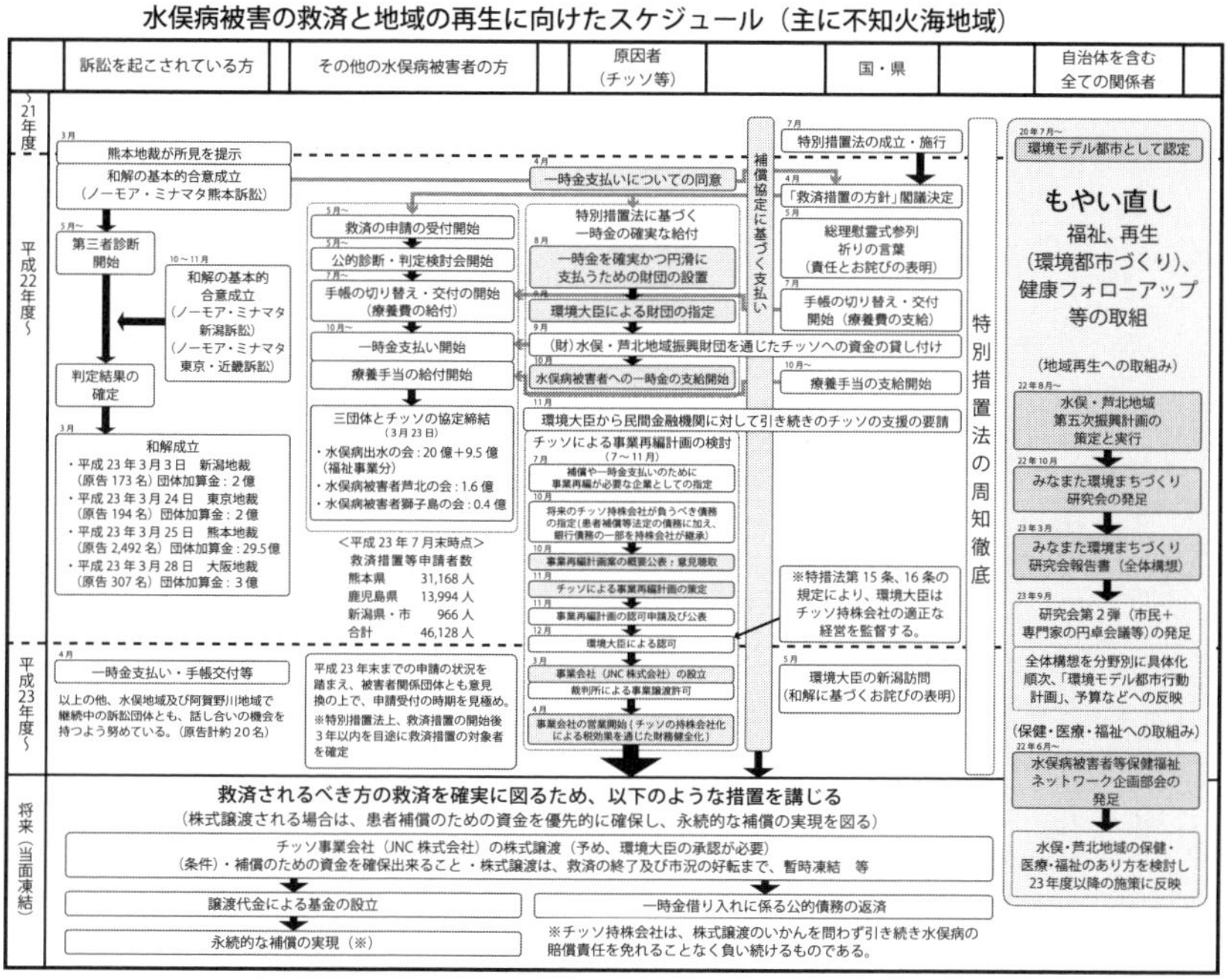

図31　水俣病被害の救済と地域の再生に向けたスケジュール（主に不知火海地域）
出典：環境省資料

れる段階にきていることがこの資料ではよくわかります（順次、判定の結果は本人宛には通知されていきましたが、２０１４年８月には判定の最終的な結果が熊本、鹿児島、そして新潟の各県から発表されました）。また、救済措置の進行とともに新たな債務の負担が生じるチッソに関しても、その財務体質の強化のため、特別損失を有せず、事業に専念する事業子会社（ＪＮＣ）と補償責任を受けもつ親会社チッソとの分離が行われました。

さらに、福祉の向上や地域経済の面でも、市立医療センターの強化、通所型福祉施設の増強、観光施設の新設（湯の鶴温泉の物産館）、地域の再生可能エネルギー利用可能性の調査の進捗や、水俣環境大学院の創設に向けた検討が進められていることが、この資料から見て取れます。

（2）救済措置の申請締め切りという山場は受容されたか

図31に見るとおり、水俣病特措法に基づく閣議決定された方針に沿って、極めて広範な取り組みが多様な主体の参加の下で着実に進められています。こうした中で、本書では二つの分野に着目し、関係者が共進化しながら問題解決を図っていくプロセスが強靭なものになっているかを考察しようと思います。

それらは、救済措置申請の締め切りとチッソの財務体質強化です。

これらは、いずれも、ある意味で仕方がない、必須・必然のものではありますが、被害者側にしてみれば、加害者が有利になるように見える一方、被害者が有利になるといった感情を持てない事象なのです。

まず、正面の施策である、救済措置が締め切りを迎えた時の地域社会の模様を見てみましょう。

救済措置については、２０１０年４月に閣議決定した救済の方針では、その措置が、そもそも迅速な救済が必要であることに鑑みたものである以上、いつかは申請の期限が到来することになることには言及しつつも、具体的な締切期限は示さず、２０１１年末までの申請状況を踏まえ、被害者団体などの関係者と相談しつつ後日決定するとしていました。

私にとっては、２００４年の最高裁判決においても、メチル水銀曝露による症状は、曝露中あるいは曝露終了後に速やかに発現するものとして、類似の症状と区別されていましたし、また、一時金による慰藉や医療にかかわる給付は速やかに行うことが望まれる一方、類似の症状は加齢などによってどの人口集団（コホート）においても増えていく性格のものであることを考え合わせると、公費支出を伴うこの制度の受け付けは、ある期限をもって終了すべきものと考えられました。しかし、和解交渉の席で、時限的な措置であるとの認識が共有されても、期限までは決定しかねていた課題でもあったのです。

マンモス訴訟の原告団、弁護団には、原告のみが救済されるのではなく、原告とならなかった被害者も救済されるように図りたいという意向があったので、被害者としての名乗りを上げるのが往々難しいとされていることを考えると、なるべく遅い期限となることが望ましいとされていました。このほかにも、最高裁で示されたメチル水銀中毒の被害者となる症状を、行政的な補償制度上の補償対象となる症状、具体的には、公害健康被害補償法の補償の対象となる症状の一部として加え、水俣病特措法との対象の差異を解消すべきだと考える方たちもいて、この水俣病特措法は恒久的な措置となるべきだ、という立論をする傾向もありました。これらのため、期限をいつ頃として設けるのか、設けるとするとどのような手順で設けるのがよいのかは、国や原告、その他の関係者の間で大きな懸案となったのです。

救済措置の申請は2010年5月1日を期して始まりました。この受付開始日は、水俣病の公式発見にちなみ慰霊式が例年行われている日です。この年の慰霊式には歴代初めて、鳩山総理大臣（当時）が列席し、被害拡大を防止できなかったことに関し謝罪の言葉を述べたほか、水俣病特措法によって、早急な救済や福祉の充実、地域振興を図るとの方針を宣明しました。また、世界の水銀規制にも貢献することも述べました。このようにして、申請受け付けは、節目を印象付ける一種の社会的セレモニーのように、にぎにぎしく始まりました。

次いで、1年半後の2011年末には、特措法の方針に規定されていたとおり、多数の被害者団体から細野環境大臣（当時）が意見を聞きました。団体の中には、十分に周知をされたのでむしろ早急に申請を締め切るようにと述べたところもあり、他方、恒久措置化を望む声もありました。最も古くから、被害者団体のいわば中心にあった団体は、申請受付の締め切り自体は是認しました。こうした中、細野環境大臣は熟慮し、被害者と自認する方々への、申請を求めるための周知措置を一層徹底するとともに、大方の予想よりは遅めの2012年7月末日をもって申請受付の期限とすること（すなわち、申請は、2年2か月にわたって受け付けられることになりました）を、12年2月に決定しました。

この決定に対して、新聞等では時期尚早を主張する意見も掲げられ、いくつかの被害者団体の抗議活動も行われましたが、他方で、この決定の枠内で被害者団体として、（政府の判断に反対しつつも）

最善を尽くそうとの気運も生まれました。有力な被害者団体では、受付期限内で潜在的な被害者の十分な掘り起しが可能となるよう、地域の民間医療機関の医師の協力を得て、被害者団体主催の検診などに力が入れられたり、申請の支援などが行われたりしました。環境省や関係自治体においても周知徹底に力を入れました。この結果、２年２か月に及ぶ期限内に、熊本・鹿児島両県合計４万６２４８人（熊本水俣病にかかわる申請者数のみ。新潟水俣病にかかわる方は含まない）、申請終了期限の発表があってからの半年強の間だけでも約１万４０８７人の申請（同じく熊本水俣病にかかわる申請者数）が受け付けられることになったのです。

このように多数の申請があったため、地元の県や市は、概ね、特措法の救済に関する目的は果たされたとの評価に立ちました（ただし、新潟県では、被害者が少ないがゆえに、名乗り出るのが余計に困難、との認識があり、地元県が必ずしもそのような評価をされているわけではありません。この点の検討は本論文の射程を超えるので、ここでは割愛します）。被害者団体からは、受付終了の差し止め請求などの抵抗的な活動は行われませんでした。

以上のような経過を見ると、救済措置申請の終了、という一つのフェーズの終わりの出来事を、相当な不満はもちろんあるにせよ、この出来事自体は現地の関係者は比較的に平和に受容し、乗り切ったといえましょう。

分社化など、原因者チッソの側の財務体質強化はどう受け止められたか

新たな救済措置の発動に伴い、チッソの支払いは、また急速に膨らむこととなりました。２０１１

年3月には、マンモス訴訟の原告団との裁判所での最終和解や非訴訟被害者団体との相対での和解がなされ、個々の被害者への一時金支払いに加え、原告団体にも団体一時金が総計36億円余、非訴訟被害者団体にも同じく総計31億円余が支払われました。その後も、これら団体に属さない個人に対して、一時金の支払いが続いています。その合計規模は、仮に一時金対象者が3万人とすると、600億円といった規模になるので、団体一時金を合わせると数百億円規模になることは間違いなく、東京電力のケースには及ばないにしても、1社が一時的にそのファイナンスを支えられる金額では到底ありません。

当面のキャッシュフローについては、国の財政資金（資金運用部資金）を熊本県経由で、芦北・水俣地域の振興を図る公的な財団に移転し、熊本県もここに応分の資金を移転した上で、この財団からチッソに長期で貸し付けが行われる形で維持されています。なお、併せて、民間銀行が有する債権については、環境大臣から（取り立て等をすることなく）、チッソが被害者への債務の履行を支障なく行えるように協力するよう要請を行っています。

しかしながら、この貸付資金も長い期間をかけて、チッソは財団、そして国庫へと返済することになるのです。

チッソの、特別損失を除いた2000年から2010年度頃の経常利益の規模は尻上がりに上昇しており、概ね100億円台から200億円に達するものとなっていました。しかしながら、業績には、市況の影響があるほか、同社における研究開発や設備投資が大きく影響するところ、同社は、繰り越されている膨大な特別損失があるため、資本勘定が1000億円以上の赤字となるなどの状況にあって、設備投資資金を市中から調達することは困難で、将来については全く楽観できない状況にありました（通常の企業であれば、倒産し清算しなければならないといえます）。

新たな債務を負うことにより、すでに公害健康被害補償法や協定などに基づき被害者に将来にわたって支払うことを約束した療養手当などのかねてよりの債務が不履行になる危険もあります。こうした事態を避けるため、水俣病特措法では、法律でなければ設けられないような特別の規定でもって、同社の財務体質の強化を図ることとしています。

そうしたものの一つとして、経営形態の改革があります。チッソを、健全財務の事業会社と、特別損失を継承し、被害補償の債務を果たす会社とに分け、健全財務の事業会社は、外部資金などを活用して元気よく商売し発展する、債務を負った会社は、事業会社の株を全額持ち、その株の配当を得て、債務の履行に当たる、という分業の仕組みです。

また、水俣病補償の膨大な債務を負う会社の経営形態の改革に当たっては、会社再生法制の例にならい、税制上の種々の特別措置も講じられる旨を、水俣病特措法において具体的に規定をしました。たとえば、通常の企業であれば、7年以上前の損失は、利益から控除して課税所得を減らすということはできませんが、水俣病債務にかかわる特別損失の場合の今回のケースではそうしたことも認める規定が置かれました。これは、所得を大きく見積もって税金を国に納めて貰うより、被害者の補償などに充当することが望ましいという判断からです。

こうしたさまざまな仕組みで、水俣病債務の履行を確保するのが水俣病特措法でしたが、チッソの責任を重く見る被害者団体や一部の言論界、学界では、評判は芳しいものではありませんでした。

前述の経営形態の改革は、多くの赤字企業でも行われる、いわゆる会社分割による企業再生と二重写しになるもので、黒字部門の新会社への譲渡・分社化と、赤字部門の切り出し廃業・清算とを一体に行います。これに基づいて水俣地域の今後を予想すると、経営形態の改革は補償責任を負うチッソ持ち株会社の清算につながり、必要があって何らかの債権を取り立てるべく将来に訴訟を起こそうとしても、そもそもその相手がいなくなる、といった不安を感じさせてしまい、評判がよくなかったものと思われます。その不安の根拠になったのが、水俣病特措法よりはるか以前に自民党の水俣病問題小委員会が示したチッソ分社化、親会社の清算という案なのです。したがって、批判は、事業形態の見直し自体ではなくその先に向けられていたのです。

最終的に与野党が合意して制定された水俣病特措法では、

①事業会社・持ち株会社体制への移行に当たっても、環境大臣へ、補償債務の履行を滞りなく行う道筋を明らかにした事業再編計画を提出し認可を受けること

②事業会社・持ち株会社体制への移行は株主の権利や利益は毀損しないものであるが、株主総会に代えて念のため裁判所の代替許可が必要であること

③事業会社の株を仮に売却し、持ち株会社が収益を得る場合には、環境大臣の事前認可が必要であること

④売却収益は、水俣病被害者が将来に向けて有する債権を贖うための資金を優先的に確保できるものであること

などが、前述の懸念に応える形で定められています（同社は精算や倒産はできないものとする旨を規定

することは法律上無理であるため設けられていません）。さらに、③の規定の発動に関しては、法律上、持ち株会社の株の市場売却は、株式市況がよいということだけでなく、救済が完遂されることを要件としており、環境大臣は当面この認可を行わないことも明定しています。

チッソは、２０１０年３月には、被害者団体7団体との間で前述のような総額70億円弱の一時金支払いを内容とする和解が成立したこと、同年5月からは一般の被害者からの一時金申請が始まったことに伴い、新たな大きな債務が発生したことを受けて、同年６月に、事業再編を要する原因企業である旨の指定を得るべく、環境大臣に申し立てを行いました。そして、この指定は、２０１０年７月に行われました。

この段階で、一部被害者団体や、言論界は批判を強めたので、環境省では、チッソの代表者の参加も促し、事業再編の仕組みと将来の補償との関係の説明や、チッソの事業再編と地元の経済振興に関するチッソの考えの聴取などを、現地水俣で公開で行いました。チッソは、事業再編計画の素案も敢えて公表して、意見を聞く姿勢を見せました。チッソは、部内で直すべき点は直して、計画を同年11月になって認可申請のために環境大臣に提出しました。

さらに、環境省では、書面での意見も受け付け、こうした説明会での口頭の批判や懸念の意見、書面の意見なども松本環境大臣（当時）が十分に参酌して熟慮を重ねました。その結果、２０１０年12月15日に、大臣は再編計画の認可を行いました。この認可に際しては、環境省では各方面から提出された意見を、環境省が認可審査の事務を行うに当たってどのように考慮に入れたかや、意見に対する見解を含めて、異例ではありますが、書面でその考えを明らかにしました。

その後、翌２０１１年２月には、事業譲渡に関する大阪地裁の許可が得られ、３月には取締役会で事業譲渡を決議し、４月１日から、実際に事業会社の営業が始められたのです。なお、この過程の中途では、一部株主から、事業再編が株主利益を損なうとして差し止めを求める裁判がありましたが、チッソが勝訴しました。このほかには、法的な対抗措置は取られなかったのです。

将来の補償のつつがない確保や地域振興、という観点では、多くの被害者や住民は冷静な気持ちでは元気なチッソを期待しているのも一方の事実です。しかし、他方、被害者の中には、自分たちの体が治らないのに、なぜチッソは元気になるのか、許せない、という心情があるのもまた事実なのです。このようなアンビバレントな気持ちが交錯する中、補償・救済の責めを負う加害側が、精一杯の公開の意見交換を行う熟議の態度で臨んだことや各被害者団体が合理的な対応を貫いたことで、地元の軋轢は最小限に収められた、といっても過言ではないでしょう。

環境保全によっての地域経済の再生――水俣の動きの経緯と現状

水俣地域では、深刻な公害によって地域経済が疲弊しました。最盛期に5万人以上を数えた人口も、２０１５年現在では、半減以下の約2万６０００人弱となっています。製造品出荷額は約８００億円であって、近年、持ち直し傾向が見られるものの、２０００年頃に比べ、２割近く低い水準です。有効求人倍率も、０・３程度と、熊本県でも最低の水準です。公害の風評被害もあって、観光入込客数も往時に比べ大いに低迷し、２００９年と10年前の実績とを比較すると、約35万人と半減していますから（ただし、ここ数年は底を打って持ち直しの傾向も出てきました）。比較的に活気があるのは、医療関係の事業だけ。このままでは公害によって地域が破壊され、さびれたままでとどまりそうなのが客観的に見た水俣市の現況なのです。

しかし、水俣市には、資産があります。それは、公害経験によって培われた、市民の高い環境意識であり、環境を大切にする行動であり、また、もともと、チッソの立地の背景となった、豊富な自然エネルギーです。甦った綺麗な海、豊かな森林も大きな資産です。

水俣市は、公害経験を逆手に取って資産とし、数少ないゼロ・ウェイスト宣言をした自治体となり、詳細な区別を有するごみ分別・再資源化を実施しています。２００８年には、国によって環境モデル都市の指定も受け、さまざまな挑戦的な環境事業を集中的に行う体制も整備されました。市民ぐるみのリサイクルを中心にした幅広い、また熱心で継続的な取り組みによって、２０１１年には、民間の認定でありますが、「日

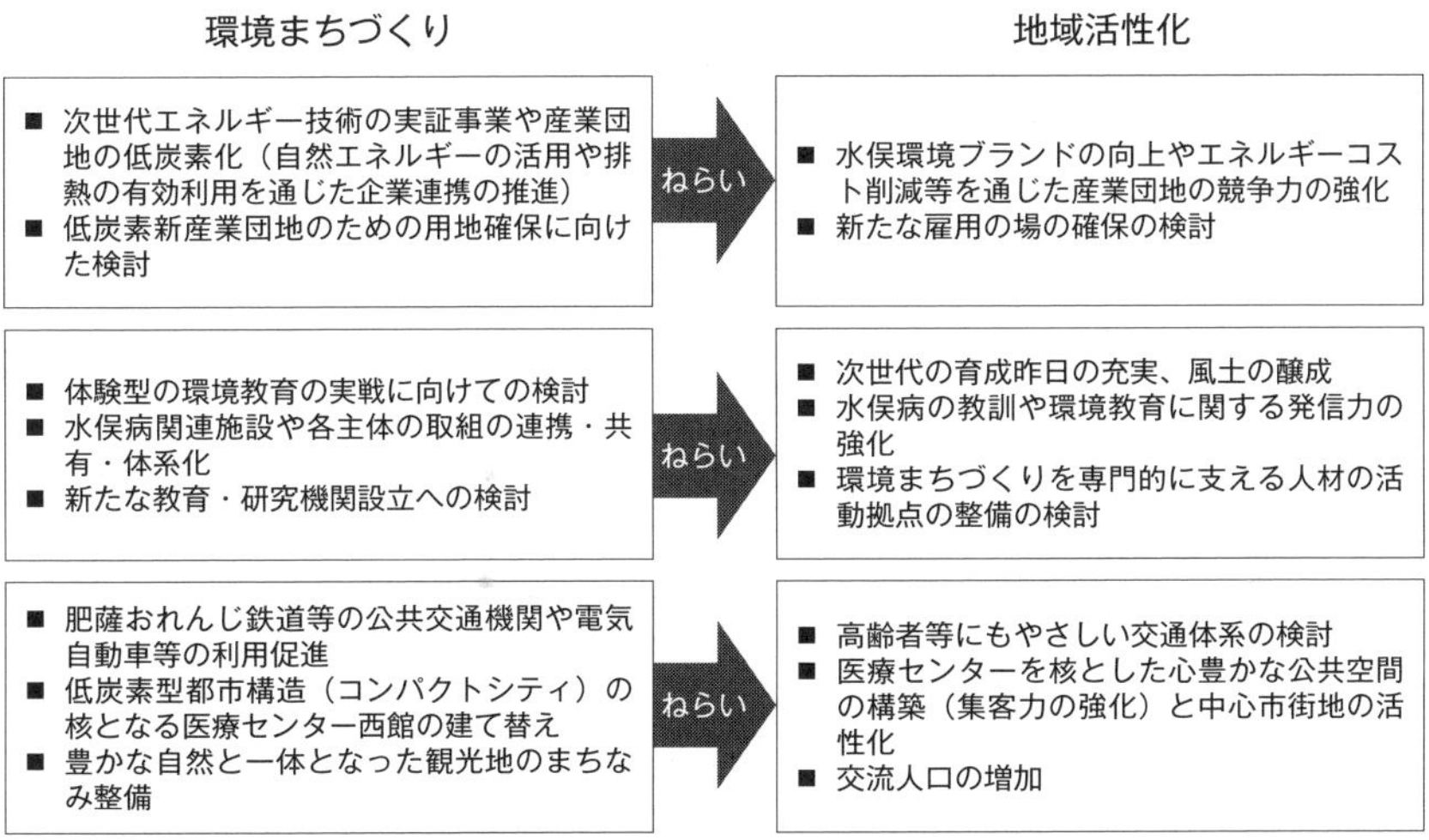
環境まちづくり
地域活性化
■ 次世代エネルギー技術の実証事業や産業団地の低炭素化（自然エネルギーの活用や排熱の有効利用を通じた企業連携の推進）
■ 低炭素新産業団地のための用地確保に向けた検討
ねらい
■ 水俣環境ブランドの向上やエネルギーコスト削減等を通じた産業団地の競争力の強化
■ 新たな雇用の場の確保の検討
■ 体験型の環境教育の実戦に向けての検討
■ 水俣病関連施設や各主体の取組の連携・共有・体系化
■ 新たな教育・研究機関設立への検討
ねらい
■ 次世代の育成昨日の充実、風土の醸成
■ 水俣病の教訓や環境教育に関する発信力の強化
■ 環境まちづくりを専門的に支える人材の活動拠点の整備の検討
■ 肥薩おれんじ鉄道等の公共交通機関や電気自動車等の利用促進
■ 低炭素型都市構造（コンパクトシティ）の核となる医療センター西館の建て替え
■ 豊かな自然と一体となった観光地のまちなみ整備
ねらい
■ 高齢者等にもやさしい交通体系の検討
■ 医療センターを核とした心豊かな公共空間の構築（集客力の強化）と中心市街地の活性化
■ 交流人口の増加

図 32　水俣環境まちづくりの当面の取り組み候補
出典：水俣環境まちづくり研究会報告書 122 頁

本の環境首都」の称号も得ています。

水俣市は、その基本構想（２０１０年〜２０１７年）において、「環境を、まちづくりの中心に据えて、……活力あるまちを築」くことを基本理念にしました。本書が提案する、環境保全によって発展する経済社会の、いわば地域での実践に取り組もうとしているのです。水俣市では、公害被害を埋め合わせる、という狭い意味での環境価値の回復だけでなく、一歩進んで、環境保全を手段として地域経済の再生を果たそう、との取り組みが行われています。

では、被害救済以外のテーマでは何が行われているのでしょうか。

まず、多主体の参加が挙げられます。水俣では、２０１０年10月に、学識経験者に地元の有識者を加えた「水俣まちづくり研究会」（座長は、東京大学大学院工学系研究科〈当時〉の大西隆教授）を設け、まずは、外部の識者や有識者などの客観的な眼から、水俣市の有利な点、不利な点、将来に機会のある点などの検討が行われました。私もこの研究会に参加しました。

ここでは、２０１１年３月末に検討結果をまとめましたが、客観的な情報を参照しつつ、まず今着手することで成果を収める可能性のあると判断される環境まちづくりの項目をいくつか抽出し、その上でその詳細な再検討や実行は地元市民に委ねることとしました。

そのような項目は**図32**に掲げるとおりで、産業団地での再生可能エネルギーの活用、環境関係の教育・研究機関の設立、平行在来線として民営化された肥薩おれんじ鉄道の利便性の向上、市立医療センターと周辺商店街の結合の改善によるコンパクトな繁華街形成、観光地（温泉街）の魅力向上など、いずれも、環境保全を手段として併せて地域の活性化も狙う取り組みが候補に挙がりました。これらの取り組みは、また、環境と、経済や福祉といった複数価値の同時達成を狙うものであることも見てのとおり明らかです。

その後、水俣市では、多数の市民、市内事業者からなる協議、具体化の場（環境まちづくり事業円卓会議。5つの部会からなる）を設け、逐次の検討、事業計画案の作成と市への提言などの作業をここに委ねました。そうした意味で、オーナーシップのある多主体参加が図られるようになったのです。

また、この市民・事業者・市役所が参加する場は、すでに成果を挙げつつあって、共進化への過程が始まっているともいえなくはありません。たとえば、観光地のまちなみ整備に関しては、水俣の二つの温泉地のうちの一つ、山にある湯の鶴温泉で、まちなみ景観をリードする物産館が整備され、地元の食材を徹底的に使った料理などによるおもてなしの仕組みが設けられつつあります。また、肥薩おれんじ鉄道では、沿線風景を楽しみながら食事を目的とする食堂車を整備し、運行し始めました。夕日や多島海の景色を車窓から堪能して、地元の食材をいただく、エコツーリズムの企画で、大変好評です。さらに、沿岸部にある工業団地で、水俣市周辺の間伐材を使ったバイオマスボイラーによって熱と電気のコージェネレーションを行い、工業団地立地企業に供給する構想も、地元の事業者の専門的な知慧を集めて、検討が進みつつあります。完成すれば、近隣の森林保全に役立ちつつ操業する、CO_2ゼロエミッション工業団地という、最先端の発想に近付くことができるでしょう。さらに、全国の大学などが共用できる研究、教育施設としての「環境アカデミア機構」の整備も始まっています。

地域の事業家によるビジネスにおいても、環境をブランドにしているものが多数出てきています。減農薬にこだわった、わせタマネギの「サラ玉ちゃん」、無農薬のお茶や紅茶の栽培（昔は、他産地へ出荷されましたが、今は水俣の産品としてブランド化されるに至っています）、各種の無農薬の柑橘類、アイガモ米などの農産物や製品、じゃこなどの海産物等々が県外でもよく知られるようになっています。若手経営者の集まりも環境を意識して活発な活動をしています。

このように、環境保全を主要な手段、あるいは同時達成すべき目的とした地域活性化の取り組みが、着々と具体化の歩みを進めているのです。

公害に伴う損害の埋め合わせという局面が、第三世代環境政策設計アプローチの下で、比較的平和裡に進んでいることを報告しましたが、それ以外の局面でも、第三世代のアプローチは活かされ、また、成果を挙げつつあると評価できましょう。

環境保全によって地域経済が振興されることを水俣において今後実証できれば、他に裨益するところは極めて大きく、期待が広がっています。

第三世代環境政策設計アプローチ提案に関する中間評価と今後の課題

水俣病問題は、いつかは寛解し、そして解決されなければなりません。しかし、それは、問題を忘れ去ることによってではあり得ません。水俣病問題の解決は、その教訓が学習され、将来にこの種の問題の再発を防いだり、問題が起きた時の拡大防止や円滑な問題解決に寄与したりする形で、皆の頭の中に知慧として継承されていく形によって、成し遂げられるべきものだと思います。また、地域においても、環境破壊の教訓、そこからの再生の努力の経験が、暮らすのにふさわしい、皆の理想となる地域づくりに結実することによって、具体的に実感できるものとなることを通じて、負の遺産を乗り越える形で、問題が解決されていくべきだと思っています。

このような将来を展望すると、まだまだ道半ばであることは否めません。

しかしながら、これまでのところ、水俣の関係者は、新たに数万人規模の救済措置を実行することに伴う、いくつかの大きな試練を、不協和音を奏でながらも大過にまで至ることなく、妥協や譲り合を重ねて乗り越えてきたことも事実です。

この過程では、攻撃的ではなく、建設的で譲許的な加害者側の対応が最初の一歩となりました。被害者側も、それに対し、解決に向けた建設的で冷静な対応を重ね、こうしたことで、現地には、協働の雰囲気が出てきているのです。

実際にも、市民や事業者の知慧の提供や参画がなければ実施できない、環境関連の地域おこし事業も軌道に乗りつつあります。

これらから見て、水俣における第三世代環境政策の立案アプローチを実装することの中間評価は、概ね「可」といえるのではないでしょうか。

それでは、今後は順風満帆なのでしょうか。

これまでは、とにもかくにも、数万人規模のこれまでは慰藉されることのなかった被害者の、迅速な救済を一遍に図るという、いわば大義があったので進んでこられた側面があることは否めません。この大義の面でも、救済に漏れたが救済に値すると思われるような人が、たとえ少数でも登場した場合に、関係者が、抜き差しならぬ紛争に後戻りすることなく、いかに、これら少数の方を心温かく迎え、遇することができるかに関し、これまでのプロセスで培われたに違いないと期待される力が役立つかが、大きな課題となります。救済法に乗り遅れたと思われた方々が同様の救済を求める訴訟を提起されていますから、この訴訟がどのように進展するかも一つの試金石となりましょう。

また、環境以外のさまざまな価値の実現も図られねばなりません。生まれつつある共進化のプロセスが果たしてその力を発揮できるか、ということがあります。

この面での課題としては、地域を前向きに、目に見える形で変えていくことに、生まれつつある共……

たとえば、前述した地域の新エネルギーの積極的な開発の取り組みなどに加え、地域全体の福祉の向上、さらなるエコ産業の創出と振興、エコツーリズムの受け入れなどがあります。たとえば、天皇陛下が臨席される全国豊かな海づくり大会の挙行、水銀規制にかかわる対策の実施を水俣条約として採択する外交交渉の成功など、地域が結束して取り組む必要のあった挑戦がつつがなく遂行された体験は大変重要です。今後も共進化のプロセスが一層強靭さを増すことを期待したいものです。

特に水俣の経験を知恵として継承することに関しては、大石元環境庁長官の頃より構想されていた水俣環境大学（院）を発想として受け継いで構想された「環境アカデミア機構」のいよいよの開設や、水俣条約への途上国の加入、そして実施に向けた国際協力貢献などが重要です。

特に、後者に関しては、水俣の現状の取り組みは世界の範とはならないので、水俣条約との名前はおこがましい、といった意見や、逆に、水俣の汚染の記憶を固定し、風評被害を招く、といった懸念の声も寄せられているので、今後も地域での新たな摩擦や不協和音を生じるおそれがないわけでもありません。水俣の未来には楽観は許されないのです。

しかし、共進化の芽が生まれた以上、挑戦課題があればこそ、水俣の関係者の共進化プロセスが鍛えられ、育っていく、というのが、私の立場です。自然と共生できる人類社会づくり、経済づくりには、人類の知慧と行動のさらなる進化が必須です。その実験場とならざるを得ない宿命を背負う水俣とその関係者に対し、広く全国の好意的な関心と継続的な助力が期待されます。

第六章　グリーンな経済に向けた海外の動きとそこから学ぶこと

第一節　大きく変わるアメリカ

地球の生態系の善き一部となる人類社会の建設に資すると目される動きは、欧米に目を転じるととても顕著です。たとえば、ドイツは環境政策のいわばパイオニアとして、FIT（フィードイン・タリフ制度。再生可能エネルギー起源の電力を長期的に優遇された価格で買い入れる仕組み）を開発し、実装したり、つい最近も、CAP2020（気候対策行動計画）を策定し、さまざまな政策の追加に余念がありません。この章では、すでによく知られた先頭打者・ドイツの取り組みでなく、そこで学びつつも独自の道を探っている他の欧米諸国などの取り組みを見てみましょう。

石炭火力発電所規制で見せるアメリカの本気度

まずはアメリカです。アメリカは、オバマ大統領を先頭に地球温暖化対策を強めつつあります。オバマ政権の省エネへの力の入れ方、あらゆるエネルギー源にウィングを広げたエネルギー供給対策の強力な展開を聞くにつけ、私は、フロンの生産量削減に舵を切ったモントリオール議定書の採択の顛末を思い出します。

モントリオール議定書（1987年に採択）の交渉妥結は、その交渉中に南極オゾン層の破壊が初めて明らかになり、世界の世論に火が点いたことも要因でしたが、さらに重要な要因は、米デュポン社がフロンの代替物質を開発したことでした。第三章第四節（121ページ〜）でも詳しく書きましたが、従来型のフロンが製造できなくなると、代替フロンが売れるのです。米国は国際競争力上の憂いがないばかりか、むしろ競争上有利な形でオゾン層保護対策を進められる立場を得たのです。

それまでフロン製造設備の新設の自主規制などでお茶を濁していた米国が、突如クルセーダー（十字軍）のように日本などへ対策実施の折伏に回り、態度を豹変させたことを、昨日のことのように思い出します。シェールガスの利用拡大があって米国は温暖化対策には消極的になるはずだという一部「玄人」筋の予測を裏切り、米国はその後も矢継ぎ早に政策を打っています。

石炭だき発電所への厳しい姿勢

オバマ大統領は２０１３年、石炭火力発電所に関するCO_2の排出規制を提案しつつ、世界の気候変動対策を先導する意気込みを示す意欲的な演説を行いました。２００９年に国際的に表明済みのCO_2削減目標である、「２０２０年までに05年比で17％削減（実際は、11年ですでに6・9％減）」を再確認した上で、新設の石炭火力発電所向けのCO_2排出基準案を9月下旬に、また、既設の石炭火力発電所に対する基準案は２０１４年６月までに提案し、最終決定を受けて16年から実際に適用する、との方針を示したのです。その後、２０１４年よりは遅れましたが、２０１５年8月にオバマ大統領は、パブリックコメントなどの手続きを経て、正式なものとして規制を制定しました。

この排出規制は、新規立法を要せず既存の清浄大気法（クリーン・エア・アクト）に基づいて連邦環境保護庁に与えられている権限の範囲で行われるとされるものです。実際、同法に基づいて米国では、自動車からのCO_2排出規制が行われているほか、２００７年の米国最高裁判決において、CO_2やその他の温室効果ガスは、同法でいう大気汚染物質であることが判示されていて、実行に移される可能性は大いに高いと目されています。

一方、わが国を見ると、原子力発電所の停止に伴う電力不足を補うことと、円安に伴うエネルギー価格高騰を避けることのために、石炭火力発電所の増設への期待が出てきていますが、時代逆行の感が否めません。小名浜の石炭火力焚き発電所の環境影響評価に際して示された環境大臣意見(2009年5月)のように、将来のCCS化（二酸化炭素を煙の中から分離して、地中深く処分する技術）を見越しつつ、高い燃焼温度で発電する石炭ガス化発電への移行、電力会社全体での確実なCO_2排出係数削減を担保する仕組みの導入などが石炭火力を利用する場合の方針となっていますが、入札制度を利用するなどひたすら安い電力を購入しようとする近時の動きには、こうした石炭利用方針との整合性が疑われ、世界の技術進歩に取り残される惧れを感じてしまいます。

国際社会で実効あるルールを作るとき、米国抜き（最近では中国抜きでも）の国際ルールでは脆弱性を持たざるを得ません。他方、仮に米国が入ってくると、当然ながら船長席に座って国際ルールづくりを主導することになることは、肝に銘じておかなければなりません。ポスト京都の国際的地球温暖化対策ルールに米国が入れば、それは米国の利益をも実現し得るルールなのです。

ポスト京都準備会合で途上国巻き込みの米国戦略

2013年の4月末から5月初めに、ドイツのボンでダーバンプラットホーム・アドホックグループ（2020年以降の温暖化防止の国際ルールを話し合う場）の会合が開かれ、2015年に国際合意に達すべき、地球温暖化防止の新国際ルールのあり方に関して各国が意見を述べました。ここでは、京都議定書には上院の賛同が得られず入らないままに終わった米国が、２０１５年に向けては熱心に論陣を張ったと聞いています。

会合に先立ち、３月11日付でアドホックグループへ提出した米国のステートメントによれば「各国がそれぞれ自主的に、野心度の高い国内削減策を、極力透明性を心がけて提案し、国際社会、あるいは各国の国民が互いにレビューする」、そして、その結果を踏まえて、締約国は当初の削減提案を見直すこと、その後の対策もこのようなレビュープロセスを通じて一層適切な国内目標や対策へとステップアップしていくといった仕組みを、その名称にこだわらずに提唱しています。１９９１年頃、最終局面を迎えた気候変動枠組条約は、先進国・途上国を問わない共通の義務のほか先進国が果たすべき一層厳しい削減義務を定めるものでしたが、その先進国の義務を果たしてどのように規定するかが交渉上の大きな争点になりました。90年レベル排出量への削減をはっきり規定することを求める欧州とそれに反対する米日などの構図の中で、妥協案を出して事態を収めたのは米国の当時の大統領、パパ・ブッシュ大統領でした。90年に排出量を戻すとの意図の下で、義務としては「排出量の抑制や削減に関する計画を策定し、その実施状況を国際的にレビューしていく」という内容でした。これが、京都議定書以前の先進国の第一歩目の具体的な義務になりました。途上国の第一歩目の具体的義務も、多かれ少なかれこうしたラインとなるでしょう。これが２０２０年以降の温暖化対策ルールに途上国を巻き込む戦略の第一歩だと思います。

条約や附属書などの文言を巡る交渉には紆余曲折があるでしょうが、92年の枠組み条約が先進国の経済、技術、暮らしに与えたようなインパクトが、2015年の今度は、全世界に生じることになるであろうことは間違いありません。

環境軸にエネルギー・製造業の強化へ3兆円

2014年度の予算教書において、オバマ大統領はエネルギー・環境政策で、オバマ版三本の矢を登場させました。エネルギー・環境政策に関する包括的な方針を定める「All-of-the-above 戦略」、エネルギー消費半減を達成する「Race to the Top for Energy efficiency」といった具体的な政策、クリーンエネルギー供給に特化した事業パッケージであるクリーンエネルギー製造イニシアチブ（CEMI）の三つです。クリーンエネルギー分野、先端製造分野で米国をして、世界のトップリーダーとして国際社会の中で行動できる地位獲得を目指しています。実施に要する14年度予算の総額としては、日本円にして約3兆円規模。米国が省エネに本腰を入れ、かつクリーンエネルギーの供給増強（クリーンエネルギーによる発電量の倍増）に具体的な目標を掲げて挑むことになります。発電分野だけ考えれば、エネルギー消費の半減と電力炭素密度の半減は、合わせて見れば、電力起源CO_2の70〜80%削減を視野に入れるものです。米国で相次ぐ気候災害、そしてシェールガス利用（天然ガスは化石燃料で最もCO_2や大気汚染物質の排出量が少ない）の拡大を背景に、米国はいよいよ本気を出してきたなと感じます。

特にこうした政策が、有望な投資先を開拓することを目指して行われること、単に供給側の能力向上だけでなく、自動車、住宅、ビジネス（製造のイノベーション）といった需要側の取り組みを多く含んでいることには大きな関心を寄せざるを得ません。環境価値がある物が、環境を壊す物と同じ価格でしか市場で評価されないままでは、環境で儲かる世の中はやってきません。他方、環境価値が付加価値を生むなら、GDPも増えます。つまり鍵は需要側にあるのです。

米国における需給両面を視野に入れた力強い政策イニシアチブは、世の中を偶力でもって回転させ、オゾン層保護の時のフロン代替品の発明のような黒船を生む可能性は高いと見たほうが安全です。エネルギー浪費大国・米国という思い込みは、だいぶ改まっています。前掲の**図17**（198ページ）に見るように、GDP当たりのCO_2排出量という指標（炭素生産性）では、日本に進歩がないのが一因ではありますが、1990年頃の米国指標は日本の倍近くあったのに、今はせいぜい5割増し程度に急改善しています。

タブー視されてきたエネルギー課税強化議論へ

オバマ演説の1か月前、米国の連邦議会予算局（CBO）は、炭素税の環境・経済影響というレポートを公表しました。これは、連邦議会で関心が高まっている包括的な税制改革の中での一つの選択肢との位置付けですから、炭素税自体が直ちに、政治アジェンダに乗ることを意味するものではありませんが、これをきっかけに、米国では長い間タブー視されてきたエネルギーへの課税強化が公然と議論されるのではないかとの推測が生じました。

炭素税の意義は、当然ながら、その価格効果によってCO_2排出が減ることです。この予算局レポートでは、これまでの米国内での排出量取引に関する研究成果に準拠し、政策上必要な排出量上限を定めた場合の排出権の市場価格が、CO_2排出量1トン当たりで20ドル（初年度、以降、年々5・6％上昇）なので、それを炭素税額にスライドさせて分析を行っていますが、その場合の10年後の削減効果を8％と見積もっています。

炭素税のもう一つの意義は、税収を生むことです。上記の前提では、10年間の税収は1兆2000億ドルに達するとしています。

炭素税の経済上の影響は、税収が国民経済に還流されなければもちろんネガティブなものとなりますが、逆に還流されれば、その還流の仕方によって経済へのインパクトや内容が大きく変わることになります。このレポートでは、政府の財政赤字の削減による民間資本の充実への貢献、低所得者への還流、投資減税のようなものなどの検討を行っています。

こうした分析自体は、OECDなどの国際機関やドイツ、イギリスあるいは日本の政府や民間機関でも昔から行ってきており、目新しいものではありません。しかし、米国の議会事務局がレポートをしたということに関しては、時代を画する風を感じざるを得ません。米国はエネルギーに関する税金が世界でも最も安い国の一つです。そこに環境政策や経済政策が政策対象として介入するとなると、その効果は極めて大きいといえます。米国は変わり身の速い国です。近年、異常気象で国民が痛めつけられていることを頭に置くと、いつ何時、米国が政策転換するかわからず、注視が必要です。

米国に学び、日本も本格的な環境税制改革を目指すべき

炭素税に関しては、わが国は、米国に比べて一日の長を持っています。石油石炭税の、地球温暖化

対策税としての税率アップが２０１２年に行われ、これは２０１４年、そして２０１６年と計画的に値上げてされていくことになっています。わが国の場合は、炭素税換算の税制アップは、CO_2トン当たりわずか２９０円程度と、米国議会レポートが例示したものよりも８割も低く、その分経済インパクトも環境インパクトも小さいものです。しかしその税収は基本的に省エネや再生可能エネルギー対策の支援の形で還元されるため、対策をしない場合とした場合とでの差は、機会費用としては十分にあって、環境対策については大きなインセンティブとして働いていくはずです。シビアでコンサバであった国内議論を踏まえた知慧ある制度ともいえます。

ですが、せっかくのこのような知慧ある改革も、近年の円安・エネルギー高を苦にして課税を押し戻そうと考える向きがあると聞きます。目先の儲けを重視する考えなのでしょうが、環境ビジネスという将来の大きな国際市場への参入切符を失う暴挙ともいえます。

石炭火力発電を含む各種電力の原価については、２０１１年に内閣府の下に各界が集められ、コスト検証が行われましたが、その中で私的費用ベースでは確かに安い石炭火力については、しかし、大きな社会的費用を生んでいることが示されていました。もし原子力代替として天然ガスではなく石炭をもっと使いたいと考えるなら、この社会的費用を忘れてしまうのは理性不足か環境オンチというほかありません。排出量取引の導入や石油石炭税の税率の一層のアップなど、社会費用をきちんと内部化する仕組みを併せて講じる必要があるでしょう。

ちなみに太陽光発電などの再生可能エネルギーの利用拡大については、その導入に必要な費用を税金ではなく、料金に上乗せして広く電力消費者が負担する仕組みが導入されています。いわゆるＦＩ

Tです。石炭利用に伴うCO_2増加を相殺できるように、この制度を再生可能エネルギーにもっと有利な方向へ拡充するのも一案かもしれません。

エネルギー政策への環境対策の組み込み

石炭火力の取り扱いが、それぞれの国の環境上の競争力を決める大きな要素になりつつありますが、エネルギー政策と環境政策とはますます深い関係で結ばれるようになってきています。米国連邦エネルギー省は、エネルギーにかかわるインフラが地球温暖化に伴う気候変化に対して極めて脆弱だと警鐘を鳴らすレポートを発表しました。

そこで指摘されている脆弱性とは、発電所の冷却水の不足、シェールガスやシェールオイル採掘に必要な水の不足、干ばつや冬季の雪不足に伴う水力発電量の減少、ハリケーンの強大化に伴う電力供給網の損壊、河川水量低下による河川船運依存の燃料輸送の遅れなどです。エネルギー政策上の環境配慮としては、気候変動の加害者としてどこまで責任を果たすかということにとどまらず、今やエネルギー企業は被害者としても気候変化に向き合わなければならなくなったといえるでしょう。さらにアメリカは、このような気候変化に伴う被害の防止策自体が、今後の技術開発上の課題であり、もっといえばビジネスチャンスでもあることを見て取っているといえるでしょう。環境対策は利益の敵とばかりに環境対策に批判的な態度を取るのではなく、未来の市場を失わないよう目を開き、謙虚な対応を取りたいものです。

第二節　経済をグリーンにする英国の動き

そもそも英国は低炭素化に大変熱心です。英国人に聞いたところ、気候変動への強い危機感や、産業革命が英国発であることのネガティブな帰結を正そうという人類史的な使命感に基づく熱心さだと言われましたが、そこには経済的な事情や動機もあるように感じられます。英国経済で大きな位置を占めてきた北海油田とこれにかかわる産業が斜陽化し、投じられてきた資本や人的資源の転身・有効活用に迫られているというのが実情です。英国は、二酸化炭素（CO_2）を油田やガス田跡地に封じ込めるＣＣＳ（炭素キャプチャー・アンド・ストレージ）にも熱心ですが、その理由はここにあるのではないでしょうか。

なにはともあれ、英国においては、低炭素化対策がすなわち経済対策であることは疑いようもない事実になっています。

２０１３年５月にアバディーンで開催されたエネルギー関係の会議において、デイヴィー・エネルギー・気候変動相は、２０１０年以降に限っても英国では２９０億ポンド（約４兆４０００億円）もの再生可能エネルギーへの民間投資が行われ、３万人の雇用が創出されたことを報告しました。今後の方針として低炭素の電力など再生可能エネルギーに対し、現行の３倍増、年間76億ポンドの政府支援を２０２０年に実現することへ向け、継続的な政策コミットメントを行うことを宣言しました。その後の動きを見ると、同国のエネルギー気候変動省によって２０１１年から２０１５年の５年間になされた民間研究活動への支援額は、総計約22億ポンドに達しています（なお、事業活動そのものへの支援はなく、市場化の直前の段階での支援が手厚いのが英国の特色です）。

ちなみに日本において、全額を省エネや再生エネ対策に投じ得る石油石炭税の地球温暖化対策税制分による政府支援と比べると、その数倍規模の大きな取り組みになっています。やはり「環境をビジネスととらえる」という発想が顕著で、日本の一部産業界の後ろ向きな姿勢とは際立った対比を見せています。

標準光熱費の表示義務──ユニークなエコハウス政策

住宅投資は、どこの国でもGDPの大きな項目です。これが環境で誘発されれば、住環境や光熱費の改善で住み手にも環境にもよいですし、もちろん経済にもよいことになります。

英国では、２０１１年の冬以来、再生可能熱インセンティブ（ＲＨＩ）という制度を設けています。これは、ＦＩＴの、いわば熱エネルギー版です。バイオマスや太陽熱の利用、地中熱の利用などを行った場合、20年にわたって金銭給付を行うといいます（このほかに初期投資への補助もあります）。11年には事業所向けのＲＨＩが始まりましたが、13年には家庭部門も対象に加えられました。一番高い給付が得られるのが太陽熱コレクターで、１ｋＷｈ換算熱量当たり８・９ペンス（約12円）の給付が受けられます。英国より太陽熱エネルギーが豊富な日本では、新エネルギー・産業技術総合開発機構（ＮＥＤＯ）において、ようやく、住宅で得られる太陽熱の量を簡易に推計する方法の開発などが始まっている程度です。創業者利益が大事なのが経済活動の原則なのですが、政策スピードでの彼我の差を感じざるを得ません。英国は、住宅における低炭素で、価格的にも有利な電力を選択し購入することへの指導や支援、さらに建築規制を通じて断熱性能や再生エネルギー利用を義務的に拡大していくことにも熱心に取り組んでいます。

これらの取り組みの中で特にユニークだと思うのは、賃貸住宅などの取引に際して義務的に開示され、新しい住み手に見せられることになる「エネルギー性能証書」です。２００７年頃から欧州各国で実践例が出てきていますが、英国のケースが最も踏み込んでいます。なんと標準光熱費を掲載することが求められているのです。賃貸住宅の場合、このような情報が住まい手に示されれば、これから家を借りようとする人は、家賃に標準光熱費を加えた額をもってアパートやマンションの実負担額を考えるようになるでしょう。分譲住宅にあっても、ローン返済額と光熱費を加えて実負担額を考えることになりますから、環境性能に優れた物件が、住み手に選ばれやすくなると期待できます。現在、分譲住宅や注文住宅では、住み手が投資額の支払いと光熱水費をともに負担するので、費用対効果に優れた対策は行われる可能性がありますが、賃貸住宅では、貸し主はいかに建設コストを引き下げて見かけの家賃を安くするかの競争をしていて、エコ性能の高い住宅を建てようとするインセンティブを持っていません。さらに、英国では２０１６年４月以降は、賃貸住宅の大家は、住み手側からの省エネ性能改善要求を、グリーンディールの仕組みを利用できるのであれば拒めないことになっています。グリーンディールの仕組みとは、いわば家庭版のＥＳＣＯといえるもので、断熱改修などの初期投資を大家さんや居住者が負担するのでなく、一旦は公的投資主体が負担した上で、居住者などがエネルギー使用料の一部として償還してゆく仕組みです。さらに、２０１８年４月以降は、省エネ性能の劣った住宅（省エネ等級がEランクに満たないもので、現状では、約68万戸）は、賃貸に供してはいけなくなります。新築住宅の規制ならともかく、既築の住宅に関してこれほど厳しい規制を加えることは、日本では夢のまた夢でしょう。

英国のこのような厳しい規制の背景には、大胆な支援策の存在があります。それがグリーンディールなのです。

低炭素エネルギー供給技術への積極的な投資

また、他の再生可能エネルギーやCO_2の分離貯留技術（CCS: Carbon Capture and Storage）についてもイギリスは大変に熱心です。

出力を意図的に柔軟に変えられる化石燃料の使用は、出力が変動する特性のある風力などを最大限使用しつつエネルギー需要を満たす上で不可欠ですが、その排気を大気中に行ったのでは、CO_2を減らすことはできなくなります。そこで登場するのがＣＣＳです。

幸いイギリスには、地質時代を通じて油やガスを逃さず貯めてきた北海油田に、その掘削のピークを過ぎてきたためにずいぶんと空きスペースができてきました。これを使わない手はないというのでしょう。このために、10億ポンド（１７００億円相当）にのぼる競争的な資金が政府から投じられ、実規模での発電所排ガスからの炭素隔離と貯留のプロセス構築が始まっています（ちなみにイギリス政府は、「２０２５年以降はＣＣＳを持たない石炭火力発電所を閉鎖する」という規制案を２０１５年11月に発表しました）。

ＣＣＳだけでなく、低炭素のエネルギー供給に向けてはさまざまな投資的な取り組みがなされています。たとえば、すでに紹介した長期的な政策方針の提示も、市場にとって、あるいは個々のビジネスにとって力強い援軍となり、彼我の差を感じざるを得ません。さらに洋上風力の開発許可権限が政府にあって（領海の所有権自体は王室にある）、安定した開発制度を構築できる点も日本との大きな差です。日本では、そもそも洋上風力の是非を判断できる仕組み自体がありませんが、イギリスに学ぶべき点は多いと思われます。

第三節　ＣＯＰ21議長国の意欲

２０１５年12月にパリ（正確には北郊のブールジェ）で開かれる気候変動枠組条約の第21回締約国会議（ＣＯＰ21）が、今まさに大きな国際的な関心を集めています。その理由は、京都議定書以来になる新たな温暖化防止の国際約束を採択する機会になると期待されているからです。これまでは先進国だけが参加して進められてきた温室効果ガス削減対策が、パリを機会に世界全体を巻き込むものへとステップアップすることになるでしょう。国際約束づくりのホスト国を務めた経験からは、私としても今回のフランスが果たさないとならない大きな役割や責任もよく想像でき、どのような判断の下で議長役を担うのかにも大きな関心を寄せざるを得ません。

サルコジ前大統領が主導した環境政策

フランスの都市環境政策は大変に意欲的で、本気で都市のエコ改造に取り組んでいることがわかります。その発端は、「グルネル会議」に遡ります。これは、環境政策の新たな方向付けを巡って混乱が続いていた2007年、当時のサルコジ大統領のイニシアチブで開かれた会合です。フランス共和制樹立の源流となった三部会のような会合、すなわち、政府や議会だけでなく、企業や地方、その他の民間など社会のステークホルダーがこぞって参加した、いわば臨時のハイレベルの審議会です。なぜグルネル会議と呼ばれたかといえば、この会合が7区のグルネル通りにある労働省の由緒ある建物で行われたからであり、なぜそのような建物が使われたかといえば、1968年のフランス学生革命と呼ばれる時にも、ここに社会のステークホルダーが集まって熟議を重ねた歴史があるからです【写真10】。

写真10　グルネル通りのフランス労働省（筆者撮影）

このグルネル会議の発想は、環境政策の方向付けを巡って定見を得ることが難しかった2007年当時、フランス大統領選挙の中でサルコジ候補が提唱したところによるものでした。この会議の結論は、当選したサルコジ大統領のリーダーシップで国家の政策に取り入れられることとなっていました。広く各界各層の意見が吸い上げられ、全く新しい発想の政策として公式に結実することになったのです。その政策を謳い込んだのが、グルネル法（正式名称は「環境グルネルの実行に関する計画にかかわる２００９年８月３日付けの法律」といい、この方針などのプログラム規定を盛ったものがグルネル第一法と略称されます。この他に法律を要する予算措置等を規定した第二法、農業などを扱った第三法もあります）でした。

この法律の中身は、端的にいえば、エネルギー・環境政策の改革による温室効果ガス削減と生物多様性の呼び込みによる都市のエコ改造、さらには都市における住民の健康保護や廃棄物削減によって、グリーン経済化や持続可能な開発への道を方向付けることです。

簡単に中身を整理すると、都市のエコ改造に関しては、建築物のエネルギー消費上限規制、新エネ利用の義務付け、公共住宅の先導整備、大量公共交通機関の再整備、都市計画による担保などを規定し、グリーン成長に関しては、炭素税の導入による炭素価格付け（カーボン・プライシング）などが、政策の方針として規定されていました。わが国でいえば、環境基本計画がそっくりそのま

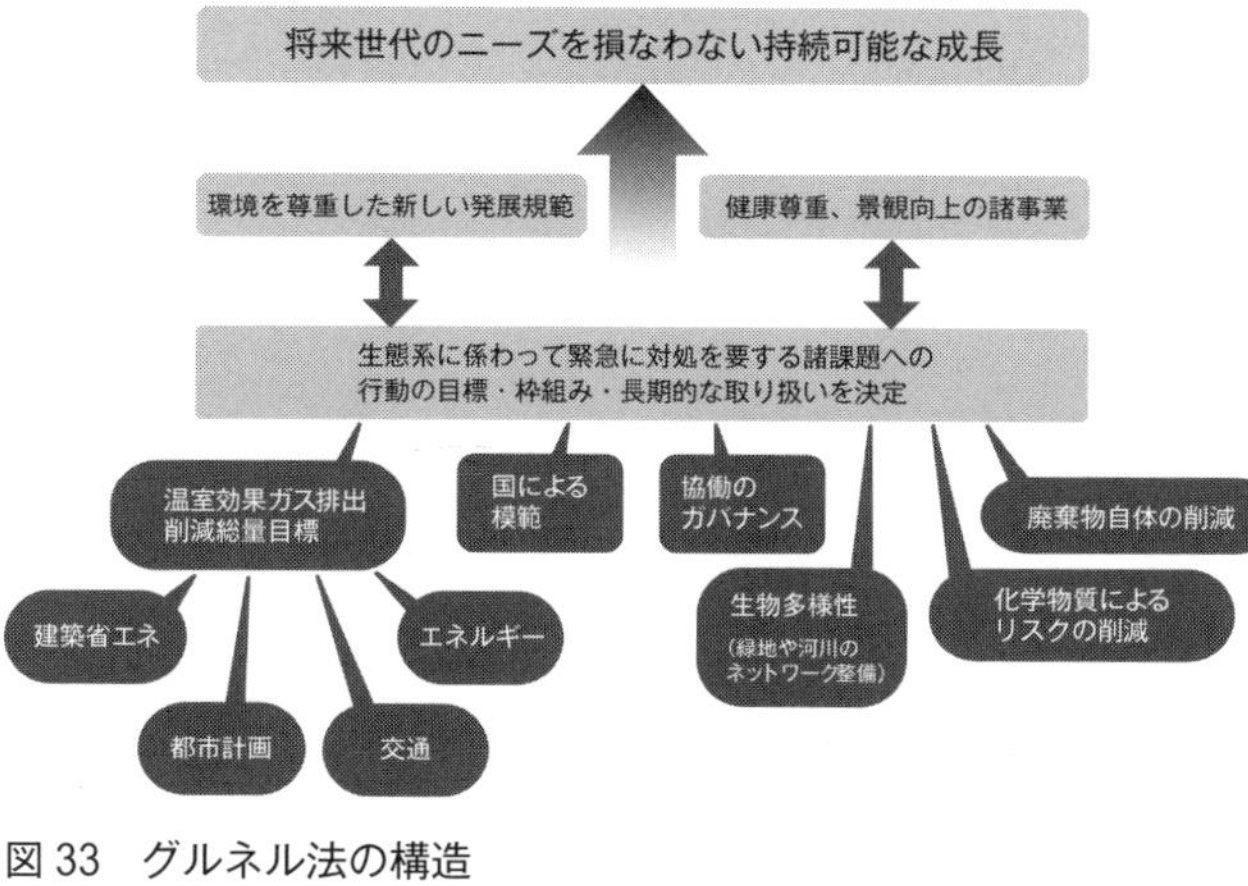

図 33　グルネル法の構造

ま国会で法律として議決されたようなもの、といえばわかりやすいかもしれません【図33】。

この枠組み法に則り、その後都市計画法典も改正され、都市計画法制は目的に環境保護などを明定することになりました。個々の都市計画における対応はもちろん、5万人以上の自治体に、気候対策・エネルギー地域計画という名の特定テーマの計画づくりも義務付けました。たとえば、文化財保護の視点からそれまでは改造が厳しく制限されていた都市中心部の古い建築物集積群においても、新たに断熱改修などが行えるようになり、建築物ごとのエネルギー消費量基準の義務付け、そして不動産取引の際の建築物の環境性能の表示、それも標準的な光熱費というわかりやすい形での表示の義務付けなどが行われました。

規制的な措置に加え、予算措置としてはエコ・シティ、エコ・カルティエの事業が始められました。エコ・シティは、フランス語では、エコ・シテですが、現在、19都市が指定され、日本でいえば財政投融資とでもいうべき「Caisse des Depots」から総額7億5000万ユーロ（概ね1000億円）の枠で補助や融資を受け、総合的なエコ改造が進められています（すでに、補助金分として2億ユーロが執行されました）。わが国で23を数える環境モデル都市と近似した取り組みといえます。

エコ・カルティエは、2009年及び11年に募集がなされました。準備が整い、条件を満たすところからエコ・カルティエたる称号（ラベル）を順次授けられていますが、これは専ら地域、それも都市より狭域のいわば地区の創意工夫を促す奨励的な仕組みで、わが国には類例を見ないものです。かねてより都市計画と環境保全との制度的な意味での統合の必要性を訴えてきた私にとって、一つの優れた回答がフランスのこれらの実務事例にあるように思えました。

写真 11　屋上が全面緑化されている、セーヌ右岸の新ショッピングモール（筆者撮影）

写真 12　壁面全面を緑化したビルのファサード（筆者撮影）

パリの低炭素化計画——２０４０年までに75％削減

自治体レベルの気候変動・エネルギー対策計画の最も優れた例は、パリの Plan Climat であるとの評価が確立しているようです。最初の計画策定は、２００７年までに遡ります。その目標は、２０４０年までに２００４年比で75％の温室効果ガスの削減を果たすことに置かれています。その取り組み内容としては、建築物の改善と交通からの排出削減に特に力が入れられています。

建築分野では、同計画の２０１１年までの第一期において、すでに公共住宅の１万５０００世帯での断熱性能の30％向上が図られ、公共的な照明の改善（トゥールーズ市全体に相当する分の電力消費削減をすでに果たしたといいます）、既築の校舎の環境性能の改善（特に下水の廃熱回収によって各学校当たり70%程度の暖房負荷削減を100校につき実施）などの成果を得ています。このほか、ユニークなことには、水道水の消費量削減への取り組みも熱心に行われている点があげられます。蛇口節水キットの普及が図られ、ゆくゆくは15%の節水が目標とされ、すでに公共施設の水使用量は30%も減少したと言われています。

さらに都市分野では、生物多様性の呼び込みに関する実行計画も立てられ、すでに計画されていた62ヘクタールの生態緑地の造成に加え、15ヘクタールの追加整備などが2011年に決定され、着々とその実現が進められています。**写真11**は、近年ようやく完成したセーヌ右岸の新ショッピングモールについて、その屋上の全面緑化の様子を見たものです。もう一葉の**写真12**は、エッフェル塔そばの壁面全面を緑化したビルのファサード（建物の正面）。このように、私的な空間の緑化にも力が入れられていることがとても印象的でした。

パリの地球温暖化対策として最も刺激的なことは、いうまでもなく自家用車の交通量削減対策でしょう。交通起源の排出量に関する削減目標はなんと60%なのです。

6年前に導入された貸し自転車「ヴェリブ」は1万8000台を数え（2014年末現在。数字について以下同じ）、パリ市民の日常の足としてしっかり定着しています。自転車専用レーンなどの整備計画も着実に進められ、2014年には延長700キロメートルに達したとされます。自転車共用に加え、共用の電気自動車（座席は4人分）であるオートリブが始まっています。すでに1740台を数え、駐車場だけでも835か所を数えて、利便性の充実に努められています（ちなみに、ヴェリブの駐輪場は1600か所以上）。郊外から流入する通勤・通学交通に対しては、パリ大都市圏と都心を結ぶ高速地下鉄の建設が進められていて、２０３０年までに72の新駅と２００キロメートルの軌道を新設する予定で、２３０億ユーロが投じられる計画になっています。パリ中心部の昔からのメトロの運行改善にも力が入れられ、到着時刻の表示、ホームドアの整備、無人運転などが着実に進められています。

このほか、さまざまな対策を集中させ、地区まるごとでの環境リノベーションも行われています。パリ市内にあって、54ヘクタールもの敷地を擁するエコ・カルティエである「クリシー・バティニョール」では、暖房熱源のほとんどを地中熱にしています。

パリの取り組みでは、都市にかかわるさまざまなイノベーションを支援することにも力が入れられていて新鮮でした。まちづくりの新技術についても、太陽光発電ができる屋根タイル、建物内電力回路の夜間の自動閉鎖、工場などの遠隔管理といった実験が行われており、プロジェクトは38を数えているといいます。こうしたプロジェクトに対する支援は大変に独自性があって、機器設備の実物提供、契約による試作品購入など多彩です。資金的な支援も、フランス版政策投資銀行からパリのイノベーション促進基金を介して、起業する事業者への貸し付けなどが行われています。

かつての工業都市リヨン、スマートシティへ——東芝も参画

私は、パリ以外にリヨンも訪れました。40年近く前のフランス留学時点では、リヨンは大都会なので面白くないかなと敬遠し、今回初めての訪問でしたが、行って見てびっくり。昔の工業都市のイメージは払しょくされ、むしろ古都の風情だったのです。その古都が、今をときめくスマートシティへの取り組みで、前述のエコ・カルティエの称号を獲得しています。

訪れたのは、同市の、大きな川（東のローヌと西のサオーヌ）が合流南下する間のいわば三角州状の旧市街のそのまた南端、昔は工場や造船所があった地区です。そこは、コンフリュアンス地区と呼ばれ、サオーヌ川からの掘り込み港を中心に再開発が進められています。

掘り込みの港の南岸は、大きなショッピングモールであって、対する北岸には、建設中のインテリジェント・ビルが連なっています。設計を手がけたのは、隈研吾氏。ひかり、という日本名の設計・施工監理・不動産開発事務所がまさに今、住居や事務所用に床の貸出や販売を始めたところです。これらのビルは名のとおり、太陽光発電などをしますが、コジェネ（熱電併給）もして、地区への熱と電気のグリッドのハブとなっています。地区全体にエネルギー需給を効率的に管理するCEMS（community energy management system）が実装され、ディマンドコントロールへの契機づけなどを通じた再生可能エネルギーの最大利用や、カーシェアされる電気自動車の充電の最適化などを司っています。このプロジェクトは、リヨン市やフランスの有名企業と、日本の新エネルギー・産業技術総合開発機構（NEDO）や東芝などが合弁で進めています。

リヨンの目標は、実証プロジェクト推進の世界レベルの都市であって、力点は二つあります。一つはデジタル情報技術、そしてもう一つが環境技術です。街角には、パリ以上にヴェリブが並び、コンフリュアンス地区では、これでもかというほど、三菱自動車のアイミーブが特別の充電場所を与えられて、市民の共用に供されています。その風景からも自ずと明らかですし、随所に見られる標語「Only Lyon」にも環境技術への力の入れ方は明らかです。

エコ都市改造、途上国市場も視野

リヨンに行った理由は、スマートシティを見ることに加え、実はもう一つありました。それは、同市郊外にあるユーロ・エクスポを会場にしてすでに26回もの開催を重ねる、環境ビジネス展示会「POLLUTEC」を見るためです。その会場規模は、約10万平方メートルと、わが国の年末恒例のエコプロ展の倍、出展団体・企業数では約2300とわが国の4倍に達する、事実上世界最大の環境見本市です。この展示会においても、エコ都市づくりが多数の企業が展示する大きなコーナーを形成し、小さな講演会などの会場も設けられ、熱心にアピールされていました。そのアピールは、単にフランスや欧州の諸都市に向けられていたのではなく、途上国へのノウハウ輸出を意識していました。たとえば、最も丁寧に作り込んであった印刷資料は、「vivapolis」という産官学のコンソーシアムが編集した「French Knowhow in the field of Sustainable City」と銘打つもので、明らかに途上国でのエコ都市づくりへの売り込みを狙ったものでした。

議長国たるフランスの、こうした国内政策を踏まえれば、ポスト京都の新たな国際約束は、都市丸ごとのエコ改造を動機付け、何らかの形でサポートするものになるに違いありません。

エネルギー需給を変える新法制

COP21議長国フランスは、その環境技術の海外輸出、途上国都市への適用を目論むだけでなく、国内で、さらに技術を高め、普及していくことにも余念がありません。

それは、グルネル法の施行に加え、エネルギー対策に的を絞った新しい法律を制定して取り組むことに現れています。その法律とは、「グリーン成長のためのエネルギーの移行に関する法律」で、長期間の突っ込んだ国会審議を経て２０１５年夏に可決されたものです。8月18日に公布され、年内には施行のための政令なども出そろうとのことです。

この法律の内容は、電力の90％を原子力で賄う原発大国ゆえに一人頭のCO_2排出量ももともと多くはない同国が、さらにCO_2排出を減らすべく、省エネをした上で、原子力発電の量も、エネルギー供給に占める割合も、両方ともに減らし、他方で、再生可能エネルギーについては、その地産地消を始めとした利用拡大を進めようという、かなり大胆なものです。福島第一原発のメルトダウン・水素爆発にもかかわらず、３・11以前の原子力発電シェアを維持しようとするわが国とはだいぶ違った発想です。

なぜ、そのようなことに踏み出すのか。これについて、フランスのエコロジー省は次のように説明をしています。

一つには、各家庭の電気などの支払額を減らして、その分、他の消費に回せる購買力を高めることが狙いです。

第二には、地球を守り、人々の健康を守ることに貢献できます。

第三には、フランスの雇用を確保し、生活の質を向上しつつ、今日の産業、そして未来の先端産業の競争力を高めることにつながることを挙げています。このエネルギー移行を成し遂げると、フランスは、そうしなかった場合に比べて、一層経済も成長すると推計されています。

環境への取り組みがそのまま、経済の向上や福祉の向上になるのですから、こんな素晴らしいことはありません。本書全体もそのことを訴えていますが、そうした新しい経済を作っていくうえで、エネルギーは戦略的に重要な分野であることは、このフランスの新法制を見ても明らかです。

それでは、その内容をもう少し詳しく見てみましょう。

まず、この新法を擁した政策パッケージの目標です。エネルギー自体の最終消費では、２０５０年に12年比で50％も削減することを目指しています。その削減の中で、化石燃料消費も同じく12年比で30年には30％減らし、原子力の発電量も25年頃には12年比50％も減らすことを目指すとしています。他方で、再生可能エネルギーについては、２０３０年時点で、最終消費に占める割合では32％、電源としては40％にまで高めようという意欲的な目標を立てました。これらにより、２０３０年までに、温室効果ガス排出量を90年比で40％削減するとの目標を出しています。つまり、２０１２年までに京都議定書の下でフランスは排出量を12％削りましたので、90年比では28％分の上積み（12年比では32％弱の削減で、日本の提出した目標よりもさらに厳しいもの）を目指すということになります。

フランスでは、このような長期的な目標の実現を円滑にするための仕掛けをいろいろと設けることにしています。国レベルでは、5年毎を計画期間とする国家低炭素戦略を作り、この5年間での温室効果ガス合計排出量に枠をはめつつ、講ずべき取り組みを定めることとしました。さらに、これを受けて熱を含むあらゆる種類のエネルギーについての5年間の供給計画も作ります。地域に対してこうした政策を具体的な形で落とし込むためには、複数自治体を対象領域に、地域気候・大気・エネルギー対策大綱といったものが作成される仕組みがすでにありましたが、これに地域省エネ計画などを加えることにしてさらに効果を高めることにしています。

そして、この大綱にそった取り組みが地域の事業者や人々によって行われやすくなるよう、複数自治体の結成する組合に地域の送電網作りをすることを認めたり、これまでは景観や文化財保護の観点から厳しく制限されてきた古い建築物の改装を、断熱などの目的では可能なようにしたりするなどの、大胆な規制緩和も新たに行うこととなっています。すでにある法規制の変更ですので、この新法がどうしても必要だったといえましょう。

また、個々の事業者や個人が断熱改修をしたり、再生可能エネルギー導入を図ったりすることを支援するため、財政・金融上の措置を取ることも決めました。たとえば、個人であれば、8000ユーロ（夫婦などカップルであれば1万6000ユーロ、220万円相当）を上限に、断熱改修や再エネ導入費の3割までが税額から控除される、という破格の支援措置が導入されます。家主が行う改修には、3万ユーロを上限とする無利子融資が用意され、低所得者には、エネルギー費用の一部補助も検討するようです。事業者が再生可能エネルギーを導入する際には、日本の政策投資銀行に当たる銀行が毎年8億ユーロを低利で融資しています。また、郵便貯金を原資として運用する基金（日本のかつての財政投融資とよく似た仕組み）も特別の枠を積み上げており、地方自治体や企業が、エネルギーを消費するのではなくエネルギーを生産するビルや街区を作るような革新的な取り組みに対して、補助金を含めた支援を行うこととしました。他方で、国内消費エネルギー製品税という税の内、炭素価格に当たるものを明示する税制改革がすでに行われていますが、これを2020年には、炭素1トン当たりで56ユーロ、30年には、100ユーロ（およそ1万4000円。日本の石油石炭税に付加される温暖化対策税部分は炭素1トン当たりでは1059円なので、フランスは約10倍高い）とする方針も決めました。これによって、企業での投資収益計算などが一層環境保全的になって、自然と、温室効果ガスをたくさん出す事業への投資が控えられることなどが期待されます。

次に、このエネルギー移行法がカバーするさまざまな分野のうち、代表的なものを取り上げて、敢えて新法をもって行おうとすることが何なのか、見てみましょう。

エネルギー分野がもちろん目玉なのですが、それは前述したとおりです。それに次ぐ焦点は建築分野に置かれています。ここでは、都市計画・建築にかかわる規制の弾力化とすでに述べたような強力な助成措置によって断熱改修などが盛んになり、雇用が7万5000人分増加するとの目論見がなされています。

もう一つの重点は運輸分野です。この分野では化石燃料で走る車を電気自動車や公共交通機関で置き換え、単に温室効果ガスを減らすだけでなく、大気汚染をも併せて改善することに力が入れられています。化石燃料で走る自動車は、フランス全体の温室効果ガスの27%、粒子状物質の15%、そして窒素酸化物の56%にも当たる排出ガスを出しているのです（2011年の数値）。そこで、電気自動車などに買い替える個人には上限1万ユーロの助成が、また、公共では、全国700万か所で電気自動車の充電所の整備がそれぞれ行われつつあります。他方で、大気汚染が著しい地区では、大変に大胆な話ですが、自動車交通の制限を計画することもこの新法で可能とされました。

廃棄物の削減、あるいはリサイクルも、このエネルギー移行新法がカバーしています。それは、生ごみ発酵や下水汚泥からのバイオガス利用などで再生可能エネルギーを産み出すと同時に、レジ袋などの使い捨ての化石燃料起源の製品を減らすことで省エネにもなるからです。また、廃棄物の処理場所は、廃棄物の発生場所のなるべく近くで行うという原則も定めています。これは輸送に伴うエネルギーの無駄、ひいてはCO²の余分な発生を防ぐためです。廃棄物についての目標は、2020年までに一般廃棄物を10％削減し、有害でない廃棄物については、2025年までに発生量の65％をリサイクルに回るようにし、埋め立て処分される廃棄物を2025年頃に半減させるとしています。日本の循環型社会形成計画とよく似た内容を定めていて驚かされます。身近な政策としては、2016年1月1日から、使い捨てのレジ袋が全面的に禁止になります。17年からは、果物売り場や野菜売り場でプラスチック袋に入れて商品を渡すことも禁止になり、20年には、使い捨てのフォークなども禁止になります。これらは日本よりも厳しい政策です。

以上のように、この新法制は、単に環境をよくすることだけを目指したものではなく、同時に、雇用を増やしたり、経済を盛んにしたり、物を大切にしたりといった複数の価値の同時達成を積極的に目指していることが特色だ、ということがいえましょう。フランスでは、実は、これらの意欲的な環境政策によってGDPという尺度で見た経済も成長すると見込んでいます。まさしくグリーン・グロースの具体化が企図されているのです。今後の成果が注目されます。

第四節　途上国の都市づくりに応える

環境分野において、新たな大規模な途上国支援メカニズムの準備が始まったことや、これへの関心を持つことの重要性をこれまで述べてきました。省エネや再生可能エネルギー活用、森林吸収源の保全、防災といった温暖化への適応策などの幅広い温暖化対策を途上国で進めることを支援するため、ポスト京都の世界的対策枠組みが発効する２０２０年を待たず、先進国からの官民資金を年々１０００億ドル供与するというメカニズムの設計作業が始まっています。

１０００億ドルの範囲は、これまでのように地球環境を純粋に改善した部分に着目した、顕微鏡的な対応ではなく、環境に役立つ事業や施策を幅広くファイナンスする広角カメラのようなものになるのではないかと想像していますが、それは、２０１２年６月にリオ・デ・ジャネイロで開催された地球サミット20周年の「リオ＋20」の会議で採択された「The Future We Want（我々の求める未来）」が、環境と経済の関係改善にこの20年の国際努力が成功していない、と大きく警鐘を鳴らしているからです。この文書のパラグラフ19は、１９９２年に開かれた地球サミット以来20年間の取り組みによって、持続可能な開発と貧困撲滅との間で不均等な進歩が生じていると指摘しています。今後は経済成長の中で持続可能な開発の機会を世界が掴み、先進国と途上国との差を縮めることが必要だと言われています。

これまでの環境分野の途上国支援は、実際の事業の中から地球環境保全に役立つ部分を選り出して、その部分の地球環境改善効果の大小に応じて、無償の資金供与をする世界銀行の地球環境ファシリティ（ＧＥＦ）、あるいは国際的に売買可能なクレジットを生成できる京都議定書のクリーン開発メカニズム（ＣＤＭ）の仕組みが主流でした。このような顕微鏡的な仕組みは、反省されつつあるように思われます。「我々の求める未来」では、さらにパラグラフ20で逆行現象が見られるとして、世界中で打ち続く財政・経済危機、食料危機、エネルギー危機によって、本来進めるべき経済・社会・環境の統合がむしろ退歩していると危機感を訴えています。

これを正面から受け止めれば、今後、環境と経済の両立に必要なものは、経済・社会・環境の統合的な事業を丸ごとファイナンスできる仕組みではないかと思います。これまでのように無償政府資金を核としたものではなく、有利子の民間資金なども含む複合的な仕掛けとなるでしょう。

わが国は、先進国ではドイツや英国を凌ぎ、米国に次ぐ第二のCO_2排出国です。この新たな途上国環境対策支援メカニズムに巨額の支出を求められるのは必須です。であれば、このメカニズムが地球環境の改善に役割を果たし、日本国民に利益をもたらすことはもちろん、ビジネスチャンスにも貢献するものであって欲しいと考えます。

ベトナム・ビンズン新都市開発、東急電鉄が参画——まちづくりのノウハウで輸出

官民は、一体どのように協力し、途上国における経済・社会・環境の統合的な改善事業に参画できるのでしょうか。

資金のみならず、日本の専門性や経験、ノウハウを活かし、国内を空洞化させることなくビジネス

を受け入れ国で展開し、世界の環境を改善し得る事業の一例として、東急電鉄が進めているベトナムへのまちづくりのパッケージ輸出の事例を紹介します。

この事業は、ホーチミン市北方30キロ圏程度にあり、ホーチミンからバンコクに向けたメコン回廊沿いにあって、周辺への工業集積の著しいビンズン省の新省都（２０１４年に省都となり、２０２０年にはベトナム中央政府直轄市入りを目指す）及びその周辺の開発整備に関する事業です。東急電鉄は、ビンズン省の１００％出資会社として営利事業を幅広く営むベカメックス社との合弁会社（ベカメックス東急）を作りました。ベカメックス社は、かねてより、この新省都予定の街区約１０００ヘクタールの開発などを行ってきています。ベカメックス東急はこのうち約１００ヘクタールの街区面積を対象として、高層マンションや商業施設からなる「ゲートシティ」、戸建住宅やタウンハウスなど良質な住環境を提供する「ガーデンシティ」、新市街の中心的な業務地区となる「コアシティ」の三つのエリアのまちづくりを順次進めていきます。２０１２年11月にはゲートシティにおける最初のマンションプロジェクトの建設工事に着手。コアシティでは行政センターなどの造成が進んでいます。

今、ベトナムではバイクが主な移動手段になっていますが、慢性的な交通渋滞をもたらし大気汚染への影響などが懸念されています。東急電鉄は、この課題認識のもと、新市街だけでな

図 34　ベトナム・ビンズンの新都市開発イメージ
提供：東急電鉄

く新市街と「トゥヤモット」と呼ばれる旧市街との間の公共交通整備に関してもバスによる輸送を２０１４年から開始しました。

東急電鉄が多摩地区などで事業化した、交通機関と街区開発との一体的整備、すなわちＴＯＤの経験を活かす形でベトナムの国づくり、特に自動車依存型でない開発の具体化に役割を果たしています。

ベトナムのビンズン省の幹部は、東急電鉄の事業視察に訪れ、鉄道が生んでいる豊かでゆとりのあるライフスタイルにいたく心惹かれたといいます。その際、ベトナム側からは「どうやって鉄道を引くのか、運営するのか」という質問がたびたび寄せられたそうですが、そうした問いに対し「不動産事業で沿線価値を高め、交通やＩＣＴ（情報通信技術）、教育、医療などその他のまちづくり事業の収益基礎を作る。さらに諸事業を協調的に展開し、価値の一層の増殖を図るプロセスが重要である」と答えていたそうです。しかし、ベトナムの所得向上、自動車化は急速です。２０２０年のＡＳＥＡＮ内関税撤廃時には工業国入りを目指すのがベトナムの方針なので、東急電鉄としても、このプロセスの精一杯の加速化を図りたいとしています。

現地の視座で環境に配慮した都市開発――途上国の能力レベル、見極めも不可欠

途上国での新市街開発事業への日本企業の参画は、このように低環境負荷型の都市インフラ整備に結び付きつつあります。これは年間１０００億ドルもの途上国間環境対策支援が行われるようになった場合の一つの可能性を示していますが、ひと口に資金や経験、専門的な知識を提供するといっても、簡単ではありません。

東急電鉄の担当者はこう述べています。「有効な発想は、日本モデルをいかに簡易化し、安値化して移植するというものではない。現地の発想に、いかに日本のよい点を付け加えるかという現地視点の発想が有効です」。この付け加えるものの選択眼こそが大事で、現地がどこまでついて来られるかを見極める目利きも重要だといえます。私たちが学ぶ先は欧米だけではありません。途上国におけるエコな需要の形成手法なども私たちは学ぶ必要があります。しかし、その中でもう一歩戦略的に（ビジネス上も）大事なものに手が届くように、政府の支援があったらよいというのが、同社の感想でした。新街区の整備となれば、水道水質の保証といった、東急電鉄一社ではとても担えない仕事も生じます。いわばオールジャパンの官民の支援体制、参加体制が望まれています。

第五節　アジアに学び、アジアの取り組みの支援策を考える

よい環境を求める大きな需要が存在するのは、なんといっても都市でしょう。北京のスモッグ、これに対する北京市民や政府の反応を見聞きするにつれ、本格的な都市環境改造に取り組むことが、アジアでも必要になったとの感を深くします。こうした中、「低炭素アジア研究ネットワーク（LoCARNet）」の第二回会合が２０１３年７月に横浜市で開かれ、私も参加しました。日本を本拠地として、国際的な環境政策研究を展開する地球環境戦略研究機関（ＩＧＥＳ）がホスト役となった国際会議で、初回は２０１２年10月半ばにバンコクで開かれています。低炭素で発展していく知識のプ

ラットホームとなることを目指すアジアの環境研究者のネットワークが催す会議で、アジア域内の大学教育の充実などを通じた低炭素化に向けた能力増強、気温上昇を2℃に留めることを目標とした場合のアジア各国の排出削減可能性の評価など、低炭素社会を達成するための基盤づくりにかかわる研究報告や提案も多く披露されましたが、関心が高かったのは、アイデアを実装すること、低炭素な都市づくりや低炭素な経済発展のベストプラクティスといったような具体的なことであったように感じました。

需給の両サイドの協力が産む環境力

私に発表の機会が与えられたのは、低炭素社会づくりのパイオニアとしての都市の役割というセッションでした。マレーシアの新環境都市イスカンダル、インドネシアの緑の都市開発プロジェクト、デリーやアーメダバードでの公共交通改善を始めとしたインドの都市改造の話などが披露されました。個別の事例を超えた横断的な取り組みとして、ISOの場で進むスマートシティ、そのインフラを考える場合の要素や手順についての国際規格化の動き、そして有力な民間の研究機関である世界資源研究所（WRI、米ワシントン）が国連機関と一緒に進める、都市のCO_2排出量の算定手法統一への動きも紹介されました。このセッションの議論で私は、各発表を位置付ける「座標軸」を提供する役割を仰せつかっていました。そこで、都市ならではの低炭素化の機会や原動力の在りかに対して参加者に訴えかけることとしました。

都市ならではの削減機会とは、CO_2の排出量自体が、エネルギー需要量と、これに対し供給されるエネルギー中の炭素量の積で決まることから生まれるものです【図35】。CO_2排出量を減らすには、この式を踏まえると、三つの方法があることになります。一つ目は需要側の省エネ、二つ目は、供給側での再生可能エネルギー利用などの低炭素化であって、ここまでは当たり前です。三番目のソリューションは、これら二つの項目を同時に組み合わせて行うという需要側と供給側の協力があります。この協力が成立すると、それぞれが一方的に削減努力を負う場合に比べ、同じ削減率なら費用は安く、費用を同じだけ費やすなら削減率は大きくすることができる、つまり相乗効果が発生するのです。

都市では、工場やごみ焼却場の未利用排熱があり、他方で病院やホテルといった旺盛な熱需要もあるでしょう。あるいは通勤などの乗客を大量公共交通機関に誘導して、これら交通機関の経営を成り立たせることも考えられるなど、需給の協力関係は築きやすいといえます。この点こそが、都市ならではの大きな効果を生む、CO_2削減のソリューションなのです。けれども都市ゆえの不利があるのも事実です。地価や人件費は高く費用が嵩む上、対策を打つために一時的にでも都市の活動を妨げ中断することは難しいことです。効果は大きくとも、費用が嵩む。これを突破して進むには、政策が必要です。

たとえば、①多様なステークホルダーを積極的に巻き込むこと（いわゆるマルチ・エージェント）、②ステークホルダーがそれぞれに価値を見出すさまざま

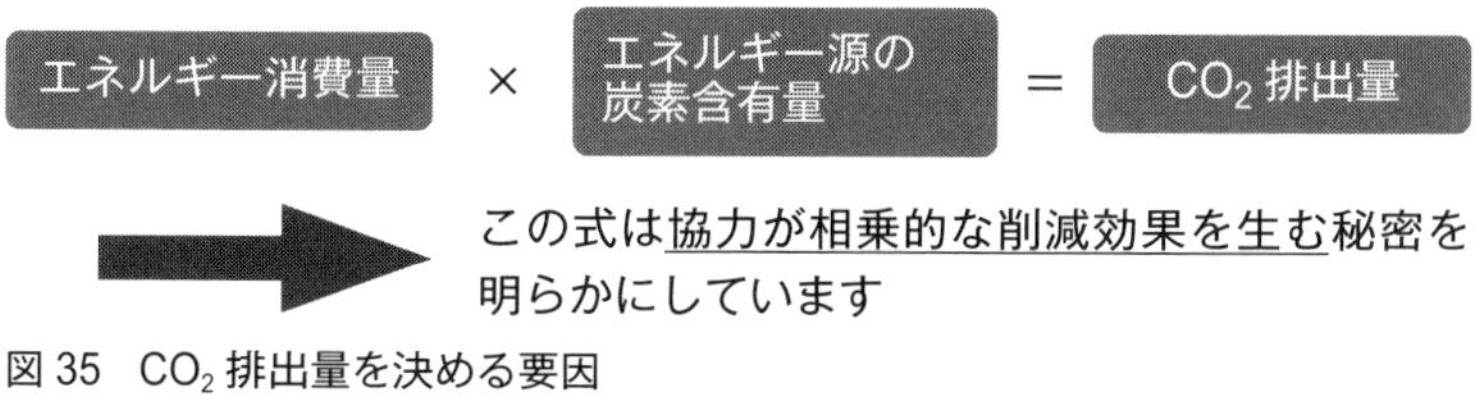
エネルギー消費量
×
エネルギー源の炭素含有量
=
CO2 排出量
この式は協力が相乗的な削減効果を生む秘密を明らかにしています

図35　CO_2排出量を決める要因

な利益の同時的、高次の達成を目指すこと（コ・ベネフィット）、③これらを通じて都市が改善され、一層の都市改善の基礎となり、モチベーションともなるウィン・ウィンの共進化過程に弾みを付けること（コ・エボリューション）――といった提案がここでも有効でしょう。日本では、CO_2排出量に応じて課税額が増える一方、その税収は省エネや自然エネルギー利用の支援に投じる地球温暖化対策税制、自治体の手による温暖化対策実行計画づくりとその施行、街区レベルできめ細かく環境改善事業を支援する低炭素都市づくりを進める法律の制定と実施、そして省庁横断的に集中的な政策投入することでモデル的な都市を作る「環境未来都市」などの取り組みが行われています（詳しくは224ページからの第五章第一節を参照）。これらの政策が都市で具体的な実を結ぶことが期待されています。そして、具体的な実を得なければならない点では、途上国の都市もとても切実です。

「途上国・都市」、丸ごと改造を狙う石原イニシアチブ

この低炭素アジア研究ネットワーク会合では、皆のやる気が引き出せるよう、最後に石原伸晃環境相（当時）が２０１３年5月17日に提唱した構想を披露し、議論の種に供しました。この構想は、正式には低炭素技術の国際展開に向けた資金支援方策というものです。副題を「途上国の一足飛び型発展の実現に向けて」とし、先進国の轍を踏まず途上国において最先端の環境都市を実現しようとするものです。

京都議定書において利用されてきた従来のクリーン開発メカニズム（ＣＤＭ）は、途上国の工場のエネルギー効率改善といったプロジェクトベースであり、支援（先進国の参加など）の実施の有無に

応じた「追加的なCO_2削減量」を認定して、この部分（ＣＤＭクレジット）だけを国際的なファイナンスの対象とするものです。先進国の支援によってどれだけ追加的に削減できるかというバウンダリーは明確ではありますが、支援の対象や規模は限られ、通常のビジネスでできることと追加的な環境対策として認められることとの切り分けも相当に緻密になっています。しかし都市改造には、すでに指摘したように相乗効果が働き、緻密な切り分けは難しくなっています。参加主体ごとに削減量が切り分けられるようなものだけに政策的な手当てが限られるとＣＤＭのケースのように単純、小粒なものに対してしか陽が当たらないことにもなりかねません。

こうした経験も活かしつつ、これからは一層広い範囲の都市改造全体を取り上げて削減量を計算し、その全体を環境目的の支援の対象にしてはどうだろう、場合によっては並行して民間ベースの採算性がある都市改造事業も組み入れ、相乗効果も狙っていこうというのが、このイニシアチブの肝の考えです。

日本が主導、アジアの環境都市実現

ベトナム、ホーチミン市の衛星都市では、すでに見たように東急電鉄がリードするＴＯＤのまちづくりが、中国では有名な天津エコシティーの建設が進んでいます。今回の会合での都市に関するセッションでは、シンガポールの対岸、マレーシアのイスカンダルで始まったエコ都市づくりが克明に紹介されました。イスカンダルは、シンガポールの目と鼻の先、海峡を越えた通勤も十分に可能であって、マレーシアの国民だけでなく、シンガポールの人々のベッドタウンともなっていて成長著しい都市です。

マレーシアでは、経済上の成果当たりのCO_2排出量を2020年にはかつての4割減にするとの目標を自主的に課して努力が続けられています。イスカンダルは先進モデルケースで、12の具体的なアクションプランを収めた低炭素社会づくりの青写真が予め描かれていて、これに沿って開発が全体として整合的に進められています。

具体的な青写真づくりには、地元のステークホルダーが広範に参加していることはもとより、日本の国際協力機構（JICA）や科学技術振興機構（JST）、京都大学や岡山大学も参加しています。さらに地域づくりの具体的なプロジェクトには、三井不動産がリーダーシップを発揮しているものも多くありました。イスカンダルのようなよい現場で先進国の官民の資金がどのように集められ、国際的に移転され活かされるべきなのか、知慧を絞ることが日本には望まれます。幸い、このセッションで紹介のあったスマートシティを支えるインフラに関するISO規格は、日本人（日立製作所の市川芳明・地球環境戦略室主管技師長）が座長となって検討が進められています。

経団連はこれまで地球温暖化対策の強化に対して、公式意見としてはことごとく消極的でしたが、安倍首相が石原イニシアチブを含めて「攻めの温暖化対策」を標榜していることに関しては、支持する姿勢を明らかにしています。地球温暖化対策がグローバルな商機となっている現状に対し、都市丸ごと環境性能アップのための知慧づくりを絞ることこそ、満を持して取り組む日本の腕の見せどころではないでしょうか。

中国のグリーン購入額、８年で１００倍に

アジア各国が互いに学び、知慧を出し合うべきは都市づくりだけではありません。もう一つ事例を見てみましょう。

２０１４年２月６日、７日と札幌で開かれた、Greener Week 2013-2014（国際シンポジウム「エシカル購入国際シンポジウム in 札幌」、グリーン購入国際会議「IGPN札幌フォーラム」、グリーン購入全国フォーラム）では、中国や韓国の代表が同志的な友情溢れる熱いプレゼンをしていたのが印象的でした。中でも際立っていたのは中国です。グリーン購入に関する全アジアでの状況は、２０１２年秋時点の調査が最新の状況を示すものですが、すでに中国は、グリーン購入の推進機関、グリーン購入に関する法律制度、政府のグリーン調達の実行、グリーンな製品などのデータベース、国レベルで流通する環境ラベル、リサイクルに関する法制度、政府におけるグリーン調達推進予算枠、政府のグリーン調達に関する支援措置などの整備を終えて、グリーンな製品の売り上げ規模も十分に発展していると評価されていました。中国のグリーン購入の歴史は20年にも及びます。２００３年1月に始まったその年の実績は、グリーン購入額１３１億人民元であったのが、11年には１兆１３００億人民元と約１００倍に増加し、06年に明確化されたエコ製品としてのラベリング基準の下では、同年15のカテゴリーしかカバーしていなかったものが、今日では45のカテゴリー、１２２５社のサプライヤーが作る５万１０００以上の製品をカバーするまでに拡大したことが報告されました。購入金額ベースでも、政府の調達では、エコ製品の購入額が同種製品購入額に占める割合として63％に達したと言われてい

ます。

さらに重要なことは、中国は、グリーン購入の動きの国際化にも大きく力を尽くすようになっていることです。具体的には、中国は、国連環境計画（ＵＮＥＰ）の進める国際持続可能な調達イニシアチブ（ＳＰＰＩ）の下にある６つのワーキンググループに熱心に参加していて、その中には第３作業部会のように、市場参入障壁の取り扱いとその革新に関する提案を議論する重要なものもあります。このほか、同じＵＮＥＰ主導ですが、ＡＳＥＡＮ＋３の枠組みの中で日中韓の経験を域内各国が学び、グリーン購入と環境ラベリングを推進するプロジェクトにも中国は熱心に取り組んでいることが報告されました。これらの多国間活動に加え、ドイツの連邦環境省との協力など、二国間の協力プロジェクトにも多数加わっているとのことでした。

中国からは、将来の展望についても発表があり、とても頼もしく感じました。具体的には、製品がグリーンであるか否かの基準の充実、炭素排出係数（製品生産に関する単位当たりの温暖化ガス排出量）の改善、グリーンなサプライチェーンの整備に対し、グリーン購入の仕組みを一層活用することを考えているそうです。グリーン購入が経済環境政策として戦略的な役割を担うことを期待するため、この仕組みの働き具合についてモニターしたり、評価したりするメカニズムも開発していくとのことでした。

サプライチェーンへの関心は、貿易の国際化に妨げになるとの懸念もあったのでしょう、関税と貿易に関する一般協定（ＧＡＴＴ）や世界貿易機関（ＷＴＯ）のルールでは避けられてきました。製品のスペック自体ではない製品の作り方を問うことは製造手法に基づく製品の区別や貿易制限（いわゆるＰＰＭ規制）を呼び込むものであって、途上国などからの反発など国際的な議論を呼ぶことは想定されますが、逆にいえばそれだけ強力なツールにもなります。中国がこうした点にも目を向けるようなことになったことに、中国の成熟と自信を感じる一方、わが国の産業界も世界最大の市場のこうした動きに先取り的に対応できなければいけないという気も、ひしひしと感じました。

韓国でも７倍に拡大

韓国は、２０１２年に開かれたリオ＋20の国連会議において、グリーン経済をテーマとして取り上げるべきだとの主張を最も強硬に行った国です。韓国は、１９９２年のリオの地球サミットまでさかのぼって、グリーン購入の取り組みを説明しました。韓国のエコラベルは、１９９３年に導入されました。１９９４年に制定された環境技術発展法は、公的部門でのグリーン調達の推進を勧奨する規定を置き、さらに２００４年の環境製品購入奨励法では、公的部門におけるグリーン購入を義務付けるに至っています。世界で最初のエコラベル制度はドイツのブルーエンジェルで、１９７８年の導入。二番手の日本は１９８９年の導入なので、韓国の取り組みは世界でも早い部類に入ります。そのような長い沿革を持つことに加え、韓国では２０１１年に、公共交通機関の利用やエコラベルのついた商品購入に対する割引やポイント加算を行うグリーン・クレディット制度やエコ・ストアー・パートナシップを導入するなど、幅広いステークホルダーの巻き込みに向け、新しいアイデアの実装が進んでいることも注目されています。

韓国のグリーン購入の現状はどうでしょう。政府や政府関係機関に義務付けられるグリーン調達の対象は、エコラベル該当品、グッド・リサイクル・マーク該当品、及びその他の認証取得品であって環境部が認めるものです。これらのうち、エコラベル製品は、150カテゴリーの下で、1672社が製造・販売する約9800製品を数え、リサイクルにかかわるものは、16カテゴリー、206社が製造・販売する約2550製品となっています。これを売上高でみると、2004年にこれら製品の購入実績が2550億ウォンだったのが、2012年には1兆7270億ウォン（約1億7000万ドル）に達したとされます。

韓国のシステムの特徴は、省庁の業務を請け負って実施する業者にもグリーン購入の義務付けが間接的に及ぶ点で、各国が見習うべきです。政府調達が頻度の高いものについては省庁を超えて一元化され、共通的な調達品では環境性能の確保が容易であるのも韓国の利点といえます。

ただ、韓国のグリーン購入の長い歴史・経験を踏まえて、至らない点に関する認識が明確なことも、韓国のプレゼンで印象に残りました。グリーン購入をつかさどる職員の就任期間が必ずしも長くなく、専門性が蓄積されないことや、特にさまざまに発達している他分野の調達基準（たとえば、復員軍人の製造した製品、婦人が製造した製品などの調達基準）との連携不足があることなどです。とはいえ、韓国が持続可能な消費と生産に関する各種プログラムへの参画を最重要視し、2014年4月以降、UNEPとの連携の下で、持続可能な消費と生産に関するプログラム事業のアジア代表ボードメンバーとして活動し、持続可能な消費・生産に関する「原則」の形成、持続可能な消費と生産のコンセプトのサプライチェーンへの適用などに力を尽くしていることは高く評価されるべき点です。

アジアのエコ消費パワーの増強に向けて

日中韓台湾などの北東アジア市場が、互いの垣根を低くして大きな市場を形成することは、ＥＵに遅れようともいつかは実現する間違いない趨勢でしょう。その時に単なるコスト削減競争が行われるのではなく、人類の福祉を増す上で必要なことが付加価値としてきちんと認められる市場の形成に成功することが、人類全体の運命を左右しかねないと私は強く思います。日本は企業だけでなく、政府側の積極対応も必要です。アジア新興市場の各国は、それぞれのグリーンな製品に関して連携、可能であればそれらの相互認証を進めることに熱心でしたが、実現には優良偽装を避けるための市場でのサンプリング調査や公開聴聞・資料請求などの仕組みが求められます。こうした仕組みは北東アジア共通的なものとして整備することが不可欠であり、これに先鞭をつけるといったことが先導者としての日本政府の役割となるのではないでしょうか。

元気なアジアの姿を見て、日本が老大国になるのではなく、互いに勉強して若さを分けてもらって元気になる。そうした可能性を垣間見た気がしました。なんといっても、人類と環境との関係改善にはまだまだ勉強しなければならないことが山積なので、老成などしていられるはずがないのです。

あとがきに代えて――グリーン経済の実現に向けた日本の役割とは

さて、最後に、日本を論じましょう。

１９６０年代から70年代に各地で生じた公害と健康被害に対しては、これらを防ぐことに最大の力点を置いた政策が展開されてきました。私はこれを第一世代の環境政策と名付けました。これに続けて、１９９０年代からは、地球の恵みを子子孫孫にまで引き継ぐことを目標に掲げ、開発の中に環境保全を組み込む、有名な「持続可能な開発」の考え方を採用して、地球の物的な側面の経営を始めました。これを私は第二世代の環境政策と呼んでいます。

提唱から20年を経た２０１２年に、この持続可能な開発の進捗状態が検証・評価されましたが、実際には経済開発を通じて環境が守られていくといった理想の姿は全く実現していませんでした。持続可能な開発というスローガンにはなお求心力があるものの、その実行の手順は不明で、経済活動は多くの途上国でその日の糧を得る近視眼的なものに陥ったままです。先進国においてすら、取りあえずは金融資産を積み上げておこう、といった経済行動がしばしば見られます。

「成長の限界」が予測したような、カタストロフとしての人類の危機が迫る中、このような状態をこの先も放置しておくわけにはもはやいきません。実効ある環境政策の開発と実装が今こそ望まれています。

第三世代の環境政策の狙い

実効ある環境政策とは、第二世代の環境政策のよいところを受け継ぎ、短所を改善できるものであるべきです。

１９９２年の地球サミットでの環境と開発に関するリオ宣言の第２項は、「持続可能な開発の関心の中心には人間がある」と、むしろ高らかに人間中心主義を謳いました。確かに、冷戦を乗り切った90年代初めには、地球を管理する自信が世界にみなぎっていましたが、20年を経た今となっては、そこに無理があったように感じます。「人間」と書かれた位置には、「地球の生命維持能力」といった言葉が書かれるべきでした。人類は地球生態系の善き一部にならないと、ゆくゆくはその存続自体が危ぶまれます。

人類社会の中に環境をうまく組み込もうという方向でなく、逆に、人類が地球生態系の善き一部になることは、具体的には、人間の生き残りや幸せを真剣に考えることにつながります。人間の幸福を考えたら、資源採取・廃物排出を通じ、環境に大きな物的影響を与えている人間の活動の太宗である経済活動のスタイルを変えなければなりません。まず儲け、そして次に、それが地球を壊さないように配慮しようという思考形式によって、この状況を生んでしまったのですから、そうではなく、環境を修復し豊かにしよう、その中で儲けよう、と発想を逆にしなければならないのです。この本が考えてきたことは、それをどうやって行うか、ということです。

地球生態系の善き一部となる人類社会の実現に当たっては、人類と環境との物的な関係のほかに、生物的な関係も考察する必要があり、またゆくゆくは、公共事業によるインフラ開発、政治といったことも変革の対象としていくことも今後の課題といえます。

環境と人類の経済活動との関係を今日とは逆の方向から見ていくとなると、それは、もはや第二世代環境政策の改良型とはいえません。そこで私は、第三世代の環境政策を構想することとしました。すなわち、経済的な利益を求める活動の中で環境保全を考えるのではなく、環境保全の中で経済的な利益を得るように、両者の位置を入れ替えることが第三世代の環境政策の中核的な任務となるのではないかと考えたのです。言い換えれば、第二世代の環境政策までのように、人類の側から見た環境の使い方に関心を寄せるのではなく、生態系の側から見た人類のあり方に関心を寄せ、この考え方に立つ実践が経済的にも引き合うものとなるように図る政策への変換です（京都議定書は、先進国のみを事実上対象としますが、このような地球の枠の中での活動を人類に訴えた点で、第三世代の政策の先駆けです）。

環境と経済との関係の逆転を図ろうとすると、大きな抵抗が予想されますので、それをリードする賢明な政策も同様に多数準備されるべきでしょう。

第三世代の環境政策を実装する方法

では、経済と環境との関係を逆転させるための政策はどのように発想されなければならないのでしょうか。

まずは、既存の経済的な物の考え方が再考されなければなりません。

人々が慣れ親しむ経済的な通念や技術的な通念では、環境を壊し、その責めを負わないからこそ儲けられる商売を、物事のレファレンスに据えています。そして、そこから変わることに伴って費用や無理・摩擦が発生すると考えています。そうではなくて、環境をよくすることで儲ける商売、暮らす人間をレファレンスにして、環境を壊してお金を得る商売や仕事、技術こそ費用や無理を発生させているといった見方に転換する必要があります。社会のモラルやルールにあっても、環境破壊もなかった大昔の人間行動や商売のあり方に正義や善の基準を置くのではなく、狭い地球の上で人類が平和に幸せになれるような行動や商売にこそ、正義や善の基準を求め、それを保護するルールを定めていくべきでしょう。

人類は、こうした大転換を農耕革命の時に経験しています。工業文明においても、環境がもたらす物や機能を使いたいだけ使うという行動を改め、環境に手入れをすることを通じて利益を得るビジネスモデルを産み出し、実装しなければならないのです。

環境を今よりよくすることで利益を得る経済は、十分に可能だと考えています。よい環境はますます必要なものになっていくので、それを供給し、交換し合うことはますます盛んになろうことには間違いはないのですが、環境を壊して得る利益が既得権となっている中で、これに対抗できる規模の付加価値や雇用を生みながら、環境を守る商売が市場で勝ち残るためには、政策が必要です。

環境政策の立案にあっては、政策科学一般に適用可能な発想技術を適用すること、たとえば立法事実の発見、問題の測定や定式化、対策の適用、効果予測といった技法を適用することはあったものの、環境分野全体をカバーする通則的な、そして環境に固有の政策設計技法を持ってはいませんでした。

このため、政策は環境問題の事象毎に合わせた発展をしていきました。公害分野では汚染者を特定して、十分に安全な汚染水準の実現を専ら汚染者の責任の下で果たす汚染者負担の原則、化学物質などでは、環境破壊の証拠がない段階でも、危険が予測されるなら費用対効果の優れた対策を進めるべし、とする予防原則などが有名です。これらは第一世代の環境政策を個別分野において運営する際のいわば「公準」の役割を果たしました。

しかし、被害を防ぐという領域を超えて、積極的に環境価値を生みだすという目的を持った政策に関する発想技法や、幅広い環境政策分野において適用可能な汎用性のある政策発想技法という形のものは、これまで提案されてきませんでした。

そこで、経済社会のあり方の転換という課題に応えるための新たな政策を立案する際に有用な着眼点について考えていきましょう。

日本の可能性、そして今始めるべき政策、取り組みの提案

まず、日本の価値観を振り返ってみましょう。

日本には、自然や生物に学びつつ技術を発展させるバイオサイエンスやバイオミミクリー（生物模倣）の考えが昔から盛んですが、３・11以降は、環境価値をエネルギーの供給保障や省エネによる経済価値、そして災害時の安全価値と一緒に考える動きが盛んになってきました。このような環境を含めた新しい価値に日本国民が目覚めてきたことは極めて重要です。

環境性能のよい製品や役務が環境を壊す製品などと同じ価格で売れるように後押しするといった供

給サイドの力ではなく、価格が高くとも優れた環境性能にお金を投じるような需要側の力で経済社会が変化しつつあります。東日本を襲った大震災そして放射能汚染を契機に、日本の消費者、企業、政府・自治体は大きな意識変化、行動変化を見せています。それは具体的には、災害などの自然の猛威があっても柳のようにしなやかに受け流し耐えられるレジリアントな暮らしや地域、商売の体制を作ろうということです。大規模な技術に頼り切るのではなく、身の回りの資源やエネルギーなどにも細かく注意を向けて、エネルギーや資源の需給のすり合わせを高度なICT技術などで行い、コミュニティやバリュー・チェーンのシステミックな力を集めて、攪乱に強い暮らしや商売をしていこうということでもあります。

日本における、こうした新しい社会に向けた需要のあり方は、実は、気候変化の下に置かれた世界各地で生まれてくるべき需要の先駆けともいえます。日本はこうした新しい社会を、多くの困難の中、すなわち世界に先駆けて経験する少子高齢化の中で具体化しなければいけませんが、これも世界が将来通らないとならない道なのです（ついでにいえば、人類の寿命は70～80年です。人口が減りはじめたらどんどん減りつづけることも予想されます）。

日本は資源が乏しい国です。輸入したものに付加価値を加えて輸出して海外のお客さまに買っていただき、国内の暮らしを立てている――つまり日本は、世界の役に立たなければ生きていけないのです。

このまま黙っていれば、農業製品や工業製品の放射能の検査をされてしまう国のままに日本はいるしかありません。そのような衰弱死の道ではなく、世界の新しい需要に積極的に応える国、世界各国に対し新しい需要や可能性を提案し気付かせる国、震災や原子力災害に学んだ徹底的に環境共生の国として、日本はその針路を選び、自らのブランディングを進めるべきだと考えます。

さらに日本には、ステークホルダーの間の幅広い協力、そしてそのような協力関係の共進化をよいことと考える伝統的なソーシャルキャピタル、さらには企業文化が幸い今も息づいています。「報連相（ほうれんそう）」と呼ばれる企業内の相互支持的な人間関係、作り込み、すり合わせを得意とする生産技術、震災時に発露された助け合いや絆感覚、企業を超えた連携を図る「三方よし」の考えなどがこれにあたります。

日本のこのような長所を、自信をもって活かすことが、日本においてこそ人類の新しい形の経済社会を築くことにつながるものと期待できるでしょう。

環境保全によって発展する経済社会づくりは足元から

地球生態系の善き一部になる人類の経済社会づくりへの取り組みの糸口はどこにでもあります。考えてみれば、人間の活動で環境にかかわらないものはありません。すべて、何らかの形で環境とつながっているため、どんな生活行動にもビジネスにも、環境側面があり環境性能があります。したがって、第三世代の環境政策を担うのは普通の暮らしを営む人、ビジネスの人々、皆が、その預かる現場で、環境側面を改善すること、つまり、自らの環境負荷を減らすだけでなく、購入が誘発する環境負荷を減らし、また、販売する製品や役務伴う環境負荷も減らしていくことの当事者なのです。

欧州で、地域統合機関としてＥＵが発達し、さまざまな環境指令が発せられるようになってきた中で、改めて確認されてきたことは、環境への取り組みは、まずもって地域において担われるべきであるといった考え方です。この意味で、わが国における東北地方の復興の意義、あるいは水俣病疲弊地域の再生の意義は極めて大きいといえます。東北地方は、日本の製造業を支えるサプライチェーンの根が深く張られていた地域であり、他方で、農林水産業が広く行われている地域でもありました。そこに、本質的な処理が不可能な放射性汚染物質が拡散してしまったのです。その除染、あるいは破壊された原子力発電所の廃炉などには膨大な費用がかかるでしょう。さらに巨大津波の常襲がはっきりした以上、それへの備えを地域では考えなければなりません。中央集中的な電力システムの問題点も明らかになりました。

こうした難問の解決は、未来の地球で生じ得るカタストロフを避けようとする時に求められる知慧と通底する知慧を要するものです。

考えてみれば、津波による浸水はその瞬間的な破壊力が重要ですが、浸水域の拡大という点では、温暖化による海面上昇と同じです。工業も農林水産業も地域に溶け込んで持続可能な形で行われなければなりません。エネルギーの料金や税金の体系を適切に設計する中で、どのようにしてエネルギーの安全で持続可能な需給を実現するのかも、人類共通の挑戦課題です。

今、東北で進められようとしている、再生可能エネルギーの増産とその地産地消の取り組み、そのための資金確保の試み、再生可能エネルギーの生産消費への最先端のＩＣＴ技術の投入、再生可能エネルギーの生産と農林水産業の結合などは、人類の未来を拓く極めて高い意義を持つ取り組みです。

関係者の奮起と全国的な支持が強く期待されますが、水俣や東北だけがフィールドではありません。どこの地域・家庭・会社であれ、そこにおいて新しい形の経済社会の具体化に日本国民が取り組むことができ、その取り組みには人類史的意義がある、と我々皆が思うことがまずもって重要なのです。

国の政策としての環境保全で発展する経済社会づくりの当面の一歩

地域の取り組みを成功させるには、以上に述べた地域の力、草の根の力が必須であることもちろんですが、それを支える国レベルの力や政策もまた不可欠です。国が整備すべき政策としてはいろいろなものがありますが、あえて一つを挙げれば、環境に取り組む事業に対する良質な資金の供給を確保することでしょう。これが適切なものとして機能するようになると、環境に優れた取り組みを行う企業の財務が改善され、より一層の資金を集められ、市場で成功する可能性が高まります。資金の最終的な出し手は国民であって、銀行ではありません。国民の金融資産が、環境事業という資金需要とうまくマッチングされる仕組みが重要なのです。

たとえば、政策投資銀行が、特定の種類の事業（たとえば、特定の地域における再生エネルギー発電事業など）の出資や貸付に充てる債券を発行し、国民が購入する。この債券は、10年は償還できないとする代わりに、その利子などは非課税になったり、子孫への遺贈では相続税が減免されたり、あるいは、本人が老人施設に入るような場合には債券を担保にしたリバースモーゲージで現金が供給されたり、現物給付が行われたり、といったパッケージづくりが可能ではないかと考えられます。資金の出し手の子孫の保護という通常の経済動機と環境価値との結合を図るだけでなく、資金の出し手自身の老後福祉との結合といったビジネスモデルが考えられるべきでしょう。

国際社会の取り組みが期待されること

同じように、国際社会でも、環境を保全することによって発展する経済社会への移行を進める上で、資金メカニズムは重要な働きを担っています。

すでに先進国は、先進国の官民合計で年々１０００億ドルの資金を、途上国における地球温暖化対策に資する事業に投ずる旨の約束を行っていて、２０２０年以前のできるだけ早期にその仕組みを稼働させ始めるべく、今まさに、この約束をどのような仕組みによって実行していくかの検討が進められています。

この仕組みとしては、従来の地球環境資金メカニズムが特徴としていた、地球環境保全に貢献する追加性の高い部分のみに絞った、いわば顕微鏡的な資金提供メカニズムを改め、福祉や雇用といった別の公益の達成も視野に入れて、事業の全体に対する広角レンズの資金供給を目指すべきでしょう。その中で、もちろんCO_2削減が果たされるなら、全額を有償利子の貸付資金とすることなくその部分に関し成果比例の無償資金供与を行うこともあってもよいでしょう。特にこの成果比例の考え方は、資金供与を受ける側のオーナーシップを高め、取り組みの進化を促すインセンティブを設ける上で有益と考えられます。

さらに、幅広い関係者の巻き込みという観点では、国際社会が途上国の一々の事業に直接に資金を供与するのではなく、たとえば各途上国にグラミン銀行のようなマイクロ・ファイナンスを担える機関を設け、先進国の出資をそうした現地金融機関への出資、あるいは当該機関の債券の引き受けという形を取る、いわゆるツーステップ・ローンの仕組みを取ることも選択肢の一つになるのではないでしょうか。

日本は先進国中、ドイツ、イギリスを凌ぎ、米国に次ぐ第2位のCO_2大排出国で、相当額の資金供与は避けて通れません。環境のことをあまり考えてこなかった国際商秩序中で、日本は世界最大の海外純資産を築きましたので、国際環境経済においても大きな期待が寄せられています。世界の開発のあり方を転換させる上でどのようなメカニズムとすることがよいのか、その中で日本はどのような役割を果たすことがよいのかなど、真剣な考察が必要です。

人件費の安さでも、武力の大きさでも、大量生産のコストでも優位性を持たないわが国が、かねてよりの長所を踏まえ、環境破壊の危機を機会として活かして国際的に必要とされる国になることは、経済はもとより安全保障上も極めて重要と思われます。

環境で利益を得ることは難しいですが、そこには大きなチャンスがあります。環境保全により発展する経済は、今はまだ夢物語で、その具体化には課題が山積していますが、人類が存続するのであれば、いつかきっと正夢になるはずです。本書を読んでくださった皆さまには是非、夢を現実にする取り組みをそれぞれの現場で担っていただきたい、そしてその取り組みのもたらす喜び、楽しみを一緒に味わっていただきたいと期待しています。そもそもエコノミーの「エコ」とエコロジーの「エコ」とは、同じ語源、すなわち、家とか集落といった棲み場所を表すギリシャ語、オイコスに発しています。地球の論理に則ることを人間の営みの規範とすることができれば、この二つの概念は一つの像を結ぶはずです。そして、それこそが私たちの本来の棲み家だと思います。

最後にお礼を

本書の元になった私の学位論文「環境保全により発展する経済社会への移行に関する研究」は、私自身の行政官としての経験を主な材料としています。したがって、この論文は、私が環境省で執務していた間にご指導を賜った多くの政治家、上司、先輩、また、一緒に働かせていただいた同僚、後輩、そして関係省庁のカウンターパートの方々、審議会等の委員の皆さま、さらには自治体の担当官、NGOや訴訟の相手方の皆さま、産業界で活躍するアントゥルプルナーの方々などの極めて多人数の方々のご薫陶、ご好意、ご示唆、ご助言により成り立った共同作品と述べても過言ではありません。この機会に改めて、私と一緒に働いてくださった永年のご辛抱に対し、厚く御礼を申し上げます。

また、この学位論文自体に関しては、主査の大西隆教授（東京大学大学院工学系研究科・当時）、副査の石原孟教授（同）、城所哲夫准教授（同）、瀬田史彦准教授（同）、栗栖聖講師（同）から、お忙しい中で貴重な時間を割いていただき、全体にわたって親身のご指導を頂戴しました。特に、栗栖講師には、研究論文として備えていなければならない要件、いい回しのあり方にも遡ったご懇篤なご指導、ご助言を賜りました。大西先生ほか審査チームのご尽力に対し、大いに恐縮し、また、深く感謝申し上げています。

慶應義塾大学の同僚である白迎玖特任准教授には、論文全体にわたり、また、論文の個々の論点に関しては、経済行動学の観点から青山学院大学経済学部の中込正樹教授、生態学の観点から慶應義塾大学環境情報学部の一ノ瀬友博教授、国際関係論に関して熊本学園大学経済学部の宮崎麻美講師から、それぞれ種々のご指導を賜りました。水俣病関係の論述については、崇城大学の永松俊雄教授、国立水俣病総合研究センターの阿部重一所長に査読をしていただいたほか、環境省の大倉紀彰、谷貝雄三、飯野暁の各氏、及び相思社の弘津敏男氏より、多くの貴重なご意見を頂戴しました（肩書きは、それぞれ当時のもの）。環境経営に関しては、私に対して、企業経営者の方々と突っ込んだ論議をする機会を与えてくださった井上成エコッツェリア事務局長をはじめとした三菱地所、大丸有環境共生型まちづくり推進協議会の方々に大変お世話になりました。ここに皆さまのお名前を記し、衷心から感謝申し上げます。

ところで、こうしたご指導、ご高配はあったものの、私の学位論文になお残された誤りがあるとすれば、これは挙げて私の努力や能力の不足に帰するべきものですので、お詫び申し上げます。

また、本書を上梓するに当たっては、出版元の清水弘文堂書房の社主の礒貝日月氏、及び編集の相澤洋美氏に親身のご助力を賜りました。さらに、前述の学位論文以外にも本書には具体的な事例などを紹介した多くの既述の論考を収めました。これらの加筆や転載については、日本経済研究センターの小林辰男主任研究員、東洋経済新報社の中里有吾氏や勁草書房編集部長の宮本詳三氏、せたがや自治政策研究所の荻原尚己氏の各氏に温かいご配慮を頂戴しました。ここにこれらの方々のお名前を記し、感謝の意を表す次第です。

そして最後のお礼は、ここまで読んでくださった読者たるあなた様に、申し上げます。一緒に頑張りましょう。

参考文献等一覧

日本語の書籍、雑誌論文、新聞記事

ＩＰＣＣ（2007）「ＩＰＣＣ第４次評価報告書第２作業部会報告書・概要（公定訳）」環境庁

Millennium Ecosystem Assessment 編（2007）『生態系サービスと人類の未来』オーム社

World Resource Institute（2000）『地球白書１９９９－２０００』ワールドウォッチジャパン

赤祖父俊一（2008）『正しく知る地球温暖化』誠文堂新光社

明日香壽川ら（2009）『地球温暖化懐疑論批判』東京大学サステナビリティ学連携研究機構 http://www2.ir3s.u-tokyo.ac.jp/web_ir3s/sosho/all.pdf

畔倉実（1988）「フロン規制の中公審答申――法案内容に踏み込む環境庁の役割を強調」朝日新聞 １９８８年２月20日夕刊

足立幸男編著（2009）『公共政策学とは何か』ミネルヴァ書房

岩尾康史（2011）『サプライチェーンのCO_2管理――「スコープ３」のカーボンマネジメント』日刊工業新聞社

大塚直（2010）『環境法　第３版』有斐閣

環境庁20周年記念事業実行委員会編（1991）『環境庁20年史』pp.14-18, pp.143-154（結語（論者執筆））
環境庁
環境庁地球環境経済研究会（代表は論者）編（1991）『日本の公害経験』合同出版
環境省編（2010）『水銀と健康　第４版』国立水俣病総合研究センター
環境省編（2011）『水俣病の教訓と日本の水銀対策』環境省環境保健部
環境省（2012）『平成23年環境の状況の報告』環境省
環境省（2012）「平成23年度環境の状況報告」pp.154-156
環境省（2012）「環境にやさしい企業行動調査の平成22年度調査結果について」環境省
環境省編（2012）『平成23年度環境の状況の報告』環境省
岸上伸啓（2002）「カナダ極北地域における海洋資源の汚染問題」『国立民族学博物館研究報告』
27(2):pp.257-281
倉阪秀史（2012）『政策・合意形成入門』勁草書房
グリーン・マーケット研究会編（2011）『市場のさらなるグリーン化に向けて』環境省
国際連合（1992）「環境と開発に関するリオ宣言」
※和訳は『地球環境条約集』（中央法規）など多数の書籍に掲出。
国際連合食糧農業機関（ＦＡＯ）等（2012）『世界の食料不安の状況２０１２（ＳＯＦＩ）』国際連合
食糧農業機関
国土交通省『世界の水問題と日本』　※水不足人口割合の数字は１９９５年。

国家戦略会議フロンティア分科会編（2012）『あらゆる力を発露し、創造的な結合で新たな価値を生みだす「共創の国」づくり』内閣府
小島敏郎（1996）「水俣病問題の政治解決」『ジュリスト』１０８８（１９９６年4月）号　有斐閣
小林辰男、小林光、鈴木達治郎、岩田一政（2014）『経済構造変化で２０５０年度のエネ消費、40％減に。省エネルギーは成長のバネ』（公社）日本経済研究センター
http://www.jcer.or.jp/policy/pdf/141104_policy1.pdf
小林光（2012）「エコ（環境）でもエコ（経済）でもヒット――エコポイント政策」『日本経済研究センター会報』２０１２年8月号　連載「エコ買いな」
小林光、甲斐沼美紀子、斉藤照夫ら（2012）「環境行政の40年を振り返る――環境と経済」『環境研究』１６５号　日立環境財団
小林光、金子郁容（2012）「水俣地域の再生に向けたＩＣＴ活用の一つの可能性について」『季刊・環境研究』Vol.167　pp.95-105　日立環境財団
小林光（2013）編著『環境でこそ儲ける』東洋経済新報社
コルスタッド、Ｃ・Ｄ（2011）『環境経済学入門』細江守紀ら訳　有斐閣
在日英国大使館貿易・対英投資部（2009-）UK Low Carbon Newsletter
衆議院環境調査室（2009）「第１７１回国会水俣病被害者救済等法案について（与党案・民主党案対比表）」
関正雄（2012）持続可能な発展と保険会社の役割、損害保険研究74巻3号、（公社）損害保険事業総合研究所

高橋信吾（2010）「ポスト京都議定書をめぐる国際動向」『MRI所報』No.52　三菱総合研究所
田中俊六ら（2006）『環境建築工学』第3版　井上書院
地球環境経済研究会（代表・小林光）編（1994）『環境企業論序説――どんな戦略が環境革命をリードするか？』合同出版
地球憲章委員会（2003）『地球憲章』ぎょうせい　※地球憲章日本委員会による和訳
ドラッカー、P・F（2000）『イノベーターの条件』上田惇生訳　ダイヤモンド社
内閣官房国家戦略室（2011）『コスト等検証委員会報告書』
内閣官房（2009）「地球温暖化対策の中期目標について」
※ここでは、将来の粗鋼生産量は現状より多い1億2000万トン／年に外挿して固定されている。
内閣府（2010）『平成22年度版防災白書』
※特にそこに所載のルーヴェン・カトリック大学疫学研究所データによる。
中里実（1992）「環境政策の手法としての環境税」『ジュリスト』Vol.1000　有斐閣
永松俊雄（2012）『環境被害のガバナンス――水俣から福島へ』成文堂
※現地の現状評価については p.106 など。
日本経済団体連合会（2012）「地球温暖化政策に関する意見」
日本版環境金融行動原則起草委員会（2011）『持続可能な社会の形成に向けた環境金融行動原則』

ノーモア・ミナマタ訴訟記録編集委員会編（2012）『ノーモア・ミナマタ訴訟たたかいの軌跡』日本評論社
橋本道夫（1988）『私史環境行政』朝日新聞社　pp.204-217
橋本道夫（1999）『環境政策』ぎょうせい　pp.179-180
原田正純（1972）『水俣病』岩波書店
樋口広芳編（1996）『保全生物学』東京大学出版会　pp.12-39
ポーター、M・E（2011）「戦略と競争――経済的価値と社会的価値を同時実現する共通価値の戦略」『ハーバード・ビジネスレビュー』２０１１年６月号　ダイヤモンド社
毎日新聞（2012）「水俣病救済期限　潜在患者を切り捨てるな」毎日新聞２０１２年７月17日社説
見上崇洋編著（2009）『政策科学の基礎とアプローチ』ミネルヴァ書房　pp.2-10
水俣市編（2011）『水俣環境まちづくり研究会報告書』水俣市　※市勢の数字はこの報告書による。
水俣病に関する社会科学的研究会編（1999）『「水俣病に関する社会科学的研究会」報告書』国立水俣病総合研究センター
メドウズ、ドネラ・Hら（2005）『成長の限界――人類の選択』枝廣淳子訳　ダイヤモンド社
森田恒幸（2000）「政策科学の最新動向」『季刊・環境研究』１００号　日立環境財団
除本理史（2010）「水俣病補償・救済のゆくえ――特別措置法の問題点と課題を中心に」『環境と公害』40巻2号　岩波書店

リオ＋20（2012）「我々が望む未来」※環境省による仮訳
http://www.mri.co.jp/project_related/rio20/uploadfiles/rio20_seika_yaku.pdf
渡辺昭夫ら編著（2001）『グローバル・ガヴァナンス』東京大学出版会
チッソ株式会社ウェブサイト「水俣病問題について」http://www.chisso.co.jp/minamata/

英語書籍、雑誌論文、雑誌記事等

Bastolla, U. et al. (2009) The architecture of mutualistic networks minimizes competition and increases biodiversity, nature, Vol.458 (2009), pp. 1018-1021
Costanza, R. et al. (1997) The Value of the World、s Ecosystem Services and Natural Capital, NATURE, Vol.387, pp. 258-260
Erwin, D. H, et al. (2004) Evolution-Insights into Innovation, SCIENCE, Vol.304 (2004), pp.1117-1119
Murata K, Kubota M, et al. (2010) Mercury and heavy metal profiles of maternal and umbilical cord RBCs in Japanese population. Ecotoxicol Environ Saf. ;73(1):1-6.
Porter, M. E. (1990) The competitive Advantage of Nations, Harvard Business Review, Vol.65, No.2,1990
※邦訳単行本ではポーター、M・E『競争の戦略』ダイヤモンド社、１９９５年等多数がある。

Rio+20 (2012) The Future We Want
http://www.uncsd2012.org/content/documents/727The%20Future%20We%20Want%2019%20June%201230pm.pdf

Rowland, F. S. et Molina, M. J. (1974) Stratospheric sink for chlorofluoromethanes〟, Nature, vol. 299
フロンによるオゾン層破壊については和文の書籍多数あり

Secretariat of the Convention on Biological Diversity (2011) COP10 decision X/2. Strategic Plan for Biodiversity 2011-2020, https://www.cbd.int/decision/cop/?id=12268

Simon, H.A. (1975) Administrative Bhavior, 3rd edition
※邦訳 サイモン、H・A『経営行動』ダイヤモンド社　１９８９年

Thaler, R. H., Sunstein, C. R. (2008) Nudge: Improving Decisions about Health, Wealth, and Happiness, Yale University Press
※邦訳 セイラー、R、サンスティーン、C『実践行動経済学』日経ＢＰ社　２００９年

United Nations Environment Program (2008) Green Jobs, UNEP, 2008

United Nations Population Division (2011) World Population Prospects: the 2010 Revision, United Nations

International Energy Agency (2012) World Energy Outlook 2012, International Energy Agency

記者会見、インタビュー等

鹿児島県（2012）「水俣病救済特別措置法に基づく給付申請の受付状況について」２０１２年８月30日

蒲島郁夫（2012）熊本県知事定例記者会見　２０１２年７月25日

熊本県（2012）「水俣病救済特別措置法に基づく救済措置措置申請件数について」２０１２年８月30日

チッソ株式会社の平田常務に対する筆者インタビュー

吉井正澄（水俣市長〈当時〉）（1994）第３回水俣病犠牲者慰霊式式辞

—— 購入 163, 169, 171, 327-330
—— 調達 33, 327, 329
—— ディール 301-302
クリーンエネルギー 294

こ

公害
—— 健康被害補償法 250, 255-258, 263, 273, 277
—— 対策基本法 100, 114, 157-158, 162, 175
国連気候変動枠組条約→ 気候変動枠組条約
古紙リサイクル 32, 34

さ

最適
—— 汚染点 19
—— 対策点→ 最適汚染点

し

シェールガス 291, 294, 298
自然共生 115, 229, 235, 240, 242
持続可能 10, 33, 37, 60, 98, 101, 111, 163, 181, 193, 209, 224, 226, 228-229, 233, 328, 330, 339
—— な開発 80-81, 97-99, 102, 104-107, 113-114, 158, 180, 192, 305, 317, 332-333
四方よし 72, 210
新
—— エネ法 135
—— 成長戦略 104, 213

す

スマートシティ 67, 237-238, 309, 311, 322, 326

せ

生態系 16, 74, 76-78, 84-91, 105, 109, 112, 114, 120-121, 163, 192, 210-212, 224, 242-243, 249, 290, 333-334, 338
生物多様性 112, 228-229, 305, 308
—— 基本法 163
—— 条約 112
生命共同体 89, 113, 121
石油
—— 税 141
—— 石炭税 144, 215, 296-297, 300, 314

た

代エネ法 135
太陽光発電 28, 42, 44, 46, 48, 65-67, 174, 196, 200, 235-236, 297, 309-310

ち

地域再生 103
地球
—— 温暖化
—— 対策推進法 119, 133-134, 140-142, 153, 155, 163
—— 対策税制 51, 144, 300, 324
—— 防止 28, 119, 130-131, 133-134, 142, 154, 187, 192, 293
—— 憲章 89, 113
—— サミット 21, 80, 97-98, 100, 107, 114, 123, 132, 158, 180, 317, 329, 333

て

低
—— 炭素化 141, 152, 154-157, 174, 196, 215, 218, 233, 241, 281, 299, 307, 322-323
—— 燃費自動車 44, 51

に

日本版環境金融原則 193

ふ

ファクター4 16
フィードイン・タリフ制度 44, 144, 173, 215, 238, 290, 297, 300
フロン 118, 122-131, 163, 182-183, 186, 290-291, 295

ま

まちづくり 63, 66, 68, 70, 79, 153, 156, 224, 231, 233, 240, 242, 281-283, 309, 318-320, 325, 344

み

水俣病 17, 134, 243-245, 247-248, 250-259, 261-263, 266-267, 269-271, 274-275, 277-278, 281, 284, 339, 344
—— 特措法 261, 263-264, 266-268, 270, 272-274, 277-278

り

リデュース・リユース・リサイクル 232

索引

番号

3×3ラボ 72, 76, 78, 231-232

欧字

CCRC (Continueing Care Retirement Community) 59-65, 67-70, 77

CO_2 排出量 20, 28, 49, 51, 64, 143, 197, 206, 234, 235, 242, 295, 296, 312, 322, 323, 324, 326

COP（締約国会議） 27-28, 112, 216, 303, 311

CSV (Creating Shared Value) 65, 70, 72-73, 78, 195, 207-208

ESCO（省エネルギー支援サービス） 202, 301

FIT → フィードイン・タリフ制度

IPCC（気候変動に関する政府間パネル） 20, 132-133, 139, 187

NO_X（窒素酸化物） 145-146, 149-153

PM（粒子状物質） 145-146, 149-151, 153

SCOPE3 206

TOD (Transit Oriented Development) 68-71, 320, 325

え

エコ

—— ハウス 66, 73, 75, 173, 201, 235, 300

—— ビジネス 15, 24-25, 28, 30, 116

—— ポイント 55, 57-58, 143, 169, 172-173, 186

エネルギー性能証書 301

お

オゾン 122-123, 127, 131

—— 層 84, 113, 119, 122-134, 138, 182, 185, 187-188, 290-291, 295

—— ホール 126-127, 185

温室効果ガス排出抑制 153

か

家電エコポイント制度→ エコポイント

環境

—— アカデミア機構 283, 286

—— 意識 37, 40, 281

—— 価値 54-55, 156, 186, 268, 282, 295, 336, 340

—— 基本法 100, 114, 157-159, 162, 175

—— 教育・環境取組促進法 175-177, 179-180, 187

—— 税 49-51, 101, 157, 159, 161-163, 168, 296

—— 政策 16-19, 50-51, 57-58, 94-98, 100-103, 108-111, 113-120, 123, 131, 133, 136, 138, 140-141, 144, 146, 151-156, 158, 164, 166-167, 178, 182-184, 187-189, 215, 220, 236, 240, 243, 268, 284-285, 290, 294, 296, 298, 304-305, 316, 321, 328, 332-336, 338, 349

第一世代の —— 94, 96, 100, 114-115, 332, 336

第二世代の —— 94, 97, 101-103, 108-109, 113-115, 123, 332-334

第三世代の —— 109-110, 113-115, 120, 182, 188-189, 243, 268, 284-285, 333-334, 338

—— 性能 23, 40, 51, 66, 70, 73, 75-76, 148, 156, 169-172, 174, 184, 196, 198, 240, 301, 306-307, 326, 330, 336-338

—— 費用 39, 43, 48-49, 52

—— 負荷 50-51, 63, 75, 101, 128, 136, 145, 159, 161-163, 169, 173, 175, 202, 206, 224, 226, 235, 237, 242, 320, 338

—— 保全 20, 27, 38, 50-51, 56-57, 75, 81, 99-101, 105, 117-118, 124, 126, 128-129, 133-136, 143, 145, 147, 152, 154, 157-159, 163-168, 173, 175, 177, 179-180, 207, 210-211, 213, 218, 220, 228, 280, 282, 284, 306, 315, 317, 332, 334, 338, 340-343

き

気候

—— サミット 225

—— 変動枠組条約 82, 132, 219, 225, 293, 303

共進化 12, 24-25, 71, 78, 128, 187-188, 210-214, 218, 232, 272, 283, 286, 324, 338

京都議定書 19, 27-29, 52, 133, 138, 143-144, 152, 163, 196-197, 204-205, 216-217, 225, 293, 303, 313, 318, 324, 334

く

グリーン

—— グロース 21, 103-104, 108, 143, 186, 316

—— 経済 22, 24-25, 104-105, 188, 191, 305, 329, 332

小林 光 （こばやし・ひかる）

慶應義塾大学政策・メディア研究科特任教授、博士(工学)。1949年東京生まれ。

1973年、慶應義塾大学経済学部卒業、同年環境庁（当時）入庁後、地域政策を振り出しに、主に環境と経済、地球環境に関わる諸課題、特に、京都議定書に関する内外の交渉、我が国初の地球温暖化防止法制（地球温暖化対策推進法）づくりや環境税制、国民の参加などを担当。2009年7月より環境事務次官。水俣病被害者諸団体との和解、水俣地域の再生等を先頭に立って推進。環境省を退官し、2011年4月から慶應義塾大学へ。地方環境行政の現場では、北九州市産業廃棄物課長を務めた。また、研究教育の面では、パリ大学都市研究所への留学、米国東西センター客員研究員なども経験。東大大学院都市工学科修了（修士）。

編著書に『日本の公害経験』、『環境保全型企業論』、『エコハウス私論─建てて住む。サスティナブルに暮らす家』、『低炭素都市』、『環境でこそ儲ける』、『ザ環境学』などがある。自宅でエコハウスを実践するほか、渓流釣り、蝶の観察など野外活動、料理が趣味。

清水弘文堂書房の本の注文方法

電　話　03・3770・1922
ＦＡＸ　03・6680・8464
Ｅメール　mail@shimizukobundo.com

※いずれも送料300円注文主負担

電話・ＦＡＸ・Ｅメール以外で清水弘文堂書房の本をご注文いただく場合には、もよりの本屋さんにご注文いただくか、本の定価（消費税込み）に送料300円を足した金額を郵便為替でお振り込みください。

為替口座　00260・3・59939
清水弘文堂書房

確認後、一週間以内に郵送にてお送りいたします（郵便為替でご注文いただく場合には、振り込み用紙に本の題名必記）。

地球の善い一部になる。環境共生経済への移行学
ASAHI ECO BOOKS 38

発　行　二〇一六年一月一五日
著　者　小林 光
発行者　小路明善
発行所　アサヒビール株式会社
住　所　東京都墨田区吾妻橋一・二三・一
電話番号　〇三・五六〇八・五一一一
編集発売　株式会社清水弘文堂書房
発売者　礒貝日月
住　所　東京都目黒区大橋一・三・七・二〇七
電話番号　〇三・三七七〇・一九二二
ＦＡＸ　〇三・六六八〇・八四六四
Ｅメール　mail@shimizukobundo.com
ウェブ　http://shimizukobundo.com/
印刷所　モリモト印刷株式会社

□乱丁・落丁本はおとりかえいたします□

 ISBN978-4-87950-620-7 C0051

アサヒビール発行・清水弘文堂書房編集発売

ASAHI ECO BOOKS最新刊一覧

No.30
マンガがひもとく未来と環境
石毛 弓 著 本体1600円＋税
日本図書館協会の選定図書（第2765回 平成23年3月30日選定）

No.31
森林カメラ 美しい森といのちの物語
香坂 玲 著 本体1600円＋税

No.32
この国の環境 時空を超えて
文 陽 捷行 写真 ブルース・オズボーン 本体1600円＋税

No.33
自然の風景論 自然をめぐるまなざしと表象
西田正憲著 本体2200円＋税
日本図書館協会の選定図書（第2748回 平成24年5月23日選定）

No.34
地球千年紀行　先住民族の叡智
月尾嘉男　著　本体１８００円＋税
日本図書館協会の選定図書（第２８０１回 平成24年１月25日選定）

No.35
銀座ミツバチ奮闘記　都市と地域の絆づくり
高安和夫　著　本体１６００円＋税
日本図書館協会選定図書（第２８３７回 平成24年11月７日選定）

No.36
藝術と環境のねじれ　日本画の景色観としての盆景性
早川　陽　著　本体３０００円＋税
日本図書館協会選定図書（第２８５０回 平成25年２月27日選定）

No.37
伝統野菜の今　地域の取り組み、地理的表示の保護と遺伝資源
香坂　玲　冨吉満之　著　本体２０００円＋税
日本図書館協会選定図書（第２９６３回 平成27年８月26日選定）

※各書籍の詳細は清水弘文堂書房公式サイトにてご確認ください
http://www.shimizukobundo.com/asahi-eco-books/